航天动力学与控制系列丛书

丛书主编 王 巍

分布式异构星群架构设计与编队控制

陈占胜 慕忠成 曲耀斌 等著

化学工业出版社

北京航空航天大学出版社

·北京·

内 容 简 介

面向未来全球覆盖、高频重访、快速响应、无感用天的应用需求,构建低轨分布、信息互联互通、云端智能协同的分布式异构星群系统,已成为天基系统的重要发展方向。本书围绕"体系架构""任务决策与分配""自主协同"等关键词,系统阐述了分布式异构星群架构设计理念、方法和星群协同控制方法,对星群构型设计、任务协同规划、智能任务分配、柔性智联卫星架构和星地协同综合管控等方面进行了详细论述,最后给出了分布式异构星群地面管控训练一体化仿真试验系统的工程实现案例。

本书是作者及团队多年来在卫星领域研究成果的基础上撰写的,反映了航天应用领域的新思想和新理论,具有新颖性、前沿性、理论与应用密切结合的特点和较强的工程参考价值,可供航天相关专业的研究生、工程技术人员参考。

图书在版编目(CIP)数据

分布式异构星群架构设计与编队控制 / 陈占胜等著.
北京 : 化学工业出版社,2025. 7. --(航天动力学与控制系列丛书). -- ISBN 978-7-122-48080-4

Ⅰ. P185

中国国家版本馆 CIP 数据核字第 2025PM8873 号

责任编辑:张海丽　　　　　　　　　　　　装帧设计:尹琳琳
责任校对:王鹏飞

出版发行:化学工业出版社(北京市东城区青年湖南街 13 号　邮政编码 100011)
印　　装:中煤(北京)印务有限公司
710mm×1000mm　1/16　印张 19¼　字数 336 千字　2025 年 7 月北京第 1 版第 1 次印刷

购书咨询:010-64518888　　　　　　　　　　　售后服务:010-64518899
网　　址:http://www.cip.com.cn
凡购买本书,如有缺损质量问题,本社销售中心负责调换。

定　　价:156.00 元　　　　　　　　　　　　版权所有　违者必究

航天动力学与控制系列丛书
策划编辑工作组

总 策 划 赵延永　张兴辉

副总策划 蔡　喆　张海丽

策划编辑(按姓氏笔画排序)

王　硕	冯　颖	冯维娜	李　慧
李丽嘉	李晓琳	张　宇	张　琳
陈守平	金林茹	周世婷	郑云海
袁　宁	龚　雪	董　瑞	温潇潇

丛书序

作为航天领域学科体系里的核心学科之一，航天动力学与控制学科的进步与发展，对于促进航天科技创新、推动航天事业发展、加快建设航天强国具有重要意义。

航天动力学与控制学科以空间运动体为对象，主要研究其在飞行过程中所受的力以及在力作用下的运动特性，并以此为基础开展运动规划和运动控制研究，内容涉及轨道动力学与控制、轨道设计与优化、姿态动力学与控制、机构与结构动力学与控制、刚柔液耦合动力学与控制、空间内外环境扰动分析等诸多分支。

航天动力学与控制学科以航天工程需求为牵引，具有清晰的应用背景，在融合交叉其他学科理论和方法的基础上，发展了特有的动力学建模、分析、实验和控制的理论方法与技术，并应用于评估航天器动力学特性优劣和控制系统设计有效性，为航天器总体方案设计与优化、构型选择、控制系统设计、地面测试与试验、在轨飞行故障诊断与处理等提供依据。航天动力学与控制学科在航天工程各环节均发挥着重要作用，是航天任务顺利执行的基础和支撑。

进入 21 世纪，伴随着载人航天、深空探测、空间基础设施以及先进导弹武器等一系列重大航天工程的实施，对航天动力学与控制学科的新的重大需求不断涌现，为学科发展提供了源源不断的动力；另一方面，实验观测手段的丰富和计算仿真能力的提升也为学科发展提供了有力的保障。同时，以人工智能、数字孪生、先进材料、先进测试技术等为代表的新兴学科与航天动力学与控制学科催生出新的学科交叉点，前沿创新研究不断涌现。人工智能技术基于存储、记忆、预训练的应用模式为航天动力学与控制学科传统难题的解决提供了新途径：机器学习算法可以显著提升航天任务设计优化的效率；深度学习算法用于构造智能动力学模型、求解动力学反问题、提升动力学建模效率；强化学习则提升了航天器控制的自主性和智能化水平，为实现自主智能飞行打下基础。在学科交叉创新的推动下，航天动力学与控制学科历久弥新，不断焕发出勃勃生机。

2016 年 4 月 24 日，习近平总书记在首个"中国航天日"作出了"探索浩瀚宇宙，发展航天事业，建设航天强国，是我们不懈追求的航天梦"的重要指示。党的十九大报告和二十大报告进一步强调了建设航天强国的重要性，对加快建设航天强国作出重要战略部署，为我国航天科技实现高水平自立自强指明了前进方向。

为全面提升进出空间、探索空间、利用空间的能力，我国航天重大战略任务正在有序推进，重型运载火箭研制、新一代空间基础设施建设、空间站建设、探月工程和载人登月、行星探测和太空资源开发将逐步实施，这些重大航天任务都对航天动力学与控制学科提出了更多的新问题和新挑战。

《航天动力学与控制系列丛书》面向航天强国建设的战略需求，集中梳理和总结我国航天动力学与控制领域的优秀专家学者在理论方法和重大工程的研究和实践成果，旨在为我国航天动力学与控制学科的发展和国家重大航天工程研制提供理论和技术的支持与参考。丛书基本涵盖所涉及的航天动力学与控制领域的焦点问题，聚焦于轨道动力学、轨道优化与任务设计、姿态动力学与控制、编队与集群动力学等方向，着力阐述动力学原理、演化规律和控制方法，强调理论研究与工程应用及实践相结合。纳入新材料、柔性体、弹性体等前沿技术，依托高校的创新科研成果，充分反映当前国际学术研究前沿，以"新"为特色，厘清理论方法的发展脉络，为未来技术创新提供学科新方向。同时，依托科研院所参与国家重大航天工程的一手认识和体会，系统阐述航天工程中航天动力学与控制理论方法的应用和实践案例，为未来学科发展提供技术新牵引。

当前，我国正处于全面建设航天强国的关键时期，对航天动力学与控制学科的创新发展提出了更高的要求。本丛书的出版，是对新时代航天动力学与控制领域理论发展和实践成果的一次重要梳理，也为该学科未来的理论研究和技术突破启示了可能的空间。相信本丛书可以对我国航天科技领域学术繁荣和创新发展起到良好的促进作用。

2023 年 5 月

前言

随着智能化、集成化、数字化、软件化技术的快速发展,航天已经处于技术革命和产业变革的前沿,航天基础设施建设模式与应用方式正在以前所未有的速度与深度被重塑。基于大规模星座/星群的低轨卫星互联网服务和通信-导航-遥感一体化遥感信息实时智能服务逐渐成为航天领域竞争热点和太空经济新的增长点。

当前,低轨卫星互联网成为全球发展的热点,各国也争相构建大规模低轨卫星系统。星链(Starlink)、一网(OneWeb)和我国"星网"系统的建设正在紧锣密鼓地推进。与此同时,多类型遥感载荷卫星组网在应对气候变化、防灾救灾、环境保护、精准农业、城市建设、公共安全等方面发挥着重要作用,显著发挥出了其增强覆盖面积及缩短重访时间的优势,具有广阔的市场应用和产业发展前景。由互联网卫星或多类型遥感卫星组成的巨型星座,形成了现代低轨分布式异构星群。在国际形势和国内政策的推动下,面向互联网和通信-导航-遥感集成的低轨分布式异构星群的设计制造、运营和服务的技术变革正在发生,大规模分布式异构星群已成为国际航天领域发展的前沿和热点。

但是现有的遥感、导航、通信卫星系统各成体系、军民孤立、信息分离、服务滞后。遥感卫星需要过境或通过中继卫星向地面站下传数据,无星间链路和组网,数据下传瓶颈严重制约信息获取效率;北斗导航卫星具有短报文通信能力,但不具备宽带数据传输能力;通信卫星尚无自主的业务化卫星移动通信系统,对遥感、导航等天基信息的传输保障能力受限;且在服务模式方面主要面向专业用户,尚未服务大众。实际上,当前建设的分布式异构星群大都是统一化定制设计,功能定位基本一致,以高重访、大容量等功能形式提供用户服务,但面向未来"协同感知、自主管控、智能服务"的应用需要,尚存在单一功能星座信息维度不丰富、平台定制性较强、扩展能力受约束等不足。

分布式异构星群是通过不同类型卫星构建而成的网络化、智能化对地观测和通信服务系统,能够实现多视场、多谱段、多维度协同观测,同时兼顾小时级重访的高时效需求,其全新的大范围、高时效、全信息的服务模式将推动灾害应急响应、社会公共安全、智慧城市管理和大众化服务等国民生命健康、社会经济发展等领域的重大产业升级,是国家全球战略、应急救援、广域物联、国防安全等服务的重要保障,代表未来分布式异构星群的重要发展方向,必将增强我国空天战略科技实力。

分布式异构星群存在卫星成员数量众多、空间分布关系复杂时变、协同观测模式复杂多样等特点,因此不能仅依赖传统地面测控,还必须具备分布式协同控制能力。异构星群大多由轨道高度和轨道倾角各不相同的多组卫星构成,轨道的差异带来摄动力的较大差异。由于星群整体性能是与星群构型密切相关的,由此带来分布式异构星群的构型优化、动态协同任务规划、星群构型控制与重构、大范围轨道机动路径优化等关键技术难题。此外,基于通用可扩展接口和高性能计算单元的柔性智联卫星平台将能够大幅提升异构星群的协同能力、载荷适配能力以及整体智能化水平,能够充分发挥低轨大规模分布式异构星群数量多、功能多、载荷多的优势,提升分布式异构星群时空连续协同观测能力和在轨数据处理与实时服务能力。本书围绕"协同感知、自主管控、智能服务"的总体目标,面向分布式异构星群的构型设计与优化、智能任务规划与分配、星群构型控制与重构以及柔性智联卫星平台架构设计等关键技术问题开展研究。

全书共9章,包括四个部分的内容:第一部分是绪论,主要阐述分布式异构星群的研究背景、发展现状、典型服务场景与内涵特征;第二部分是分布式异构星群构型设计、任务规划与重构控制的基础理论,主要阐述轨道基础知识、空间几何关系、任务规划与轨道控制基本方法等问题;第三部分是建立分布式异构星群关键技术问题的理论模型,并提出构型设计优化、动态任务规划与分配、重构控制和协同控制方法;第四部分是构建分布式异构星群的柔性智联卫星平台、星地协同管控系统以及地面仿真系统的工程设计和验证。

受限于笔者能力,本书的观点难免有不妥之处,恳请读者批评指正,使之完善提高。

著者

2025 年 3 月

目录

第 5 章　分布式异构星群任务协同规划 ———— 105

符号表

第 2 章

符 号	定 义
μ	地球引力系数
$\boldsymbol{r}$	地心到卫星的位置向量
a	轨道长半轴长
e	离心率
i	轨道倾角,指卫星轨道面的正法向与地球赤道面正法向之间的夹角
ω	近地点幅角,指轨道平面内升交线与偏心率向量的夹角
Ω	升交点赤经,指地心赤道惯性坐标系中的 x_i 轴与升交线的夹角
φ	真近点角,指轨道平面内偏心率向量到卫星位置的角度
$\boldsymbol{h}$	角动量
E	偏近点角
M_0	平近点角
ω_E	地球的自转角速度
λ_s	星下点经度
φ_s	星下点纬度
$d_{星地}$	卫星到观察点的距离
R_e	地球平均半径
Δv	速度矢量的幅度
m	卫星燃烧前的质量
g_o	海平面标准重力加速度
I_{sp}	推进剂的比冲量

符　号	定　义
r_p	半径到近日点的距离
r_a	半径到远日点的距离
η	拱线的旋转角度
v_1	脉冲操作前的速度
v_2	脉冲操作后的速度

第 4 章

符　号	定　义
C_{LCC}	系统的全生命周期成本
$C_{\mathrm{manuf},i}$	第 i 颗卫星的生产成本
N	系统中最终包含的卫星数量
$C_{\mathrm{launch},j}$	第 j 批的发射成本
M	构建星群所需的发射批次总数
C_{opera}	系统的运行维护成本
T_{L}	系统寿命
y_x	第 x 个卫星单元的生产成本
b	学习曲线常数
$P=\{\boldsymbol{p}_1,\boldsymbol{p}_2,\cdots,\boldsymbol{p}_N\}$	星下点集合
$R^s_{\mathrm{circum}}(\Delta_{abc})$	球面外接圆半径(单位:km)
ρ	单星载荷覆盖半径
T_{period}	星群周期
$d_s(\cdot)$	球面距离
γ	局部覆盖冗余度
C	编码方法
f	适应度函数
P_0	初始种群
N	种群规模
S	选择操作
Ψ	变异操作

符　号	定　义
x_i^t	粒子的位置且 $x_{id}^t \in [l_d, u_d]$
$v_i^t = (v_{i1}^t, v_{i2}^t, \cdots, v_{id}^t)$	粒子的速度且 $v_{id}^t \in [v_{\min}, v_{\max}]$
$p_i^t = (p_{i1}^t, p_{i2}^t, \cdots, p_{id}^t)$	个体的最优位置
$p_g^t = (p_{g1}^t, p_{g2}^t, \cdots, p_{gd}^t)$	种群的最优位置
f_1 和 f_2	对应需要优化的目标(分别为瞬时覆盖率和卫星数量两个参数)
H, I, F, P, N	分别对应轨道高度、轨道倾角、相位因子、轨道面和每轨卫星数量

第 5 章

符　号	定　义
$S = \{s_1, s_2, \cdots, s_m\}$	异构卫星集合,其中 m 为卫星的个数
$priority(s_j)$	卫星 s_j 的优先级
$SENTYPE = \{sentype_i \mid i \in [1, NST]\}$	可见光、微波、电磁探测等类型,其中 NST 指当前卫星系统中的载荷类型总数
$SEN_i = \{sen_1^i, sen_2^i, \cdots, sen_{sc(i)}^i\}$	卫星 s_i 上的有效载荷,$sc(i)$ 代表 s_i 上的有效载荷个数
M_i	一个用户任务
$M_i = \{u_1^i, u_2^i, \cdots, u_{uc(i)}^i\}$	用户任务分解形成元任务,其中 $uc(i)$ 代表元任务数
$SROLE = \{1, 2, \cdots, rrc\}$	卫星所起到的角色作用分类
$Task = \{u_j^i \mid 1, i, mc, 1, j, uc(i), curtype \in type(u_j^i)\}$	元任务集,n 代表本轮 $curtype$ 类型下的元任务个数
$Res = \{Sen_j^i \mid 1, i, m\zeta, 1 \leqslant j \leqslant sc(i), curtype \in type(sen_j^i)\}$	载荷资源集,r 代表本轮 $curtype$ 类型下的资源个数
$w_{ij}^k = [sw_{ij}^k, ew_{ij}^k]$	$task_i$ 与资源 res_j 的第 k 个可见时间窗口,$k = 1, 2, \cdots, wc(i, j)$
$x_{ijk}(t)$	执行时段在某一时刻 t 任务 $task_i$ 与资源 res_j 在第 k 个可见时间窗口内执行

符　号	定　义
$TW_{ij}^{k} = [stw_{ij}^{k}, etw_{ij}^{k}]$	任务规划后具体的执行时段，规划时长 $TW_{ij}^{dur} = etw_{ij} - stw_{ij}$
sch_{ij}	$task_i$ 是否被 res_j 执行
$ExeLen(task_i)$	拍摄执行时长
$Priority(task_i)$	元任务优先级
$SunAngle(task_i, t)$	太阳高度角
$SildeAngle(task_i, t)$	卫星侧摆角
$ElevAngle(task_i, t)$	卫星俯仰角
$ObvAngle(task_i, res_j, t)$	观测角
$ImageSize(task_i, res_j)$	图像的数据量
$PreTask_{ij}$	描述对于 res_j 当前规划，按照时间逻辑上 $task_i$ 的前一个任务
$\theta Side(task_i, res_j)$	侧运动角
$\theta Elev(task_i, res_j)$	前运动角
$SCHEME$	$SCHEME = \{TW_{ij} \mid sch_{ij}\}$ 规划方案
$SildeAngle(res_j)$	资源 res_j 对应卫星的滑动圈时长
$vside(res_j)$	资源 res_j 的侧摆速度
$velev(res_j)$	资源 res_j 的俯仰摆动速度
$StableTime(res_j)$	资源 res_j 的稳定时间
$OpenCloseTime(res_j)$	资源 res_j 的开关机时间
$limWorkTime(res_j)$	资源 res_j 的滑动圈工作时长限制
$limWorkCount(res_j)$	资源 res_j 的滑动圈工作次数限制
$SS(res_j, t)$	资源 res_j 所在卫星在 t 时刻对应存储容量

符　号	定　义
$SSMax(res_j)$	资源 res_j 对应卫星最大存储容量
$mutitask = \{mtask_1, mtask_2, \cdots, mtask_n\}$	任务集合
$Need_i$	任务 $mtask_i$ 待安排需求度
$prio_i$	任务 $mtask_i$ 的优先级
$TasksNumber_j$	第 j 颗卫星确定需要执行的任务数量
$CountMax$	卫星传感器任务周期的最大开机次数
E	卫星运行期间可用的总能量
ei	任务时单位时间所需耗费的能量
ε_{uv}	从任务 u 结束到任务 v 开始机动调整时单位时间所需要消耗的能量
M	卫星运行期间可以存储的总容量
ci	单位观测时间所需耗费的存储容量
O	卫星的轨道数集合
A	卫星每轨成像条带的集合
T	测绘目标集合,包含点目标和区域目标分解后的目标

第 6 章

符　号	定　义
$\boldsymbol{\omega}^B$	航天器本体系相对于惯性系的角速度在本体系上的投影
$\boldsymbol{C}_B^I$	本体系到惯性系的姿态转换矩阵
$\boldsymbol{v}^B$	本体系下的速度
$\boldsymbol{R}^I$	航天器的位置矢量在惯性系下的坐标
$\boldsymbol{J}$	转动惯量

符 号	定 义
$\boldsymbol{u}_d$	航天器所受的干扰力
$\boldsymbol{\tau}_d$	航天器所受干扰力矩
$\boldsymbol{u}_c$	航天器控制力
$\boldsymbol{\tau}_c$	航天器控制力矩
$\boldsymbol{d}$	未知干扰
$Q(s,a)$	状态-动作值函数
$\pi_\theta(a\mid s)$	动作 a 的概率分布
$V_w(s)$	状态价值函数
γ	折扣因子
δ	时间差分误差
x	系统状态
u	系统输入
$v_i(t)$	触发状态值
E_i	触发阈值
$\rho_i(t)$	触发误差
$\varpi_{i,2}$	触发超参数
$h(x)$	势垒函数
$L_f h$	h 对 f 的李导数
$L_g h$	h 对 g 的李导数
C	安全集
φ_i	描述系统时序逻辑任务的形式化语句
G	时序逻辑运算符 global:"始终被满足"
F	时序逻辑运算符 finally:"至少有一次满终"
U	时序逻辑运算符 until:"至少有一次满足且在某个约束之前"
S	异构星群的状态
t_0	异构星群的初始状态
Δ	转移函数,表示异构星群在当前状态采取某个行动后能够到达的下一个状态
P	用于表征星群在某些状态所具有的属性的一系列原子命题
L	标记函数
$C(s_k^{k+1})$	成本函数
β	调整因子

缩略语表

第 1 章

缩略语	英　文	中　文
DSCN	Distributed Satellite Cluster Network	分布式星群网络

第 2 章

缩略语	英　文	中　文
GEO	Geostationary Orbit	地球静止轨道
IGSO	Inclined GeoSynchronous Orbit	倾斜同步轨道

第 3 章

缩略语	英　文	中　文
SGRP	Satellite Grouping and Routing Protocol	卫星分组路由协议
VT	VirtualTopology	虚拟拓扑
VN	VirtualNode	虚拟节点
DSDV	Destination Sequenced Distance Vector	序列距离矢量路由
AODV	Ad-hoc On-demand Distance Vector	点对点按需距离矢量路由
LAOR	Locationassisted On-demand Routing	位置辅助按需路由算法
QoS	Quality of Service	用户服务质量

第 4 章

缩略语	英　文	中　文
SAR	Synthetic Aperture Radar	合成孔径雷达
SRT	System Response Time	系统响应时间

缩略语	英　文	中　文
GA	Genetic Algorithm	遗传算法
PSO	Particle Swarm Optimization	粒子群优化算法
DE	Differential Evolution	差分进化算法
PDOP	Position Dilution of Precision	位置精度因子
NSGA-Ⅱ	Non-dominated Sorting Genetic Algorithm Ⅱ	快速非支配排序遗传算法
HRPSO	Hybrid Resampling Particle Swarm Optimization	混合重采样粒子群优化
MOPSO	Multi-Objective Particle Swarm Optimization	多目标粒子群优化算法

第5章

缩略语	英　文	中　文
IS	Image Space	图像空间
IE	Information Extraction	信息抽取任务
LLM	Large Language Model	大语言模型
NLP	Natural Language Processing	自然语言处理
CB	Cooperative Behavior	协同行
TCM	Top-down Coordination Mechanism	自顶向下式协同任务规划机制
CCM	Centralized Coordination Mechanism	集中式协同任务规划机制
DSCM	Distributed Synchronous Coordination Mechanism	分布式同步协同任务规划机制
DACM	Distributed Asynchronous Coordination Mechanism	分布式异步协同任务规划机制
GA-SA	Genetic Algorithm-Simulated Annealing	遗传算法模拟退火
DEM	Digital Elevation Map	数字高程测绘
GMTI	Ground Moving Target Indicator	地面动目标信息测绘
FNSA	Fast Non-dominated Sorting Approach	快速非支配排序

第 6 章

缩略语	英　文	中　文
ANN	Artificial Neural Network	神经网络
DNN	Deep Neural Network	深度神经网络
CNN	Convolutional Neural Network	卷积神经网络
SVM	Support Vector Machine	支持向量机
RF	Random Forest	随机森林
GBT	Gradient Boosting Tree	梯度提升树
GAN	Generative Adversarial Network	生成对抗网络
LS	Least Squares	最小二乘法
EKF	Extended Kalman Filter	扩展卡尔曼滤波
RLS	Recursive Least Squares	递推最小二乘法
GA	Genetic Algorithm	遗传算法
PSO	Particle Swarm Optimization	粒子群优化
GP	Gaussian Process	高斯过程
GPR	Gaussian Process Regression	高斯过程回归
TD	Temporal Difference	时间差分
MPC	Model Predictive Control	模型预测控制
PPO	Proximal Policy Optimization	近端策略优化
NCPT	/	数值碰撞概率计算工具
HCW	Hill-Clohessy-Wiltshire	希尔-克罗赫西-威尔特郡方程
TH	Tschauner-Hempel	乔纳-亨佩尔方程
LQR	Numerical Collision Probability Tool	线性二次型调节器
CBF	Control Barrier Functions	控制障碍函数
HOCBF	High-Order CBF	高阶控制障碍函数
QP	Quadratic Programming	二次规划问题
LTL	Linear Temporal Logic	线性时序逻辑

缩略语	英　文	中　文
CTL	Computation Tree Logic	计算树逻辑
STL	Signal Temporal Logic	信号时序逻辑
RRT	Rapidly-exploring Random Tree	快速生成树

第 7 章

缩略语	英　文	中　文
SAR	Synthetic Aperture Radar	合成孔径雷达
FPGA	Field Programmable Gate Array	现场可编程门阵列
CCSDS	Consultative Committee for Space Data Systems	空间数据系统咨询委员会
TCP	Transmission Control Protocol	传输控制协议
IP	Internet Protocol	互联网协议
CAN	Controller Area Network	控制器局域网总线
APID	Application Process Identifier	应用过程标识符
LVDS	Low Voltage Differential Signaling	低压差分信号
SPP	Serial Port Profile	串行端口协议
USLP	Unified Space Link Protocol	统一空间链路协议
UDP	User Datagram Protocol	用户数据报协议
SCPS-TP	Space Communications Protocol Specification-Transport Protocol	空间通信协议规范中传输协议
AD	Analog-to-Digital Converter	模数转换器
DA	Digital-to-Analog Converter	数模转换器
DSP	Digital Signal Processor	数字信号处理器
COTS	Commercial Off-The-Shelf	商用现货
OSI	Open Systems Interconnection	开放系统互连
TT	Time-Triggered	时间触发
RC	Rate-Constrained	效率限制
BE	Best-Effort	最大努力
TTE	Time-Triggered Ethernet	时间触发以太网

缩略语	英 文	中 文
CPU	Central Processing Unit	中央处理器
GPU	Graphics Processing Unit	图形处理器
BIT	Built-In Test	固件内测试
SOC	System on Chip	系统级芯片
PHM	Prognostics and Health Management	故障预测与健康管理

第 8 章

缩略语	英 文	中 文
AI	Artificial Intelligence	人工智能
SaaS	Software-as-a-Service	软件即服务
CPU	Central Processing Unit	中央处理器
GPU	Graphics Processing Unit	图形处理器
FPGA	Field Programmable Gate Array	现场可编程门阵列
ASIC	Application Specific Integrated Circuit	特定用途集成电路
DSP	Digital Signal Processor	数字信号处理器
EEPROM	Electrically Erasable Programmable Read-Only Memory	电可擦可编程只读存储器
SRAM	Static Random Access Memory	静态随机存取存储器
FLASH	Flash Memory	闪存
QoS	Quality of Service	服务质量
CDN	Content Delivery Network	内容分发网络
OS	Operating System	操作系统
MQTT	Message Queuing Telemetry Transport	消息队列遥测传输协议
HTTP	Hypertext Transfer Protocol	超文本传输协议
IaaS	Infrastructure as a Service	基础设施即服务
PaaS	Platform as a Service	平台即服务
TCP	Transmission Control Protocol	传输控制协议
API	Application Programming Interface	应用程序编程接口
APP	Application	应用程序

第 9 章

缩略语	英 文	中 文
SSM	Spring ＋SpringMVC＋MyBatis	开源 Web 开发框架集
RESTful	Representatiaonal State Transfer	具有"表现层状态转移"架构设计风格的
TCP/IP	Transmission Control Protocol/Internet Protocol	传输控制协议/网络协议
B/S	Browser/Server	浏览器/服务器
SAR	Syntehetic Aperture Radar	合成孔径雷达
FOV	Field of View	视场
GA-SA	Genetic Algorithm-Simulated Annealing	遗传算法模拟退火

第 1 章
绪 论

1.1 研究背景

　　世界正经历着百年未有之大变局。随着智能化、集成化、数字化、软件化技术的快速发展，航天已经处于技术革命和产业变革的前沿，航天基础设施建设模式与应用方式正在以前所未有的速度与深度被重塑。基于大规模星座/星群的低轨卫星互联网服务和通信-导航-遥感一体化遥感信息实时智能服务逐渐成为航天领域竞争热点和太空经济新的增长点。

　　当前，低轨卫星互联网成为全球发展的热点，各国争相构建大规模低轨卫星系统。星链（Starlink）、一网（OneWeb）和我国"星网"系统的建设正在紧锣密鼓地推进[1]。与此同时，多类型遥感载荷卫星组网在应对气候变化、防灾救灾、环境保护、精准农业、城市建设、公共安全等方面发挥着重要作用，显著发挥出了其增强覆盖面积及缩短重访时间的优势，具有广阔的市场应用和产业发展前景，如图 1-1 所示。当前，全球对地观测能力体系化已经成为世界大多数国家和国际组织的共识。

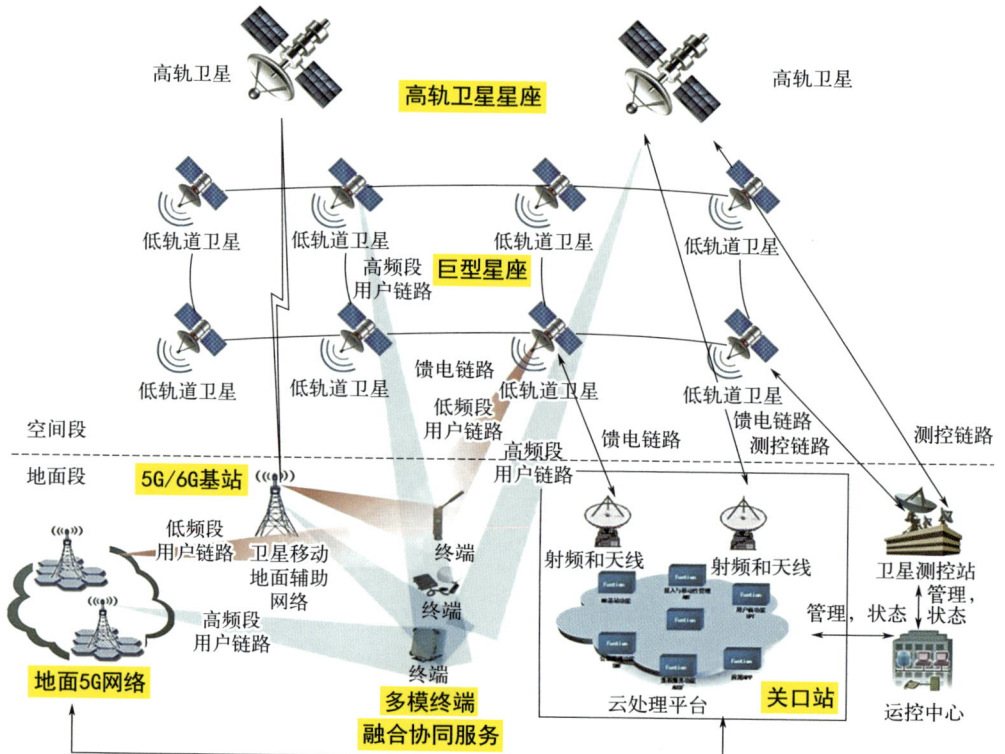

图 1-1　大规模星群支持下的未来互联网

全球范围内包括一些商业机构及政府和军方在内的广大用户对低轨遥感星座产生较强的需求,并提出一系列星座应用与产业发展规划,国内外很多公司都提出了发射百颗卫星以上的计划,全球的低轨太空竞争越来越激烈,亟须研究面向低轨大规模星群的智能服务架构及其关键技术,为我国未来大规模星群/星座和空间信息网络的构建提供技术支撑[2]。

当前已在轨应用的大规模星群/巨型星座具有空间覆盖范围广、遥感观测时效性高、信息保障服务无盲等优点,可以在应急救灾、偏远地区科考、国土资源规划和全球通信保障等方面发挥重大作用。以 Starlink、OneWeb 等为代表的通信星座,以 Planet Labs 鸽群光学成像星座,Capella 合成孔径成像和鹰眼 360 无线电监测等为代表的遥感星座,在系统研究、部署和应用开发等方面走在前列[3]。

Starlink 是全球唯一快速建设中的高密度互联网星座,截至 2023 年 5 月已成功发射 4469 颗卫星,全球布站超 150 个,用户数超 150 万个,Starlink 星座已形成全球服务能力。OneWeb 是世界上第一个全球连续覆盖、卫星超低成本、地面全球布站的 Ku 频段宽带互联网星座[4]。美国 Planet 公司是目前国际领域最大的商业遥感数据服务运营商。该公司建设的鸽群星座是目前全球最大规模的遥感卫星星座,自 2014 年发射至今,已形成 200 余颗卫星的星座规模。鸽群星座一天就能对全球遥感影像进行一次全面更新,充分体现了快速重访、成本可控的明显优势[5]。SkySat 卫星星座是目前卫星数量最多的亚米级高分辨率卫星星座,具备高清视频成像能力,并可为用户提供目标区域动态变化信息的高时效性图像和视频数据,体现了微小卫星星座应用的多样化灵活观测、功能集成的明显优势[6,7]。

近年来,我国大力推动卫星互联网发展,使其在国家安全、航空航天、交通管控、环境监测、工农业互联网、救援救灾和反恐等方面发挥重要作用。目前,卫星网络的部署已经上升为国家战略工程。2020 年 4 月,卫星互联网首次被纳入"新基建"范畴,开启了地球空间轨道和频谱资源的战略布局。《中华人民共和国国民经济和社会发展第十四个五年规划和 2035 年远景目标纲要》中提出,建设高速泛在、天地一体、集成互联、安全高效的基础信息设施,打造全球覆盖、高效运行的通信、导航、遥感空间基础设施体系,以全面支撑生态气象、应急减灾、经济发展等多领域的重大应用[8]。

在遥感领域,我国经过数十年发展已经形成以"风云"[9]、"海洋"[10]、"高分"[11]等为代表的气象、海洋和陆地等全系列遥感卫星体系。未来,智慧城市、防灾减灾、生态环保等更广泛、更便捷的遥感数据应用需求,使得空间对地观测系统不仅需要实现小时级快速过顶的高时效应急观测,而且要求过顶时实现更多目标、更大幅宽、更多角度、更长时间的高效能灵活观测[12]。

上述由互联网卫星或多类型遥感卫星组成的巨型星座,形成了现代低轨分布式异构星群。在国际形势和国内政策的推动下,面向互联网和通信-导航-遥感集成的低轨分布式异构星群的设计制造、运营和服务的技术变革正在发生,大规模分布式异构星群已成为国际航天领域发展的前沿和热点。

分布式异构星群是通过不同类型卫星构建而成的网络化、智能化对地观测和通信服务系统,可实现全球覆盖、多维感知、即时响应和信息智能服务,其全新的大范围、高时效、全信息的服务模式将推动灾害应急响应、社会公共安全、智慧城市管理和大众化服务等国民生命健康、社会经济发展等领域的重大产业升级,是国家全球战略、应急救援、广域物联、国防安全等服务的重要保障,必将增强我国空天战略科技实力。

针对星地互联和对地遥感的应用场景,低轨卫星具有星地距离短、时延短、能够周期性重复对同一地区进行观测、通过组网实现全球覆盖等优势。但是,当前大规模分布式异构星群的建设和发展还面临一系列问题。李德仁院士在 2023 年中国遥感大会上指出[13],现阶段部署的卫星星座服务形式固化、服务滞后、系统响应慢,无法最大限度地发挥在轨卫星的协同应用价值,难以满足大众化、高时效的卫星应用服务需求。现有的遥感、导航、通信卫星系统各成体系、军民孤立、信息分离、服务滞后。遥感卫星需要过境或通过中继卫星向地面站下传数据,无星间链路和组网,数据下传瓶颈严重制约信息获取效率;北斗导航卫星具有短报文通信能力,但不具备宽带数据传输能力;通信卫星尚无自主的业务化卫星移动通信系统,对遥感、导航等天基信息的传输保障能力受限;且在服务模式方面主要面向专业用户,尚未服务大众。

实际上,当前建设的分布式异构星群大都是统一化定制设计,功能定位基本一致,以高重访、大容量等提供用户服务,但面向未来"协同感知、自主管控、智能服务"的应用需要,尚存在以下不足:

(1)单一功能星座,信息维度不丰富

① 通信、物联网、光学成像、SAR 成像和无线电监测等不同类型有效载荷星座独立发展,专用性强而融合性不足。

② 单系统信息维度不丰富,无法提供热点地区同一时刻的光、电、SAR 多维信息。

③ 置信度、全天时可用性存在差距。

(2)平台定制性较强,扩展能力受约束

① 针对异构载荷定制设计,接口差异较大。

② 受功耗、体积、质量等限制,单星可搭载有限。

③ 异构载荷工作模式、能力等差异较大,综合集成较难。

随着各发展领域对智能遥感和实时互联需求的不断增长,大规模异构星群的上述不足将成为经济社会发展的技术瓶颈。能够实现多视场、多谱段、多维度协同观测,同时兼顾小时级重访的高时效需求,代表未来分布式异构星群的重要发展方向。

分布式异构星群存在卫星成员数量众多、空间分布关系复杂时变、协同观测模式复杂多样等特点,不能仅依赖传统地面测控,还必须具备分布式协同控制能力。由于星群性能是与星群构型密切相关的,由此带来大规模分布式异构星群的构型优化、分布协同任务规划、星群构型控制与重构、大范围轨道机动路径优化等关键技术难题。此外,基于通用可扩展接口和高性能计算单元的柔性智联卫星平台将能够大幅提升异构星群的协同能力、载荷适配能力以及整体智能化水平,能够充分发挥低轨大规模分布式异构星群数量多、功能多、载荷多的优势,提升分布式异构星群时空连续协同观测能力和在轨数据处理与实时服务能力。本书围绕"协同感知、自主管控、智能服务"的总体目标,面向分布式异构星群的构型设计与优化、智能任务规划与分配、星群构型控制与重构以及柔性智联卫星平台架构设计等关键技术问题开展研究。

1.2 分布式异构星群发展现状

1.2.1 国外发展现状

当前,分布式异构星群是以大规模互联网卫星系统和对地遥感星座系统的形式发展的。国外关于对地观测卫星星座的研究起步较早,目前从事低轨大型遥感星座研究的国家主要有美国、阿根廷等。美国在大型对地观测的遥感星座建设中处于领先地位,现已逐步进入星座稳定运行阶段。

1.2.1.1 遥感星座

美国 Planet 公司于 2013—2020 年间构建了高时频成像对地观测小卫星星座 SkySat,主要用于获取时序图像,制作视频产品,并服务于高分辨率遥感大数据应用。该星座目前已经发射 21 颗卫星,是世界上卫星数量最多的亚米级高分辨率卫星星座[14]。除此之外,公司还部署了 Flock 对地观测星座,可提供 3～5m 分辨率的图像,能够获取连续的对地观测数据[15]。

美国的 DigitalGlobe 和 SpaceX 共同合作 WorldViewLegion 星座,采用 6 颗卫星组网观测,轨道高度为 450km,其中 2 颗运行在太阳同步轨道,另外 4 颗运行在中倾角轨道上,有效观测载荷由一个分辨率为 0.29m 的全色波段成像设备和 8 个分辨率为 1.16m 的多光谱波段成像设备组成。2024 年 4 月发射了首批的两颗太阳同步轨道卫星[16]。

美国还主要建有"鸽群""卡佩拉""黑天全球""狐猴"等星座,以构建具备全球的高空间分辨率、高时间分辨率、全覆盖能力为目标,逐步引领地球观测进入实时新时代[2]。

美国行星实验室(Planet Labs)于 2013 年 4 月 19 日发射第一颗"鸽群"微纳遥感卫星,截至 2021 年年底,"鸽群"卫星已累计发射近 500 颗,Planet 公司每 3~6 个月进行一次发射,维持 200 颗左右卫星可正常在轨运行。Flock 星座为当前全球最大的遥感星座,主要用于为灾害监测、应急响应、资产管理等应用提供全球覆盖、高更新率的光学遥感数据服务。Flock 卫星为 3U 立方星,每颗卫星质量为 5kg,尺寸为 10cm×10cm×30cm,它们的特点是采用 CTOS(商用现货)组件,每颗卫星都配备了高倍率望远镜和相机,卫星在 400~600km 轨道高度可以实现对地 3~5m 分辨率的光学成像。Flock 星座对外号称采用"长期在线"(AlwaysOn)工作模式,相较传统对地观测卫星,可实现全时段全区域覆盖,重访率高,更易捕捉突发事件。根据已公布的信息,该星座能够在 1 天内实现全球 95% 区域的重访[17]。

Capella 卫星星座由美国卡佩拉空间公司(Capella Space)研制的 36 颗 SAR 成像卫星组成,分布在 600km 左右的 12 个轨道面上,每个轨道面部署 3 颗卫星,完全平均重访时间达 1h,最高分辨率支持 0.5m[4]。其首颗技术验证卫星于 2018 年 12 月发射入轨,目前在轨卫星共有 6 颗。Capella 单星设计质量小于 100kg,设计寿命为 3 年。通过定期补网实现对系统和卫星的更新,进而实现定期对星座和单星性能的改进。其下行链路平均传输速率达 1.2Gbit/s,该星座较其他商业遥感卫星提供了每轨更高的数据量[18]。

Black Sky Global 是由美国"黑色天空"公司(BlackSky)建设的商业遥感卫星星座,截至 2024 年第三季度,Black Sky Global 星座 Gen2 卫星在轨数量达到 14 颗,均使用"侦察兵"卫星平台和哈里斯公司的 SpaceView-24 光学系统。Black Sky Global 单星质量约 56kg,设计寿命 3 年,运行在约 500km 高的轨道上,空间分辨率约 1m[6]。2023 年起,BlackSky 公司计划研制 Gen-3 卫星,分辨率提高至 35cm,并增加短波红外(SWIR)成像能力,2024 年 11 月,BlackSky 收购了卫星制造商 LeoStella 的剩余 50% 股权,完全掌握了 Gen-3 卫星的生产流程,第一颗 Gen-3 卫星计划于 2025 年发射。BlackSky Global 星座的目标是打造由 60 颗卫星组成的星座,具备 10~60min 重访能力。Black Sky Global 星座拥有高效快速的商业应用定制和数据处理分析能力,基于其 SpectraAI 平台,利用其专有的机器学习和最新的人工智能技术,可实现对船舶、飞机、道路、建筑物和车辆等目标近实时的自动检测,并能实现变化、损坏和异常检测等高级分析,可直接集成于智能手机和 PC 终端显示[19]。

Lemur-2 卫星星座由美国尖顶公司(Spire)研制的 3U 立方体卫星组成,星座分布在约 500km 高的太阳同步轨道,主要用于对天气、船只、飞机的实时监测。自2015 年 9 月 28 日发射 Lemur-201 星以来,截至 2022 年 5 月,Lemer-2 系列卫星共发射 28 次,共计 145 颗卫星在轨,其中 4 颗入轨后不能正常工作[20]。Lemur-2 星座单星质量约 4kg,主要载荷有两种:一是 GPS 无线电掩星测量载荷,主要通过信号受大气层影响的数值变化情况来精确计算温度、湿度和压力廓线;二是 AIS 接收器,主要通过接收 Air 信号来实现对世界各地船只的跟踪[21]。

NewSat 星座由阿根廷逻辑公司(Satellogic)建设的商业微纳遥感卫星组成,截至 2022 年 4 月,星座已发射入轨卫星 30 颗,包含技术试验星 3 颗以及应用星 27颗。Satellogic 公司旨在建设一个在轨数量达 90 颗的对地观测星座,能够在高度500km 左右的太阳同步轨道上实现 1m 的空间分辨率,每周可实现对全球拍摄一遍。NewSat 星座单星质量约 37kg,尺寸为 0.4m×0.43m×0.75m;搭载可见光载荷与红外谱段相机,可实现 1m 的多光谱地面分辨率和 30m 的超光谱分辨率,具有照片成像与视频成像的功能[22]。

法国的 AirBus 公司也在开始部署 Pleiades-Neo 星座,并于 2020—2021 年间发射了 4 颗光学对地观测卫星,该星座可直接访问欧洲数据中继通信系统,可实现每天高达 40TB 的数据传输。

日本的多家新型商业公司也部署了相应的光学、雷达、气象小卫星星座,如日本 Axelspace 公司的灰鹤(GRUS)对地观测卫星星座、日本 Synspective 公司的StriX 雷达卫星星座。

2021 年,美国商业航天公司 Albedo 获准研发 10cm 遥感卫星。未来航天遥感将进入 10cm 空间分辨率时代,遥感影像精准处理与智能服务的需求更加迫切[23]。

1.2.1.2 卫星互联网

Starlink 是由美国公司 SpaceX 构建的卫星星座项目,用于提供卫星 Internet接入服务,以规模宏大、成本低廉、性能优越而受到社会各界关注,建设情况如表 1-1所示。Starlink 第一阶段的 Ku+Ka 波段星座包含 4425 颗卫星,分布在几组轨道上。后续将通过多层轨道构建,形成一座 4 万余颗卫星的巨型星座,如图 1-2 所示。最新的轨道拓扑状态如图 1-3 所示。

表 1-1 Starlink 星座建设情况

建设期	Ⅰ期	Ⅱ期				Ⅲ期
轨道面/个	22	32	8	5	6	—
每轨道面卫星数量/颗	72	50	50	75	75	—

轨道高度/km	550	550	1130	1275	1325	340
倾角/(°)	53	53.8	74	81	70	—
每轨高度卫星数量/颗	1584	1600	400	375	450	—
每期卫星数量/颗	1584	2825				7518
卫星总数/颗	11927					

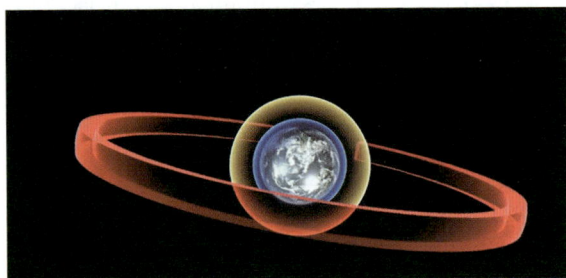

图 1-2 Starlink 星座最终部署示意图

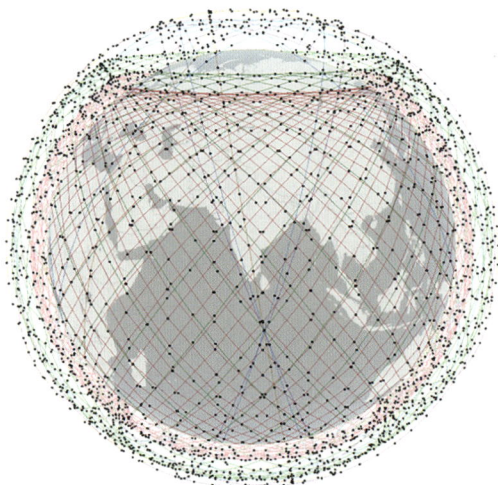

图 1-3 Starlink 星座轨道拓扑状态

Starlink 星座的网络拓扑为"＋"形。以第一层为例,图 1-4(a)显示了完整的网络,它是由如图 1-4(b)所示形式的重复模式组成的。Starlink 卫星能够在能见度的物理限制下连接到最多 40 颗其他卫星。然而,在实践中,卫星上的硬件限制了可能的星间链路数量。网络由于硬件限制,每颗卫星的星间连接次数限制在 4 次。图中还用白色表示了星座内卫星的位置,它们均匀分布在 72 个轨道平面上,每个平面内有 22 颗卫星。

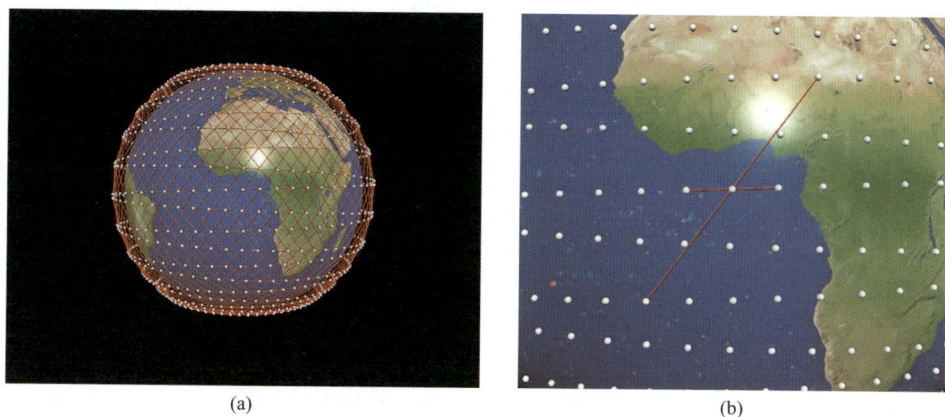

(a)　　　　　　　　　　　　　　　(b)

图 1-4　Starlink 星座网络拓扑

Starlink 星座利用先进的相控阵波束形成和数字处理技术在每颗卫星有效载荷上,以高效利用频谱资源,并灵活地与其他基于空间和地面的授权用户共享频谱。该系统的用户终端将采用相控阵技术,以实现跟踪系统卫星的高定向、定向天线波束。关口站中的相同相控阵技术将产生高增益定向光束,以便从单个网关站点与星座内的多颗卫星通信。该系统还将采用卫星间光链路,实现无缝网络管理和服务连续性,同时尽量减少系统的频谱占用,并促进与其他天基和地面系统的频谱共享。

Starlink 用户终端的最小仰角是 40°,而每颗卫星的总吞吐量预计为 17～23Gbps,这取决于用户终端的特性。此外,卫星还将具有激光卫星间链路,以确保持续通信,提供海上服务,并减轻干扰的影响。

地面部分将由 3 种不同类型的组件组成:跟踪、遥测和指令站,关口站天线和用户终端。一方面,TT&C 站的数量稀少,分布在世界各地,其天线的直径为 5m。另一方面,关口站和用户终端都将基于相位阵列技术。Starlink 计划拥有大量的关口站天线,分布在世界各地,与互联网对等点接近或共存。

Starlink 系统使用 Ku 波段进行用户链路,Ka 波段用于馈线链路。具体而言,10.7～12.7GHz 和 14.0～14.5GHz 频段分别用于用户下行链路和用户上行链路,而 17.8～19.3GHz 和 27.5～30.0GHz 频段用于馈线下行链路和馈线上行链路。

SpaceX 已向 FCC 申请在美国至少建立 32 个地面站,截至 2020 年 7 月,其中 5 个(在 5 个州)已获得批准。Starlink 使用 Ka 波段与地面站连接。

目前,一个典型的地面站在 400m² 的围栏区域内有 9 个 2.86m 天线。根据他们的文件，Starlink 的地面站也将安装在全球谷歌数据中心。

此外，Starlink 卫星的研制分为多个不同版本，具体特性总结如下：

2019 年 5 月发射的 60 颗 Starlinkv0.9 卫星具有以下特点：具有多个高通量天线和单个太阳能阵列的平板设计，质量为 227kg。使用氪作为反应质量的霍尔效应推进器，用于在轨位置调整、高度维持和脱轨时精确定位的星轨导航系统，能够使用国防部提供的碎片数据在 550km 处自主避免碰撞，这种设计的所有组件中 95% 将在每颗卫星生命周期结束时在地球大气层中迅速燃烧。

自 2019 年 11 月发射的 Starlinkv1.0 卫星具有以下附加特性：在每颗卫星寿命结束时，这种设计的所有组件 100% 将在地球大气层中完全消亡或燃烧。添加 Ka 波段，质量为 260kg。其中一个编号为 1130 的名为 DarkSat 的卫星使用特殊涂层降低了反照率，但由于热问题和红外反射率，该方法被放弃了。自 2020 年 8 月第九次发射以来发射的所有卫星都有遮阳板，以阻挡阳光从卫星的某些部分反射，进一步降低其反照率。

自 2021 年 1 月 24 日发射的 Starlinkv1.5 卫星具有以下附加特性：用于卫星间通信的激光器，质量为 295kg。从 2021 年 9 月起发射的卫星上移除了挡住阳光的遮阳板。

SpaceX 在 2021 年初生产 Starlinkv2.0 卫星。Starlinkv2.0 卫星的通信带宽比 Starlinkv1.0 能力高出一个数量级。SpaceX 希望在 2022 年开始发射 Starlinkv2.0。但是，它们需要在 Starship 上发射，因为它们太大而无法装入 Falcon9 整流罩内。Starlinkv2.0 比 Starlinkv1.0 卫星更大更重。质量为 1250kg，长度为 7m(23 英尺)，进一步改进以降低其亮度，包括使用介电镜膜。

截至 2024 年 6 月 12 日，Starlink 至今发射卫星已达 6611 颗，包括 v0.9、v1.0、v1.5 和 2.0Mini 版本(手机直连卫星暂按 2.0Mini 卫星)，其中手机直连卫星达到 64 颗，经测试已达到 17Mbps 的传输速率。

1.2.1.3 异构星群

(1)美国国防太空七层架构

面向不同场景、不同任务目标的需求，国外提出并发展异构分布式星群系统，典型的系统有美国的七层架构、SpaceX 提出发展的星盾系统和俄罗斯的球体星座计划等。

美国扩散型任务人员架构(原七层架构)：利用大规模星座，构建"全域感知目标，云端智能服务"的天基信息网络体系，利用任务管理层实现跨域的集群协同，极大地加速从传感器到射手的闭环能力。

美国航天发展局(SDA)正在开发一个集成现有及未来军用卫星星座的国防太空架构。该架构由传输层、导航层、跟踪层、监管层、威慑层、战斗管理层和支持层等 7 层构成,如图 1-5 所示。

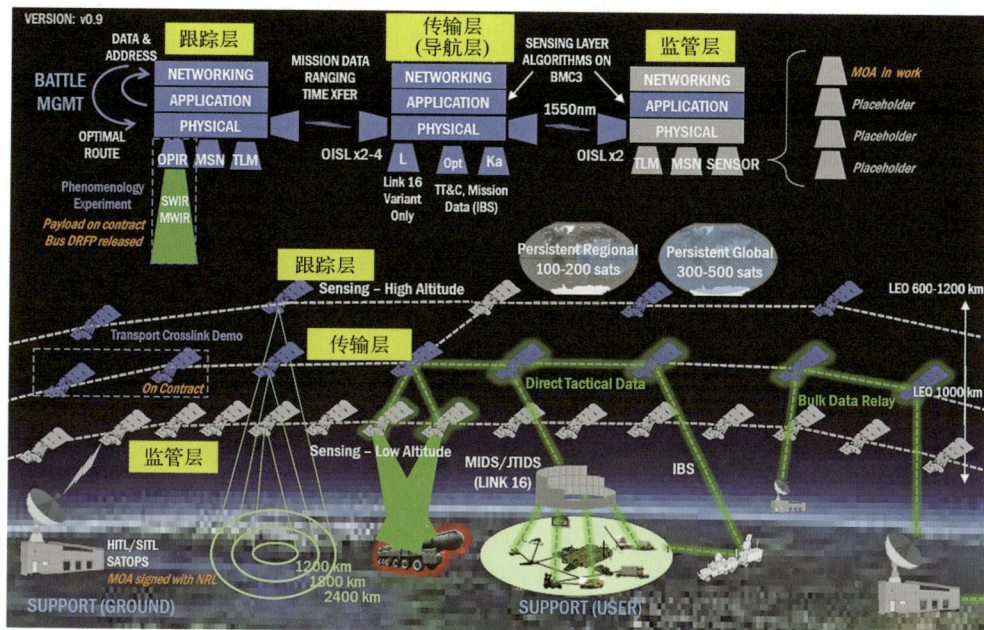

图 1-5 下一代国防太空架构体系构成

传输层:低延迟数据和通信激增的"网状"网络,提供 7×24 小时的全球通信;部署于 1000km,倾角 80°~100° 的轨道。

跟踪层:提供先进导弹、高超声速威胁的早期预警,部署于 600~1200km 的轨道高度。

监管层:提供对时敏、"发射左侧(美军一种导弹防御战略,即利用非动能技术提前攻击对方核导弹威胁)"表面机动目标的全天候(24×7 小时)监视。

威慑层:提供地月空间的空间场景感知与访问;计划研究开发可部署到地月轨道的太空机动卫星的可能性。

导航层:在 GPS 拒止环境下创建替代的定位、导航和授时系统;将与传输层融合建设。

战斗管理层:由人工智能系统驱动,支持软件开发和"传感器到射手数据产品"升级,可帮助将空间传感器产生的数据直接传递给用户。

支持层:大规模的地面指挥和控制系统、用户终端和快速响应发射服务。

"七层体系"将利用低轨大规模星座和智能云网等技术构建"全域感知目标,云端智能服务"的天基信息网络体系,颠覆了传统航天装备形态和发展模式。

以反导反临应用为例,跟踪层卫星首批发射的 8 颗卫星将携带宽视场红外传感器,对超高音速导弹和弹道导弹提供最广泛和最长的观测视野,如图 1-6 所示。

联合美国导弹防御局的"高超音速和弹道跟踪空间传感器 HBTSS"项目的中视场卫星（MFoV）服务能力，提供持续的跟踪和目标服务。HBTSS 后续将纳入下一代国防太空架构系统的跟踪层。

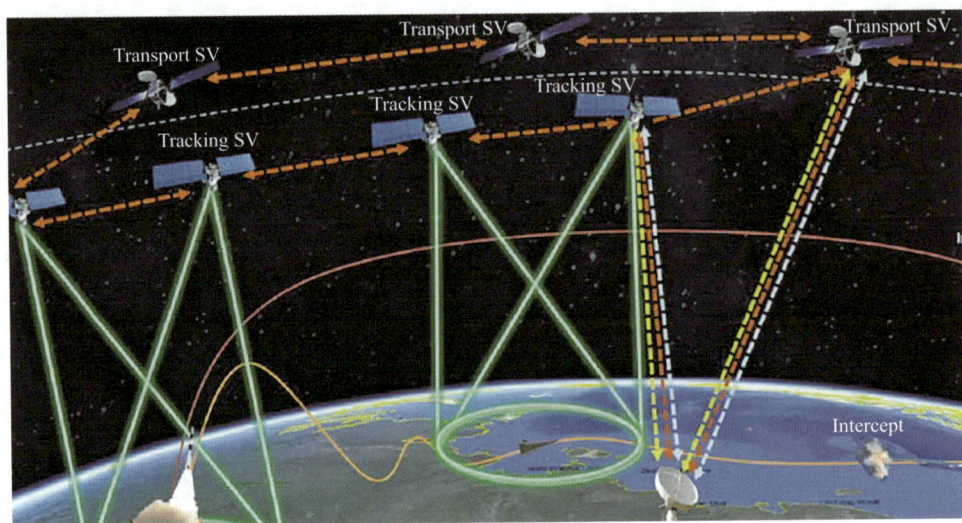

图 1-6　跟踪层工作机制

具体工作流程如下：

美国航天发展局（SDA）的"Tranche 1"宽视场传感器探测到一枚超高音速导弹或一枚巡航导弹，然后将轨道上的数据传递给"HBTSS"传感器，HBTSS 负责追踪和锁定目标，探测、分离和锁定空间碎片中的弹头，再将跟踪数据传送到传输层卫星，传输层卫星负责宽视场卫星和中视场卫星之间的通信，并将跟踪和瞄准数据传送到地面站，再分发给适当的武器系统。

（2）美国"黑杰克"（Blackjack）项目

2018 年，美国航天发展局发布了下一代太空体系架构设想：创建一个"扩大数量、增加弹性"的架构，由数百颗可能承载多种有效载荷的小型卫星组成，具备大规模、低延迟、持续性全球监控能力（通过人工智能技术赋能）等 8 种核心能力[20]。

"黑杰克"（Blackjack）项目是美国国防高级研究计划局 2018 年发起的即插即用卫星研究项目，将在低轨演示验证一个提供全球持续覆盖、低成本的星群，如图 1-7 所示。该星群将通过通用的卫星平台搭载军用通信、导航、侦察、预警等多类任务载荷，同时具备自主智能运行能力，项目通过在每颗卫星上安装相同的星上计算控制单元，运行任务自主软件使卫星与星群中的其他节点协同，保证整个星群无须人员预长期自主运行[21]。美国国防高级研究计划局（DARPA）战术技术办公室于 2018 年启动了"黑杰克"（Blackjack）项目，旨在充分利用商业星座发展成果服务军事能力建设,完成小体积、小质量、低功率、低成本的 LEO 军用卫星星座的研发,将军方目前运行在地球静止轨道上的大型卫星过渡到低轨道上更小、更便宜的精致小卫星星座,实现军方卫星有效载荷的高度网络化,提高空间通信系统的弹性和持久性,进一步丰富和充实其正在开展的军用航天"弹性"转型。

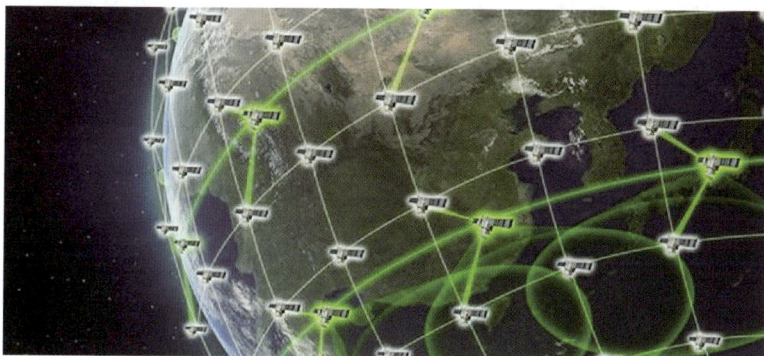

图 1-7 利用低轨通信星座实现军事服务

在"黑杰克"计划的卫星论证阶段,DARPA 将评估不同供应商提供的用于通信、导弹防御、PNT(定位、导航、定时)和 ISR(情报、监视、侦察)的多种类型有效载荷。

"黑杰克"项目每颗卫星可搭载一个或多个有效载荷,不同卫星根据需要配置载荷。所有的卫星由一个控制中心管理,星座能在无控制中心的情况下自主运行 30 天。控制中心可最多由不超过两人管理,且此两人的主要工作是设定星座的级别优先度。卫星的有效载荷数据处理将在无地面数据处理协助的情况下在轨进行。

"黑杰克"项目的主要设计理念如下:快速技术更新、弹性、全球连续服务、自主运行、过顶持续红外监视/PNT 服务/通信服务、低成本商业货架式平台、威胁快速响应能力。该项目强调商品化通用平台和可互换有效载荷的结合,这些载荷具有设计周期短、自治集成和运营等特点,可通过无线软件升级进行频繁的技术升级,以及快速刷新在轨节点,实现向在战略边缘用户高效传输数据。

1.2.2 我国发展现状

1.2.2.1 遥感星座

目前,我国空间基础设施发展已基本建成完整配套的航天工业体系,卫星研制与发射能力步入世界先进行列,资源、海洋、气象、环境减灾等遥感卫星已具备一定的业务化服务能力,固定通信广播等卫星通信基本保障体系已建成,北斗卫星导航系统已提供区域服务,卫星应用成为国家创新管理、保护资源环境、提升减灾能力、提供普遍信息服务及培育新兴产业不可或缺的手段。

随着高分辨率对地观测系统重大专项的实施,我国对地观测卫星也有了快速发展,国内商业遥感公司相继部署起了对地观测卫星星座。近年来,国内低轨大型遥感星座建设呈现井喷态势,"吉林一号""深圳一号""珠海一号"等一批星座陆续组网建设。"丽水一号""陕西一号""灵鹊"等星座也规划了上百颗遥感卫星用于星座组网。据统计,我国规划于 2030 年前建设超过 800 颗低轨遥感卫星用于星座组网[3]。

中国四维测绘技术有限公司于 2016 年开始部署"高景一号"卫星星座,目前已完成第一阶段的 4 颗光学小卫星发射,星座部署完成后,期望能够实现国内十大城市天覆盖次的能力[22]。

长光卫星技术有限公司部署了"吉林一号"光学遥感卫星星座[23],截至 2024年 9 月,通过 29 次发射任务,星座在轨卫星数量超过 115 颗。一期工程计划部署138 颗卫星,预计 2025 年完成。二期工程规划至 2025 年底前实现 300 颗卫星组网,新增高光谱、SAR(合成孔径雷达)等多模态观测能力,提升全球覆盖频次至每天 144 次。21 世纪空间技术应用股份有限公司于 2015 年发射了"北京二号"卫星星座[24],2021 年发射了"北京三号"卫星,并将与"北京二号"系统协同工作,提高了我国高分辨率遥感卫星数据的供给能力。除此之外,珠海欧比特宇航科技股份有限公司部署了"珠海一号"卫星星座[25],该星座将由 34 颗卫星组成,包括视频卫星、高光谱卫星、雷达卫星、高分光学卫星和红外卫星,期望能够构成一个高时空分辨率的遥感微纳卫星星座,可全天时、全天候、无障碍地获取遥感数据。

1.2.2.2　卫星互联网

我国低轨卫星互联网起步较晚,发展并非一帆风顺[26],先后出现了"虹云工程""鸿雁"星座和银河航天低轨卫星互联网等项目计划[27,28]。

(1)"虹云工程"低轨卫星星座

2016 年,"虹云工程"低轨卫星星座计划被提出,预期发射 156 颗卫星实现全球覆盖。"虹云工程"星座以其低通信延时、高频率复用率,可满足全球互联网欠发达地区、规模化用户单元同时共享宽带接入互联网的需求,并且具备通信、导航和遥感一体化的特点。

2018 年 12 月,"虹云工程"技术验证星发射入轨,先后完成了多种工况下的功能与性能测试。值得注意的是,"虹云工程"的第一颗卫星是我国第一颗真正意义上的宽带低轨小卫星,具有标志性意义。

(2)"鸿雁"星座全球卫星通信系统

我国的"鸿雁"星座是全球低轨卫星通信与空间互联网系统,于 2016 年启动,计划部署 300 颗卫星,旨在构建全天候、全时段的全球数据链服务网络。首颗试验星于 2018 年 12 月成功发射。2025 年 3 月 10 日,搭载首颗正式试验星的火箭再次发射,标志着星座建设进入新阶段。该系统一期工程原计划 2022 年部署 60 颗卫星,二期计划 2025 年完成 300 颗组网,提供物联网、移动广播、航空航海监视及全球互联网接入等服务。目前,国家正统筹调整鸿雁与其他星座(如虹云)的计划,强调技术互补与资源整合。

"鸿雁"星座不仅可增强北斗导航精度,还支持室内定位和复杂地形下的双向通信,应用覆盖农林、环保、智慧城市等 14 个领域。"鸿雁"通过高功能卫星设计(如数据处理中心能力)和技术迭代,力图在低轨卫星互联网领域实现突破。

(3)其他系统建设

银河航天计划建造由上千颗 5G 通信卫星,在 1200km 的近地轨道组成星座网络,使用户可以高速、灵活地接入 5G 网络。2020 年 2 月,首发星成功开展通信能力试验,在国际上第一次验证了低轨 Q/V/Ka 等频段通信,使用手机连接银河卫星终端提供的 WiFi 热点,通过这颗 5G 卫星实现了 3min 视频通话。

2022 年 3 月,首次批量研制的 6 颗低轨宽带通信卫星——银河航天 02 批卫星成功发射,验证了我国具备建设卫星互联网巨型星座所必需的卫星低成本、批量研制及组网运营能力。

"天启"星座计划由 38 颗低轨道卫星组成,可以为 AIS、ADS-B、浮标和全球短数据集提供通信服务。截至 2024 年 12 月 19 日,"天启"星座在轨卫星总数达到 33 颗。预计 2025 年完成一期 38 星全部组网。"天启"星座的功能是将分散在全球各地的终端上传信息进行采集、传输、汇集和处理。通过卫星回传给地面数据中心,经过分包处理后再发送给有需要的客户,是一种可以在短时间内实现实时短数据收发的天基系统,能够为航空、海事、水利和气象等部门提供点对点服务。

1.3　分布式异构星群发展趋势

总结国内外十余个低轨星座的规划情况及商业航天产业发展特点,整体来看,国内低轨遥感/互联网星群呈现出三大趋势[29]。

(1)提升观测效率成为星座组网重要特点

星座组网使得分辨率、重访周期、覆盖范围等大大提高。星座部署完成后,形成覆盖全球的高时间分辨率对地观测能力,实现半天或者几小时内的全球覆盖,并对重点区域实现 10~30min 重访,观测效率大为提高。

(2)遥感数据的智能化处理、定量化处理越来越重要

大数据时代,遥感信息处理方法和模型越来越科学,包括多平台、多层面、多传感器、多时相、多光谱、多角度及多空间分辨率的融合与复合应用。定量遥感能为

社会和公众提供有用信息,能够精准描述构成地物状态特征的物理化学要素和驱动机制。

(3)星座组网的技术创新不断加快

光学探测多向化、地学分析智能化、环境研究动态化及资源研究定量化等技术创新,提高了遥感技术的实时性和运行性,具备真正业务化观测能力。星座成为实现以地球为研究对象的综合对地观测数据获取系统,具有提供定位、定性和定量以及全天候、全时域和全空间的数据能力。

2017 年,国务院印发的《新一代人工智能发展规划》提出的战略目标包括:到2030 年,在类脑智能、自主智能、混合智能和群体智能等领域取得重大突破,并对群体智能、自主协同控制与优化决策等发展方向进行了部署[30]。2017 年,李德仁院士提出未来空间信息网络环境下"对地观测脑"的概念,通过观测星群与通信导航星群、空中飞艇与飞机等获取地球表面空间数据信息,利用在轨影像处理、星地协同数据计算分析等技术对获取的数据信息进行处理分析,获取其中的有用信息和知识,服务于用户决策,从而实现天空地一体化协同的实时对地观测与服务,逐步解决天地一体化网络通信、多源成像数据在轨处理、天基信息智能终端服务、天基资源调度与网络安全、一体化的非线性地球参考框架构建等技术问题[31]。

综上所述,随着航天技术和人工智能科学的不断发展,无人信息系统技术的不断提高,总体上看,面向未来泛在、综合化、个性化等业务需求,通过多颗卫星间、多层卫星间、跨卫星系统间、星地间通过星间/星地链路自组织集群,实现资源虚拟一体管理、任务自主协同和产品自主分发,才能获得倍增效应,满足用户好用、易用的根本要求,而构建更加智能的互联协同、柔性开放的分布式异构星群已然成为天基系统的重要发展方向[32]。

1.4   分布式异构星群典型服务场景

实时高精度的智能遥感是保障国家安全、服务国民经济的关键核心技术,是世界各国竞相抢占的科技战略制高点。当前,我国已构建种类齐全、功能互补、尺度完整的卫星观测体系,空间、光谱、时间分辨率得到跨越式提升,已经具备全色、多光谱、高光谱、红外、SAR、视频和夜光多种观测能力,具备全天候、全天时、全球覆盖的对地观测能力[33]。

基于我国目前已有的卫星组网遥感能力和卫星互联网能力,由多种类、不同轨道的多颗卫星可以构建一个智能互联的多功能分布式异构星群。通过合理的载荷配置和星群构型设计,约束星群中卫星相对空间和时间的关系,同时通过卫星空间信息链路或地面信息网实现信息交换,该星群将不仅能够满足更短的重访周期、更大范围的观测覆盖范围,还能够按照任务需求获取到指定区域同一时间段内同时包含可见光、红外、SAR 多类型多谱段观测数据的遥感信息,大幅扩展同地同时的遥感信息维度,提高服务效能,并满足基于特定任务目标需求的快速响应、持续动态监测等数据获取需求[34]。

分布式异构星群中的卫星包括可见光成像卫星、高光谱成像卫星、SAR 卫星等,各自运行在当前任务轨道上。当地面运控中心接到新的任务需求,以农作物快速覆盖识别为例,需要对某地区进行观测,则通过地面运控系统,根据这些卫星获取的信息特点,如信息的类型、图像的分辨率等,以及自身的工作特点,如对光照条件的要求、工作范围、功耗等,选择卫星类型、安排工作顺序、确定卫星数目。同时,根据需要评估的山体、道路、植被、房屋、堰塞湖等情况,智能分配到不同分辨率及载荷的卫星执行。通过星群构型重构控制,使带有不同类型载荷的任务卫星能够在同一时间段内同时通过指定地区,进而获取到该地区同一时段内同时包含光学、SAR、高光谱等多源对地观测数据,并通过星群间以及星地间的互联网络链路,近乎实时地可以传回地面数据处理中心和指挥运控中心,为指挥决策提供丰富多维的高效能遥感信息。

1.5 分布式异构星群的内涵及特征

随着分布式理论和应用的日渐成熟,分布式概念在航空航天领域再次得到广泛关注。分布式星群由一组分布在同一或邻近轨道上的卫星组成。分布式星群网络(Distributed Satellite Cluster Network,DSCN)利用组网协同、共轨控制技术,整合空间上邻近且独立分布的卫星资源,实现整体大于部分之和的效果。开展基于分布式星群的空间信息网络研究具有重要的国家战略意义。

分布式异构星群的内涵是分布在不同轨道层、具备不同功能的巨量组网卫星,不再局限于观测、通信、导航等各自独立工作的单一功能星座系统,通过高中低轨分布、信息互联互通、云边端智能协同,构成综合多功能的异构星群系统。

异构星群具有如下特征:依托灵活的异构星群,提升天基系统的弹性,具备多资源综合利用、多手段协同配合、多维度信息获取、多样化需求满足的能力,实现全球覆盖、高频重访、快速响应、无感用天的应用需求。

(1)弹性化、分散化

异构星群以低成本研制、批量化部署为支撑,构建多层分布、灵活扩展的空间设施,可有效降低系统风险、提升容错备份能力,为天基系统建设提供了新思路。

以 Starlink 为例,单区域覆盖重数达到 10 重以上,可在数星失效情况下依然能提供高速通信业务。卫星规模、能力按需扩展,提供灵活信息保障能力,从 Starlinkv1.0 单星 270kg、20Gbps 容量将拓展到 Starlinkv2.0 的 2000kg、170Gbps 容量能力。

(2)智能化、网络化

智能协同是异构卫星集群效应的"倍增器"。面向应急任务响应时效性提高、大众终端服务能力提升等需求,巨型星座逐步具备智能化软硬件基础、智能自主任务规划、资源动态调配、多源信息融合处理等能力。

星载智能计算:AI 软硬件赋能的在轨目标检测与识别、多源数据融合等;

智能任务规划:高优先级优先,动态调整在轨任务;在轨自主任务拆解,策略调整等;

节点网络化互联:空间段稳定建链,跨系统间组建动态自治域等。

(3)开放式、软件化

从星座、系统、单机软硬件等多个层级进行开放式、软件化设计,支持服务区域和业务能力的动态调整、指标性能的迭代升级和卫星本体软件的更新加固等。

开放式:应用开发发布 SDK,网络协议采用兼容互联体制,载荷、供电、信息接口统型等;

软件化:覆盖区域按需,波束容量动态调整,算法可重构更新等。

1.6 本书内容安排

全书共 9 章,包括四个部分的内容。第一部分为第 1 章绪论,主要阐述分布式异构星群的研究背景、发展现状和内涵与特征;第二部分包含本书的第 2 章和第 3 章,主要介绍异构星群的轨道动力学知识、分布式异构星群系统架构与关键技术等内容;第三部分包含本书的第 4~6 章,主要包括建立分布式异构星群关键技术问题的理论模型,并提出构型设计、重构控制、动态任务规划与分配、任务决策和协同控制方法;第四部分包含 7~9 章,主要内容包括构建分布式异构星群的柔性智联卫星平台、星地协同管控系统以及地面仿真系统的工程设计和验证。

参 考 文 献

[1] 禹华钢,方子希. 低轨卫星互联网:发展、应用及新技术展望[J]. 无线电工程,2023,53
(11):2699-2707.

［2］　林仁红,高军,方超,等 . 国内低轨遥感星座密集组网现状及发展态势［J］. 中国航天,2019
　　　(5):38-40.

［3］　柯知非,黄石生,李玉良,等 . 低轨大型遥感星座发展现状及其关键技术［J］. 航天返回与
　　　遥感,2023,44(1):93-101.

［4］　尤肖虎,尹浩,邬贺铨 . 6G 与广域物联网［J］. 物联网学报,2020,4(1):3-11.

［5］　陆晴,万向成,孙永岩 . 美国 Planet Labs 公司和"鸽群"卫星的启示［C］//2017 年集团科技
　　　委航天器总体大会 . 深圳,2017:19.

［6］　周宇,王鹏,傅丹膺 . SkySat 卫星的系统创新设计及启示［J］. 航天器工程,2015,24(5):
　　　91-98.

［7］　刘韬 . 美国"天空卫星"技术探析［J］. 国际太空,2015(12):66-69.

［8］　姜宁,章川扬之,亢晨宇,等 . 基于通信感知计算融合的低轨卫星网络体系架构与关键技
　　　术［J］. 无线电通信技术,2023,49(5):842-852.

［9］　张志清,陆风,方翔,等 . FY-4 卫星应用和发展［J］. 上海航天(中英文),2017,34(4):8-19.

［10］　潘德炉,何贤强,李淑菁,等 . 我国第一颗海洋卫星 HY-1A 的应用潜力研究［J］. 海洋学
　　　报,2004,26(2):37-44.

［11］　王殿中,何红艳 . "高分四号"卫星观测能力与应用前景分析［J］. 航天返回与遥感,2017,
　　　38(1):98-106.

［12］　刘付成,韩飞,韩宇,等 . 分布式协同微纳遥感星群的智能控制系统关键技术［J］. 上海航
　　　天,2022,39(4):1-24.

［13］　向鹏 . 李德仁院士:天地互联网的智能遥感卫星［J］. 高科技与产业化,2023(9):12-15.

［14］　龚燃 . "天空卫星"(SkySat)［J］. 卫星应用,2016(7):82.

［15］　龚燃,刘韬 . 2018 年国外对地观测卫星发展综述［J］. 国际太空,2019(2):48-55.

［16］　龚燃 . 2020 年国外民商用对地观测卫星发展综述［J］. 国际太空,2021(2):47-54.

［17］　龚燃 . 美国"卡佩拉"卫星星座［J］. 卫星应用,2021(2):70.

［18］　张雪松 . 俄乌冲突中的西方商业遥感卫星公司［J］. 卫星与网络,2022(5):30.

［19］　原民辉,刘韬 . 空间对地观测系统与应用最新发展［J］. 国际太空,2018(4):8-15.

［20］　刘李辉,王昊,姚飞 . 2021 全球航天发射活动分析报告［J］. 卫星与网络,2021(12):19-
　　　40+18.

［21］　李健全,王倩莹,张思昵,等 . 国外对地观测微纳卫星发展趋势分析［J］. 航天器工程,
　　　2020,29(4):126-132.

［22］　梁晓珩,梁秀娟,柯蓓 . 我国遥感卫星系统发展进阶路径探讨［J］. 航天器环境工程,
　　　2021,38(1):100-105.

［23］　李贝贝 . 吉林一号卫星星座［J］. 卫星应用,2020(3):78.

［24］　刘韬 . 北京号卫星星座［J］. 卫星应用,2015(8):67.

［25］　云行 . "珠海一号"遥感微纳卫星星座首发星［J］. 卫星应用,2017(6):78.

［26］　闵士权 . 卫星通信系统工程设计与应用［M］. 北京:电子工业出版社,2015.

［27］　徐磊 . 海事卫星通信技术的发展及应用［J］. 中国新通信,2019,21(1):9.

［28］ 徐鸣,张世杰.基于高通量卫星的天地融合宽带通信现状与应用展望［J］.中国航天,
2020(1):54-59.

［29］ IMT-2030(6G)推进组.6G 网络架构愿景与关键技术展望白皮书［R］.北京:IMT-2030
(6G)推进组,2021.

［30］ 国务院关于印发新一代人工智能发展规划的通知［EB/OL］.(2017-07-20)［2020-09-20］.
https://www.gov.cn/gongbao/content/2017/content_5216427.htm.

［31］ 李德仁,王密,沈欣,等.从对地观测卫星到对地观测脑［J］.武汉大学学报(信息科学
版),2017,42(2):143-149.

［32］ 李军予,闫国瑞,李志刚,等.智能遥感星群技术发展研究［J］.航天返回与遥感,2020,41
(6):34-44.

［33］ 朱光熙,王港,张超,等.基于多模态观测需求信息的遥感星群任务智能规划机制［J］.天
地一体化信息网络,2022,3(3):23-29.

［34］ 王密,仵倩玉,肖晶,等.低轨巨型星座遥感信息"云-边-端"智能服务关键技术［J］.武汉
大学学报(信息科学版),2023,48(8):1256-1263.

第 **2** 章
异构星群架构设计
与控制理论基础

2.1 轨道基础知识

2.1.1 地心惯性坐标系

地心惯性坐标,也称赤道惯性坐标系,坐标原点在地球中心;x_i 轴沿地球赤道与黄道面的交线,指向春分点;z_i 轴指向北极;y_i 轴在赤道平面内垂直于 x_i,由右手定则确定。在地心惯性坐标系下,根据万有引力定律,两体运动的卫星运动方程为

$$\ddot{r} = -\frac{\mu}{r^3} r \tag{2-1}$$

式中,μ 为地球引力系数;r 为地心到卫星的位置向量,位置矢径大小 $r = \|r\|$。

2.1.2 轨道要素

假设地球是质量均匀分布的理想球体,同时忽略太阳、月亮及其他行星对卫星的引力作用,则卫星仅在地球引力作用下绕地球运动。此时地心为卫星绕地球运动的沿椭圆轨道的一个焦点,如图 2-1 所示。

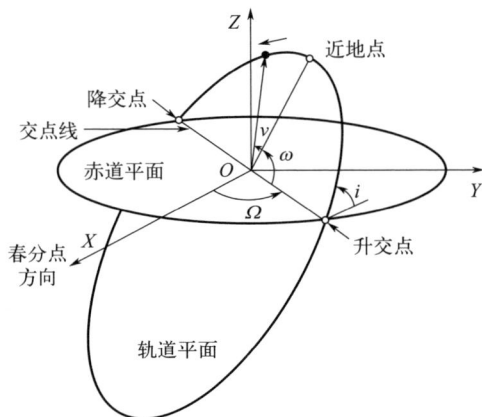

图 2-1 卫星轨道及经典轨道六要素

卫星的经典轨道六要素的定义如下:
① 长半轴长 a:确定圆锥曲线轨道大小的常数。
② 离心率 e:确定圆锥曲线轨道形状的常数,$\hat{e}$ 为单位偏心率矢量。
③ 轨道倾角 i:指卫星轨道面的正法向与地球赤道面正法向之间的夹角,取值

范围为$[0°,180°)$。

④ 近地点幅角 ω：指轨道平面内升交线与偏心率向量的夹角，按卫星运动方向为正，取值范围$[0°,360°)$。

⑤ 升交点赤经 Ω：指地心赤道惯性坐标系中的 x_i 轴与升交线的夹角，以赤道面以北观察时，按逆时针方向测量，取值范围为$[0°,360°)$。

⑥ 真近点角 φ：指轨道平面内偏心率向量到卫星位置的角度。

注意，对于圆形轨道，ω 无意义。这时，只需要 5 个轨道要素。轨道的角动量向量为

$$h = r \times v \tag{2-2}$$

式中，r 和 v 分别表示卫星的位置和速度向量，角动量大小为 $h = \|h\|$。对于两体运动，角动量 h 为常数。

2.1.3　轨道要素与位置速度向量的转换关系

已知卫星的轨道六要素，可得在地心（赤道）惯性坐标系下的位置向量为

$$r = \frac{a(1-e^2)}{1+e\cos\varphi}\begin{bmatrix}\cos\Omega\cos u - \sin\Omega\sin u\cos i \\ \sin\Omega\cos u + \cos\Omega\sin u\cos i \\ \sin u\sin i\end{bmatrix} \tag{2-3}$$

其中，u 为纬度幅角，$u = \omega + \varphi$。注意到真近点角关于时间的微分为

$$\frac{d\varphi}{dt} = \frac{\sqrt{\mu}}{[a(1-e^2)]^{3/2}}(1+e\cos\varphi)^2 \tag{2-4}$$

因此，地心惯性坐标系下的速度向量可通过对方程(2-3)关于时间求微分得到

$$v = \frac{dr}{d\varphi} \times \frac{d\varphi}{dt} = \sqrt{\frac{\mu}{a(1-e^2)}}\left\{e\sin\varphi\begin{bmatrix}\cos\Omega\cos u - \sin\Omega\sin u\cos i \\ \sin\Omega\cos u + \cos\Omega\sin u\cos i \\ \sin u\sin i\end{bmatrix} + (1+e\cos\varphi)\begin{bmatrix}-\cos\Omega\sin u - \sin\Omega\cos u\cos i \\ -\sin\Omega\sin u + \cos\Omega\cos u\cos i \\ \cos u\sin i\end{bmatrix}\right\} \tag{2-5}$$

下面由位置和速度向量 r 和 v 求解轨道要素。定义升交点矢量

$$n = z_i \times h \tag{2-6}$$

离心率向量

$$e = \frac{1}{\mu}\left[\left(v^2 - \frac{\mu}{r}\right)r - (r \cdot v)v\right] \tag{2-7}$$

于是离心率大小 $e = \|e\|$。

轨道长半轴长

$$a = \frac{p}{1-e^2} = \frac{h^2}{\mu(1-e^2)} \qquad (2-8)$$

其中，$p = h^2/\mu$ 为半通径长。

轨道倾角为 z_i 与 $\boldsymbol{h}$ 的夹角，故

$$\cos i = \frac{z_i \cdot \boldsymbol{h}}{h} \qquad (2-9)$$

轨道倾角总是小于 $180°$。

近地点幅角是 $\boldsymbol{e}$ 与 $\boldsymbol{n}$ 的夹角，有

$$\cos \omega = \frac{\boldsymbol{n} \cdot \boldsymbol{e}}{ne} \qquad (2-10)$$

如果 $z_i \cdot \boldsymbol{e} > 0$，那么 $\omega < 180°$。

升交点赤经是 x_i 与 $\boldsymbol{n}$ 的夹角，有

$$\cos \Omega = \frac{x_i \cdot \boldsymbol{n}}{n} \qquad (2-11)$$

如果 $y_i \cdot \boldsymbol{n} > 0$，那么 $\Omega < 180°$。

真近点角是 $\boldsymbol{e}$ 与 $\boldsymbol{r}$ 的夹角，有

$$\cos \varphi = \frac{\boldsymbol{e} \cdot \boldsymbol{r}}{er} \qquad (2-12)$$

如果 $\boldsymbol{r} \cdot \boldsymbol{v} > 0$，那么 $\varphi < 180°$。

2.1.4 开普勒方程

O 点表示椭圆的中心，焦点 F 为地心。以 O 点为圆心，椭圆轨道的长半轴长和短半轴长为半径分别作圆。对卫星轨道上点 P 按垂直方向在大圆上投影得到 Q 点，它对于椭圆中心 O 的中心角即偏近点角，记为 E。

真近点角 φ 与偏近点角 E 的转换关系为

$$\sin E = \frac{\sqrt{1-e^2} \sin \varphi}{1+e\cos \varphi} \qquad (2-13a)$$

$$\cos E = \frac{e+\cos \varphi}{1+e\cos \varphi} \qquad (2-13b)$$

以及

$$\sin \varphi = \frac{\sqrt{1-e^2} \sin E}{1-e\cos E} \qquad (2-14a)$$

$$\cos \varphi = \frac{\cos E - e}{1-e\cos E} \qquad (2-14b)$$

卫星沿椭圆轨道运行的平均速率为

$$n_0 = \sqrt{\frac{\mu}{a^3}} \qquad (2\text{-}15)$$

卫星的平近点角定义为

$$M = E - e\sin E \qquad (2\text{-}16)$$

于是,描述卫星位置和时间关系的开普勒方程为

$$n_0(t - t_0) = M - M_0 \qquad (2\text{-}17)$$

式中,t_0 表示初始时刻;M_0 表示初始时刻的平近点角。

开普勒方程可以用来求解初值问题,即已知初始时刻的真近点角,用方程(2-13)求出初始时刻的偏近点角,再由方程(2-16)得到初始时刻的平近点角 M_0;由开普勒方程(2-16)和方程(2-17)求得时刻 t 的偏近点角,最后利用方程(2-14)得到时刻 t 的真近点角。

2.2　卫星轨道空间几何关系

2.2.1　异构星群典型轨道类型

组成异构星群的卫星轨道有多种类型,按照轨道的特征分为地球同步轨道、回归轨道、太阳同步轨道、临界倾角轨道和冻结轨道等。

(1)地球同步轨道

地球同步卫星为轨道高度为 35800km 的圆轨道卫星,包括地球静止轨道(GEO)卫星和倾斜同步轨道(IGSO)卫星。GEO 卫星是指轨道倾角为 0°的地球同步卫星,因为 GEO 卫星的自转角速度与地球自转角速度相同,所以相对于地球表面静止。GEO 卫星可提供大范围的地面覆盖,且在其覆盖区内任何一点,卫星在任何时间均可见。由于其特点,GEO 卫星在通信、导航、卫星电视、气象预报等方面有了比较广泛的应用。但其缺点是不能对高纬度地区,尤其是两极地区进行覆盖,同时摄动力的存在会导致 GEO 卫星发生漂移,需要对卫星进行定点维持。

IGSO 是指卫星的轨道倾角不为 0°的地球同步卫星,卫星的星下点轨迹是一个关于赤道对称的"8"字,交点在赤道上。这种轨道的优点是克服了 GEO 不能对高寒度和两极地区覆盖的缺点,但是由于轨道漂移,而同时所有的同步卫星在同一个轨道上,存在与其他同步卫星碰撞的缺点,因此需要进行频繁的维护工作。

(2)回归轨道

回归轨道是指地面轨迹每天会重复的卫星轨道。准回归轨道是指地面轨迹经

过多天后会重复的卫星轨道。如果卫星的轨迹永远不能重复,则称为非回归轨道。由于回归轨道和准回归轨道的特性,区域覆盖星座常采用该类轨道。我国的神舟系列载人飞船、环境气象卫星星座以及国外的 LANDSAT、SPOT、ENVISAT、RADARSAT 等均采用回归轨道。

已知 ω_E 为地球的自转角速度,$\dot{\Omega}$ 为卫星升交点进动的角速度,则地球相对卫星轨道面的角速度为

$$\omega'_E = \omega_E - \dot{\Omega} \tag{2-18}$$

将地球相对卫星轨道平面旋转一周的时间记为 T_E,则

$$T_E = \frac{2\pi}{\omega_E - \dot{\Omega}} \tag{2-19}$$

在只考虑非球形的 J_2 项时,卫星轨道六根数的平均根数表达式如下:

$$\begin{cases} \dot{a}=0, \dot{e}=0, \dot{i}=0 \\ \dot{\Omega}=-\dfrac{3nJ_2R_E^2\cos i}{2a^2(1-e^2)^2} \\ \dot{\omega}=\dfrac{3nJ_2R_E^2}{4a^2(1-e^2)^2}(5\cos^2 i-1) \\ \dot{M}=n-\dfrac{3nJ_2R_E^2}{4a^2(1-e^2)^{3/2}}(1-3\cos^2 i) \end{cases} \tag{2-20}$$

式中,$n=\sqrt{\mu/a^3}$;$J_2=0.001082$,是一个常数;μ 为引力常数。

卫星在经过 D 天后运行了 N 圈,则可知

$$\frac{\omega_E - \dot{\Omega}}{\dot{M}+\dot{\omega}}=\frac{D}{N} \tag{2-21}$$

通过选择一个合适的半长轴、偏心率和轨道倾角,可以得到一个经过 D 天后运行了 N 圈的回归轨道。

(3)太阳同步轨道

如果选择合适的半长轴、偏心率和轨道倾角,使得升交点赤经的一阶变化率 $\dot{\Omega}$ 与地球绕太阳周年转动的方向和速率相同,即令 $\dot{\Omega}=0.9856°/$天(365.24 个平太阳日,地球完成 360° 的周年运动),在满足这种条件下,卫星经过赤道节点的降交点地方时保持不变,也就是卫星过降交点时光照条件保持不变,由此可满足卫星的热控系统、电源系统和对地观测的需要。当偏心率为 0 时,太阳同步轨道的轨道倾角随半长轴的变化曲线如图 2-2 所示。

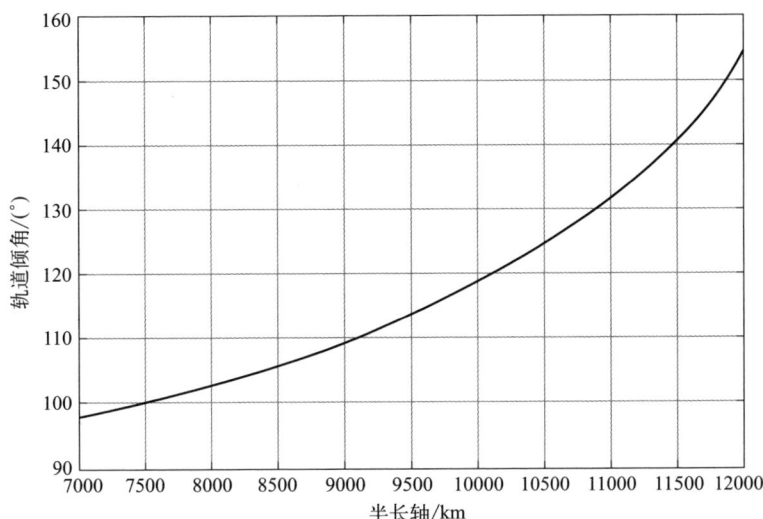

图 2-2 太阳同步轨道卫星的轨道倾角随半长轴的变化曲线

（4）临界倾角轨道

近地点幅角的变化会导致拱线转动，从而使得卫星经过同纬度的高度不断变化，严重影响卫星的应用任务。例如对苏联的 Molniya 卫星，就要要求远地点一直位于北半球的某个纬度线上，即拱线不得转动。仅考虑 J_2 项时，近地点幅角随时间的变化率公式为

$$\dot{\omega} = \frac{3J_2 R_E^2}{4a^2(1-e^2)}(5\cos^2 i - 1) \tag{2-22}$$

要使 $\dot{\omega} = 0$，应满足公式 $5\cos^2 i - 1 = 0$，即轨道倾角 $i = 63.43°$ 或者 $i = 116.57°$，则此类轨道被称为临界倾角轨道。

（5）冻结轨道

对于临界倾角轨道，只能在特定的两个轨道倾角中选择。很多时候轨道倾角 $i = 63.43°$ 或者 $i = 116.57°$，往往不符合卫星的应用要求，此时需要引入地球非球形摄动的高阶摄动项 J_3 项，则有

$$\begin{cases} \dot{\omega} = \dfrac{3nJ_2 R_E^2}{4a^2(1-e^2)}(5\cos^2 i - 1)\left[1 + \dfrac{J_3 R_E}{2J_2 a(1-e^2)}\left(\dfrac{\sin^2 i - e\cos^2 i}{\sin i}\right)\dfrac{\sin\omega}{e}\right] \\ \dot{e} = \dfrac{3nJ_3 R_E^3 \sin i}{4a^3(1-e^2)^2}\left(\dfrac{5}{2}\sin^2 i - 2\right)\cos\omega \end{cases}$$

$$\tag{2-23}$$

当 $\omega = 90°$ 或者 $\omega = 270°$ 时，有 $\dot{e} = 0$。同时，为了使得拱线在空间中不转动，需要满足 $\dot{\omega} = 0$。

考虑当偏心率为一小量时,则有

$$e = \pm \frac{\sin i}{\frac{\cos^2 i}{\sin i} - \frac{J_3 R_E}{2 J_2 a}} \tag{2-24}$$

当 $\omega = 90°$ 时,上式取正号;当 $\omega = 270°$ 时,上式取负号。同化偏心率 e 必须为正数,则对于 1000km 以下的近地卫星,只有当轨道倾角 $i < 2°$ 时,ω 才取 $270°$,其余情形下仍都取 $90°$。

如此,近地点幅角 ω 被保持,被冻结在 $90°$ 或者 $270°$,轨道的倾角和高度可独立地选择。此类轨道被称为冻结轨道。例如,当轨道倾角 $i = 108°$ 时,冻结轨道的参数 $\omega = 90°$,$e = 0.0008$。

2.2.2 卫星星下点轨迹

卫星的星下点指卫星一地心连线与地球表面的交点。星下点随时间在地球表面上的变化路径称为星下点轨迹。星下点轨迹是最直接地描述卫星运动规律的方法。由于卫星在空间沿轨道绕地球运行,而地球又在自转,因此卫星运行一圈后,其星下点一般不会再重复前一圈的运行轨迹。假定 0 时刻,卫星经过其右升交点,则卫星在任意时刻 $t(>0)$ 的星下点经度(用 λ_s 表示)和纬度(用 φ_s 表示)由以下方程组确定:

$$\lambda_s(t) = \lambda_0 + a\tan(\cos i \tan\theta) - \omega_e t \pm \begin{cases} -180°, & -180° \leqslant \theta \leqslant -90° \\ 0°, & -90° < \theta \leqslant 90° \\ 180°, & 90° < \theta \leqslant 180° \end{cases} \tag{2-25}$$

$$\varphi_s(t) = a\sin(\sin i \sin\theta)$$

式中,λ_0 是升交点经度;i 是轨道倾角;θ 是 t 时刻卫星在轨道平面内相对于右升节点的角距;ω_e 是地球自转角速度;$\pm$ 分别用于顺行和逆行轨道。

2.2.3 卫星覆盖特性计算

单颗卫星对地覆盖的几何关系如图 2-3 所示[1]。

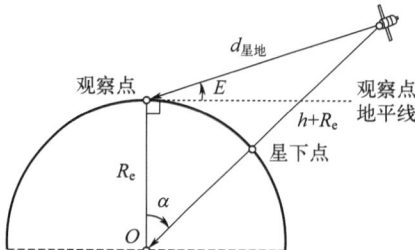

图 2-3 中,E 是观察点对卫星的仰角,以观察点的地平线为参考;α 是卫星和观察点间的地心角;$d_{星地}$ 是卫星到观察点的距离;R_e 是地球平均半径;h 是卫星轨道高度。

根据图 2-3 所示的几何关系,可推导各参量之间的换算关系式。

图 2-3 单颗卫星对地覆盖的几何关系

卫星和观察点间的地心角为

$$\alpha = a\cos\left(\frac{R_e}{h+R_e}\cos E\right) - E \tag{2-26}$$

观察点的仰角为

$$E = a\tan\left[\frac{(h+R_e)\cos\alpha - R_e}{(h+R_e)\sin\alpha}\right] \tag{2-27}$$

星地距离为

$$d_{星地} = \sqrt{R_e^2\sin^2 E + 2hR_e + h^2} - R_e\sin E \tag{2-28}$$

2.3　轨道机动

轨道操作将卫星从一个轨道转移到另一个轨道。轨道变化可以是巨大的,如从低地球停泊轨道转移到星际轨道。它们也可以是相当小的,如在两颗卫星会合的最后阶段。改变轨道需要发射机载火箭发动机。本节主要关注脉冲操作,即火箭在相对较短的时间内进行推进以产生所需的速度变化(Δv),主要介绍了脉冲机动的建模方法,并讨论了基本的共面轨道间转移方法——霍曼转移。然后,讨论了卫星的调相机动,这是轨道内位置调整的基本方法,是在轨目标追逐和星群重构的基本方法。最后,除了共面轨道转移,还介绍了异面轨道转移方法。

2.3.1　脉冲机动

脉冲操作是指在短时间内启动船载火箭发动机,从而瞬间改变速度矢量的幅度和方向。在脉冲操作期间,卫星的位点被视为固定不变,只有速度会发生变化,如图 2-4 所示。

脉冲操作是一种理想化的假设,通过这种假设,可以避免在运动方程中考虑火箭推力,从而极大简化轨道转移问题的处理难度。对于那些在操纵火箭点火期间卫星位置变化较小的案例,这种理想化通常是可以接受的。特别是对于大推力火箭而言,当点火时间与卫星的滑行时间相比较短时,情况就是如此。

每次脉冲操作都会导致卫星速度的变化 Δv。Δv 可以表示速度矢量的幅度(泵送操作)或方向(转向操作)的变化,或者两者兼而有之。速度增量 Δv 的大小与消耗的推进剂质量 Δm 有关。换句话说,对于同一个推进系统,推进时间越久,消耗的推进剂质量越多,速度变化就越大。

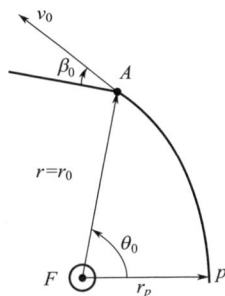

图 2-4　脉冲机动示意图

$$I \frac{\Delta m}{m} = 1 - e^{-\frac{\Delta v}{I_{sp} g_o}} \qquad (2-29)$$

式中，m 是卫星燃烧前的质量；g_o 是海平面标准重力加速度；I_{sp} 是推进剂的比冲量。比冲量的定义如下：

$$I_{sp} = \frac{推力}{海平面消耗燃料的重量速率} \qquad (2-30)$$

比冲的单位是秒(s)，它是衡量火箭推进系统性能的一个指标。表 2-1 列出了一些常见推进剂组合的比冲。对于 Δv 在 1km/s 或更高阶的，燃烧前所需推进剂的质量超过卫星质量的 25%。

表 2-1　推进剂组合比冲

推进剂	I_{sp}/s
冷气体	50
单组元肼	230
固体推进剂	290
硝酸/单甲肼	310
液氧/液氢	455
离子推进	>3000

2.3.2　共面轨道机动

本小节将重点介绍卫星在太空中从一个轨道转移到另一个轨道的过程，详细介绍三种常见的轨道转移方法，包括脉冲机动、霍曼转移和相位转移。脉冲机动通过一次性的推进脉冲改变卫星的速度和轨道，霍曼转移则是通过两次脉冲机动实现轨道转移，而相位转移则是通过调整卫星轨道的相位角来实现位置的变换。本小节将深入探讨这些方法的具体步骤和计算公式，以及如何应用它们来实现卫星的轨道转移。

2.3.2.1　霍曼转移

霍曼转移是在两个共焦的共面圆形轨道之间进行转移环的最节能的双脉冲操作。霍曼转移是一个椭圆轨道，在其顶点线与两个圆相切，如图 2-5 所示。转移椭圆的近心点和远心点分别是内圆和外圆的半径。显然，在转移过程中只飞行椭圆的一半，这可以沿任一方向进行，从内圆到外圆，反之亦然。

从内圆上的 A 点开始，需要沿飞行方向增加一个速度增量 Δv_A，以将卫星提升到能量更高的椭圆轨道上。从 A 点滑行到 B 点后，另一个向前的速度增量 Δv_B 会将卫星置于能量更高的外圆轨道上。如果没有后者速度增量的消耗，卫星当然

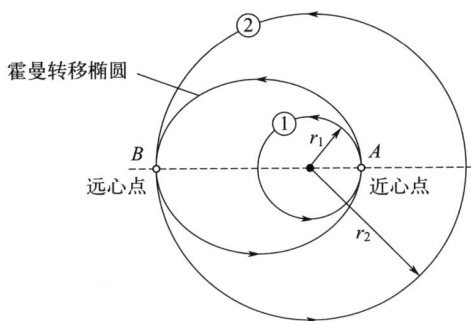

图 2-5 霍曼转移轨道

会停留在霍曼转移椭圆上并返 A 点。总的能量消耗反映在总的速度增量需求上，即 $\Delta v_总 = \Delta v_A + \Delta v_B$。

如果在外层圆形轨道上的 B 点开始转移，所需的总增量速度（Δv）是相同的。由于移动到能量更低的内圆轨道需要降低卫星的能量，Δv 必须通过反向点火来实现。也就是说，操纵火箭的推力方向与飞行方向相反，以起到制动作用。由于无论推进器的方向如何，Δv 都表示相同的推进剂消耗，所以在求 Δv 时，只需关心它们的绝对值。

椭圆轨道的偏心率是通过其半径到近日点的距离 r_p 和半径到远日点的距离 r_a，借助式（2-31）来计算的。

$$e = \frac{r_a - r_p}{r_a + r_p} \tag{2-31}$$

近焦点距离由式（2-32）给出：

$$r_p = \frac{h^2}{\mu} \times \frac{1}{1+e} \tag{2-32}$$

将这两个表达式结合起来可以得到

$$r_p = \frac{h^2}{\mu} \times \frac{1}{1 + \dfrac{r_a - r_p}{r_a + r_p}} = \frac{h^2}{\mu} \times \frac{r_a + r_p}{2r_a} \tag{2-33}$$

求解 h 时，可以得到椭圆轨道的角动量。

$$h = \sqrt{2\mu} \sqrt{\frac{r_a r_p}{r_a + r_p}} \tag{2-34}$$

这是分析霍曼转移的一个有效公式，因为知道 h 后，可以从式（2-33）中求出近地点速度，即

$$v = \sqrt{2\mu} \sqrt{\frac{1}{r} - \frac{1}{2a}} \tag{2-35}$$

对于圆轨道 $r_a = r_p$，式(2-34)可以被简化如下：

$$h = \sqrt{\mu r} \tag{2-36}$$

前面介绍了通过一个椭圆轨道进行轨道转移的经典霍曼转移，在实际转移过程中，还可以采用多个相切的椭圆轨道进行多次转移以降低轨道转移的燃料消耗。双椭圆霍曼转移是典型的降低燃料消耗的策略，在图 2-6 中，从圆形轨道 1 到圆形轨道 4 的霍曼转移是内圆外切、外圆内切的虚线椭圆。双椭圆霍曼转移使用两个同轴的半椭圆 2 和 3，它们延伸到外目标轨道之外。每个椭圆都与一个圆形轨道相切，并且在 B 点相互相切，B 点是两个椭圆的远心。其思想是将 B 点放置在离焦点足够远的位置，使得 Δv_B 非常小。实际上，当 r_B 趋近于无穷大时，Δv_B 趋近于零。为了使双椭圆方案比霍曼转移更节能，必须满足以下条件：

$$\Delta v_{总}\big|_{双椭圆霍曼转移} < \Delta v_{总}\big|_{霍曼转移} \tag{2-37}$$

设 v_0 为圆形内轨道 1 中的速度，有

$$v_0 = \sqrt{\frac{\mu}{r_A}} \tag{2-38}$$

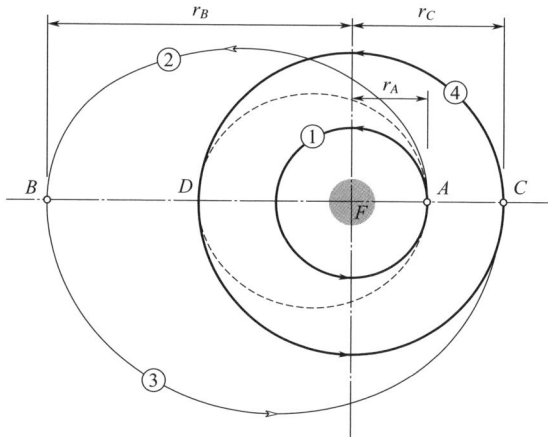

图 2-6　从内轨道 1 到外轨道 4 的双椭圆转移

分别计算霍曼转移和双椭圆霍曼转移的总 Δv 需求，可以得到以下两个表达式：

$$\Delta \bar{v}_{霍曼转移} = \frac{1}{\sqrt{\alpha}} - \frac{\sqrt{2}(1-\alpha)}{\sqrt{\alpha}(1+\alpha)} - 1$$

$$\Delta \bar{v}_{双椭圆霍曼转移} = \sqrt{\frac{2(\alpha+\beta)}{\alpha\beta}} - \frac{1+\sqrt{\alpha}}{\sqrt{\alpha}} - \sqrt{\frac{2}{\beta(1+\beta)}}(1-\beta) \tag{2-39}$$

其中量纲为 1 的项为

$$\Delta \overline{\upsilon}_{霍曼转移} = \frac{\Delta \upsilon_{总}}{\upsilon_o}\Big|_{霍曼转移} \quad \Delta \overline{\upsilon}_{双椭圆霍曼转移} = \frac{\Delta \upsilon_{总}}{\upsilon_o}\Big|_{双椭圆霍曼转移} \quad \alpha = \frac{r_C}{r_A} \quad \beta = \frac{r_B}{r_A}$$

$$(2\text{-}40)$$

将 $\Delta\upsilon_{霍曼转移}$ 和 $\Delta\upsilon_{双椭圆霍曼转移}$ 之间的差值作为 α 和 β 的函数进行绘图,揭示了差值为正、负和零的区域,如图 2-7 所示。

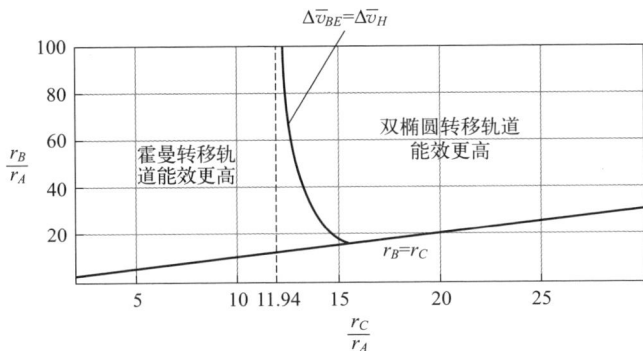

图 2-7　双椭圆转移轨道和霍曼转移轨道能效对比

从图 2-7 中可以看出,如果外圆目标轨道的半径 r_C 与内圆目标轨道半径 r_A 的比值 α 小于 11.94 倍,那么标准霍曼转移在能量利用方面更高效。如果 α 超过 15.58,那么双椭圆策略在这方面就更好。在这两个比率之间,较大的远心距半径 r_B 有利于双椭圆转移,而较小的半径则有利于霍曼转移。

与霍曼转移中沿单一半椭圆的飞行时间相比,双椭圆轨迹的飞行时间要长得多,因此能源效率方面的小幅提升可能远远被抵消。

2.3.2.2　相位转移

相位转移操作是一种从同一轨道出发并返回同一轨道的双脉冲霍曼转移,如图 2-8 所示。霍曼转移椭圆是相位轨道,其周期选择为使卫星在指定时间内返回

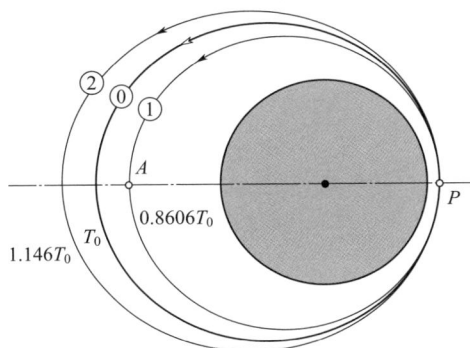

图 2-8　主轨道(0)以及两个相位轨道,较快的(1)和较慢的(2)

主轨道。相位转移操作用于改变卫星在轨道上的位置。如果两个预定会合的卫星在同一轨道上处于不同位置,那么其中一个可能会执行相位转移操作,以便赶上另一个。地球静止轨道上的通信卫星和气象卫星使用相位转移操作移动到赤道轨道上的新位置。

在这种情况下,目标点是空间中的一个假想点,而不是与一个物理目标会合的点。在轨道 0 中,相位轨道 1 可以用来在主轨道的一个周期内返回 P 点。如果目标在追赶者前面,这可能是合适的。请注意,在 P 点进入轨道 1 需要反向点火。也就是说,需要减速才能相对于主轨道加速。如果追赶者在目标前面,那么周期更长的相位轨道 2 可能更合适。向前点火会加速卫星的速度,以便减速。一旦确定了相位轨道的周期 T,就应使用式(2-41)来确定相位椭圆的长轴。

$$a = \left(\frac{T \sqrt{\mu}}{2\pi} \right)^{\frac{2}{3}} \tag{2-41}$$

确定了半长轴之后,根据 $2a = r_p + r_A$,可以得到与点 P 相对的点 A 的半径,然后就可以使用方程(2-40)来求出角动量。

2.3.2.3 共面轨道非霍曼转移

共面轨道的霍曼转移是一种对机动点位置有固定要求的特殊的转移方式,对于共面轨道在任意位置的转移过程,需要更通用的转移方法。图 2-9 展示了两个同轴、共平面的椭圆轨道之间的转移,其中转移轨迹与椭圆轨道的焦点线重合,但不一定与初始轨道或目标轨道相切。问题在于确定是否存在这样的轨迹连接点 A 和 B,如果存在,则计算总体的要求。

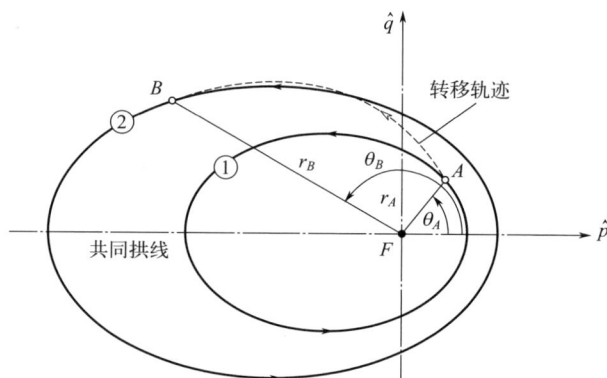

图 2-9　两个共拱线椭圆轨道之间的非霍曼转移

给出了 r_A 和 r_B,以及真近角 θ_A 和 θ_B。由于假设存在共同的远心线,θ_A 和 θ_B 也是转移轨道上点 A 和 B 的真近角。将轨道方程应用于转移轨道上的 A 点和 B 点,得到

$$r_A = \frac{h^2}{\mu} \times \frac{1}{1 + e\cos\theta_A} \tag{2-42}$$

$$r_B = \frac{h^2}{\mu} \times \frac{1}{1 + e\cos\theta_B} \tag{2-43}$$

对这两个方程求解 e 和 h，得到

$$e = -\frac{r_A - r_B}{r_A\cos\theta_A - r_B\cos\theta_B} \tag{2-44a}$$

$$h = \sqrt{\mu r_A r_B}\sqrt{\frac{\cos\theta_A - \cos\theta_B}{r_A\cos\theta_A - r_B\cos\theta_B}} \tag{2-44b}$$

以上分析可以用来确定转移轨道，并且在任意的真近角都可以求出对应的机动速度增量。如果其中的 $\theta_A = 0, \theta_B = \pi$，那么方程（2-44）描述的变轨方式就变成了霍曼转移。

$$e = \frac{r_B - r_A}{r_B + r_A} \quad h = \sqrt{2\mu}\sqrt{\frac{r_A r_B}{r_A + r_B}} \text{（霍曼转移）} \tag{2-45}$$

当对不在轨道拱线上的点进行脉冲机动的 Δv 计算时，必须注意将速度矢量的方向和大小变化都考虑在内。

图 2-10 展示了在轨道上的某个点，冲量机动将轨道 1 上的速度矢量从 v_1 转变到共面轨道 2 上的 v_2。两个矢量的长度差表示速度的变化，飞行路径角度 γ_2 和 γ_1 的差值表示方向的变化。需要注意的是，所寻找的 Δv 是速度矢量 $\boldsymbol{v}$ 的变化的大小，而不是速度大小（速度）的变化。即

$$\Delta v = \|\Delta \boldsymbol{v}\| = \sqrt{(\boldsymbol{v}_2 - \boldsymbol{v}_1) \cdot (\boldsymbol{v}_2 - \boldsymbol{v}_1)} \tag{2-46}$$

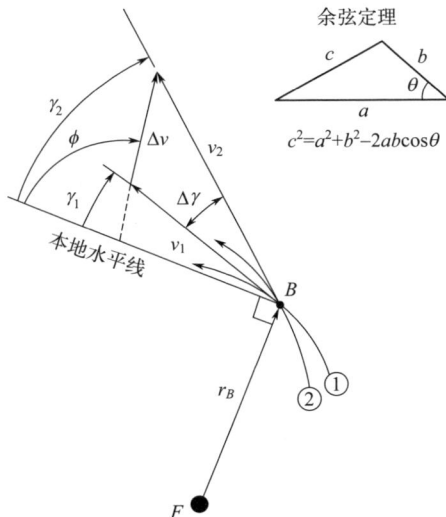

图 2-10　两个轨道相交处速度变化和飞行路径角的矢量图

将根号下的式子展开,得到

$$\Delta v = \sqrt{\boldsymbol{v}_1 \cdot \boldsymbol{v}_1 + \boldsymbol{v}_2 \cdot \boldsymbol{v}_2 - 2\boldsymbol{v}_1 \cdot \boldsymbol{v}_2} \qquad (2\text{-}47)$$

其中,$\boldsymbol{v}_1 \cdot \boldsymbol{v}_1 = v_1^2$,$\boldsymbol{v}_2 \cdot \boldsymbol{v}_2 = v_2^2$。由于 $\gamma_2 - \gamma_1$ 是 $\boldsymbol{v}_1$ 和 $\boldsymbol{v}_2$ 之间的夹角,根据余弦公式有

$$\boldsymbol{v}_1 \cdot \boldsymbol{v}_2 = v_1 v_2 \cos\Delta\gamma \qquad (2\text{-}48)$$

其中,$\Delta\gamma = \gamma_2 - \gamma_1$。因此,在不改变平面的情况下,$\Delta v$ 的公式为

$$\Delta v = \sqrt{v_1^2 + v_2^2 - 2v_1 v_2 \cos\Delta\gamma} \text{(共面轨道脉冲机动速度增量)} \qquad (2\text{-}49)$$

只有当 $\Delta\gamma = 0$,即 v_1 和 v_2 平行(如在霍曼转移中)时,$\Delta v = |v_1 - v_2|$ 才是成立的。如果 $v_2 = v_1 = v$,那么通过方程(2-49)可以得到

$$\Delta v = v\sqrt{2(1 - \cos\Delta\gamma)} \text{(速度矢量在轨道平面上的旋转)} \qquad (2\text{-}50)$$

不难发现,即使速度的大小保持不变,也需要消耗燃料来改变速度的方向。

上面讨论了共面轨道在共拱线条件下的脉冲机动速度增量,在实际任务中,共面轨道通常具有不同的拱线,如图 2-11 所示的两个相交轨道,它们有一个共同的焦点,但它们的拱线并不共线。显然,它们之间的转移是不可能通过霍曼转移实现的。通过一次脉冲操作将一个轨道转移到另一个轨道的机会只会出现在轨道相交处,在图 2-11 中为点 I 和点 J。

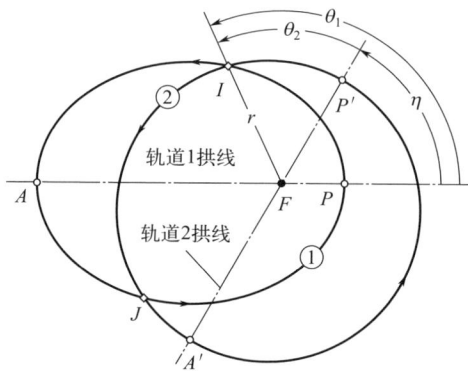

图 2-11　两条拱线不重合的相交轨道

从图 2-11 中可以看出,拱线的旋转角度 η 是以每个轨道的近心点为中心点,从而得到相交点的真近角之间的差值,即

$$\eta = \theta_1 - \theta_2 \qquad (2\text{-}51)$$

本节将考虑两种拱线旋转的情况。第一种情况是,已知双曲线的拱线旋转角度 η 以及两个轨道的轨道参数 e 和 h,目标是找到轨道 I 和轨道 J 相对于两个轨道的真近点角。给出的交点 I 的半径由以下任意一个公式给出:

$$r_I\big|_1 = \frac{h_1^2}{\mu}\frac{1}{1+e_1\cos\theta_1} \qquad r_I\big|_2 = \frac{h_2}{\mu}\frac{1}{1+e_2\cos\theta_2} \tag{2-52}$$

由于 $r_I\big|_1 = r_I\big|_2$，可以将这两个表达式用等号相连，并重新排列，可以得到

$$e_1 h_2^2 \cos\theta_1 - e_2 h_1^2 \cos\theta_2 = h_1^2 - h_1^2 \tag{2-53}$$

设定 $\theta_2 = \theta_1 - \eta$，并利用三角恒等式 $\cos(\theta_1 - \eta) = \cos\theta_1\cos\eta + \sin\theta_1\sin\eta$，可以得到一个关于 θ 的方程。

$$a\cos\theta_1 + b\sin\theta_1 = c \tag{2-54a}$$

其中

$$a = e_1 h_2^2 - e_2 h_1^2 \cos\eta \qquad b = -e_2 h_1^2 \sin\eta \qquad c = h_1^2 - h_2^2 \tag{2-54b}$$

方程（2-54a）有两个根，分别对应于两个轨道相交的两个点 I 和 J：

$$\theta_1 = \phi \pm \cos^{-1}\left(\frac{c}{a}\cos\phi\right) \tag{2-55a}$$

其中

$$\phi = \arctan\frac{b}{a} \tag{2-55b}$$

已知 θ_1 后，可以从方程（2-51）中得到 θ_2。

第二种情况是拱线旋转，即在轨道 1 上给定的真近角 θ_1 处进行脉冲式机动，目标是确定旋转角度 η 以及新轨道的偏心率 e_2。这种脉冲式操作导致轨道 1 的点 I 处径向和横向速度分量发生变化。根据角动量公式 $h = r\Delta v_\perp$，可以得到轨道 2 的角动量

$$h_2 = r(v_\perp + \Delta v_\perp) = h_1 + r\Delta v_\perp \tag{2-56}$$

径向速度的公式为 $v_r = (\mu/h)e\sin\theta$，应用于轨道 2 在点 I 处，其中 $v_{r_2} = v_{r_1} + \Delta v_r$，$\theta_2 = \theta_1 - \eta_1$，可以得到

$$v_{r_1} + \Delta v_r = \frac{\mu}{h_2}e_2\sin\theta_2 \tag{2-57}$$

将方程（2-57）代入此表达式可以得到

$$\sin\theta_2 = \frac{1}{e_2}\times\frac{(h_1 + r\Delta v_\perp)(\mu e_1\sin\theta_1 + h_1\Delta v_r)}{\mu h_1} \tag{2-58}$$

进一步代入轨道方程，在点 I 处可以得到

$$r = \frac{h_1^2}{\mu}\times\frac{1}{1+e_1\cos\theta_1} \quad （轨道 1） \tag{2-59}$$

$$r = \frac{h_2^2}{\mu}\times\frac{1}{1+e_2\cos\theta_2} \quad （轨道 2） \tag{2-60}$$

将这两个关于 r 的表达式相等，代入式（2-57）可以得到

$$\cos\theta_2 = \frac{1}{e_2} \times \frac{(h_1 + r\Delta v_\perp)^2 e_1 \cos\theta_1 + (2h_1 + r\Delta v_\perp)r\Delta v_\perp}{h_1^2} \qquad (2\text{-}61)$$

最后，将方程(2-58)和方程(2-61)代入三角恒等式 $\tan\theta_2 = \sin\theta_2/\cos\theta_2$，能得到一个不包含偏心率 e_2 的 θ_2 公式。

$$\tan\theta_2 = \frac{h_1}{\mu} \times \frac{(h_1 + r\Delta v_\perp)(\mu e_1 \sin\theta_1 + h_1 \Delta v_r)}{(h_1 + r\Delta v_\perp)^2 e_1 \cos\theta_1 + (2h_1 + r\Delta v_\perp)r\Delta v_\perp} \qquad (2\text{-}62\text{a})$$

通过将 $\mu e_1 \sin\theta_1$ 替换为 $h_1 v_{r_1}$，并将 h_1 替换为 $rv_\perp$，方程(2-62a)可以简化为

$$\tan\theta_2 = \frac{(v_{\perp_1} + \Delta v_\perp)(v_{r_1} + \Delta v_r)}{(v_{\perp_1} + \Delta v_\perp)^2 e_1 \cos\theta_1 + (2v_{\perp_1} + \Delta v_\perp)\Delta v_\perp} \times \frac{v_{\perp_1}^2}{(\mu/r)} \qquad (2\text{-}62\text{b})$$

方程(2-62)展示了如何通过在真近点角 θ_1 处施加 Δv 来确定近心线旋转量 $\eta = \theta_1 - \theta_2$。若 $\Delta v_r = -v_{r_1}$，则 $\theta_2 = 0$，这表明机动点在新轨道的拱线上。在求解方程(2-62)后，将 θ_2 代入方程(2-58)或方程(2-61)中的任何一个来计算轨道2的偏心率 e_2。因此，利用方程(2-57)中的 h_2，旋转后的轨道2就完全确定了。如果脉冲操作发生在轨道1的近心点，即 $\theta_1 = v_r = 0$，并且有 $\Delta v_\perp = 0$，那么通过方程(2-62b)可以得到

$$\tan\eta = -\frac{rv_{\perp_1}}{\mu e_1}\Delta v_r \text{（在近心点的径向脉冲）} \qquad (2\text{-}62\text{c})$$

因此，如果在近心点处给速度向量一个向外的径向分量，那么 $\eta < 0$，这意味着所得轨道的拱线相对于原来的拱线顺时针旋转。因为 $v_r > 0$，意味着卫星现在正飞离新的近心点。同样，在近心点处施加一个向内的径向速度分量会使近心点线逆时针旋转。

2.3.3 异面轨道机动

通常来说，具有共同焦点 F 的轨道不会位于一个共同的平面上。图 2-12 展示了这样的两个轨道以及它们的交线 BD。A 和 P 分别表示远心点和近心点。由于共同的焦点位于每个轨道平面内，它必然位于任意两个轨道的交线上。对于轨道1中的卫星，若要通过一次增量速度操作（转向操作）将其轨道平面改变为轨道2的平面，它必须在轨道平面的交线上进行。在图 2-12(a)中，这两个机会仅出现在 B 点和 D 点。

图 2-12(b)显示了从 B 点到 D 点的相交线的视图。在这里，可以以真正的视角看到两个平面之间的二面角 δ。在这种视角下，B 点处速度的横向分量 $v_\perp$ 十分明显，而位于相交线上的径向分量 v_r 垂直于视图平面（因此显示为一个点）。显然，改变轨道1的平面只需要将 $v_\perp$ 围绕相交线旋转 δ 即可。如果在这个过程中 $v_\perp$ 和 v_r 保持不变，那么就得到了轨道的刚性旋转结果。也就是说，除了在空间中

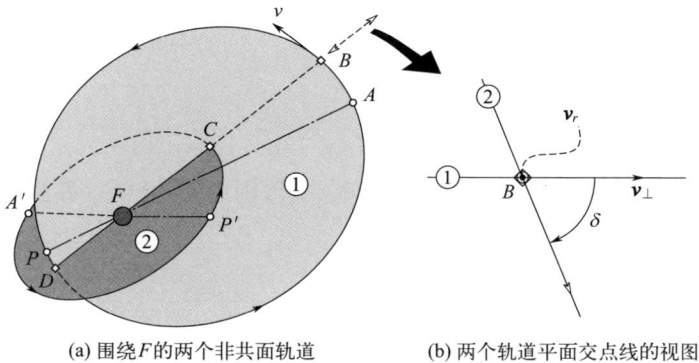

(a) 围绕 F 的两个非共面轨道　　　(b) 两个轨道平面交点线的视图

图 2-12　两个非共面轨道及其交线

的指向发生了变化外,轨道其他状态保持不变。如果在这个过程中 v_r 和 $v_\perp$ 的大小发生变化,那么旋转后的轨道就会获得新的大小和形状。

为了找到与平面变化相关的速度增量,设 v_1 为脉冲操作前的速度,v_2 为脉冲操作后的速度,有

$$
\begin{aligned}
\boldsymbol{v}_1 &= v_{r_1}\hat{\boldsymbol{u}}_r + v_{\perp_1}\hat{\boldsymbol{u}}_{\perp_1} \\
\boldsymbol{v}_2 &= v_{r_2}\hat{\boldsymbol{u}}_r + v_{\perp_2}\hat{\boldsymbol{u}}_{\perp_2}
\end{aligned}
\tag{2-63}
$$

式中,$\hat{\boldsymbol{u}}_r$ 是沿两个轨道平面相交线方向的径向单位向量。

$\hat{\boldsymbol{u}}_r$ 在机动作业期间保持不变。因为横向单位矢量 $\hat{\boldsymbol{u}}_\perp$ 垂直于 $\hat{\boldsymbol{u}}_r$ 并位于轨道面内,所以它会沿着二面角 δ 从初始方向 $\hat{\boldsymbol{u}}_{\perp_1}$ 旋转到最终方向 $\hat{\boldsymbol{u}}_{\perp_2}$。速度矢量的变化量 Δv 为

$$
\Delta\boldsymbol{v} = \boldsymbol{v}_2 - \boldsymbol{v}_1 = (v_{r_2} - v_{r_1})\hat{\boldsymbol{u}}_r + v_{\perp_2}\hat{\boldsymbol{u}}_{\perp_2} - v_{\perp_1}\hat{\boldsymbol{u}}_{\perp_1}
\tag{2-64}
$$

通过计算 Δv 与自身的点积可以得到速度的变化量 Δv,即

$$
\begin{aligned}
\Delta v^2 = \Delta\boldsymbol{v} \cdot \Delta\boldsymbol{v} = &\left[(v_{r_2} - v_{r_1})\hat{\boldsymbol{u}}_r + v_{\perp_2}\hat{\boldsymbol{u}}_{\perp_2} - v_{\perp_1}\hat{\boldsymbol{u}}_{\perp_1}\right] \cdot \\
&\left[(v_{r_2} - v_{r_1})\hat{\boldsymbol{u}}_r + v_{\perp_2}\hat{\boldsymbol{u}}_{\perp_2} - v_{\perp_1}\hat{\boldsymbol{u}}_{\perp_1}\right]
\end{aligned}
\tag{2-65}
$$

进而可以得到

$$
\Delta v^2 = (v_{r_2} - v_{r_1})^2 + v_{\perp_1}{}^2 + v_{\perp_2}{}^2 - 2v_{\perp_1}v_{\perp_2}(\hat{\boldsymbol{u}}_{\perp_1} \cdot \hat{\boldsymbol{u}}_{\perp_2})
\tag{2-66}
$$

由于 $\hat{\boldsymbol{u}}_{\perp_1} \cdot \hat{\boldsymbol{u}}_{\perp_2} = \cos\delta$,所以得到了平面变化的 Δv 的一般公式

$$
\Delta v = \sqrt{(v_{r_2} - v_{r_1})^2 + v_{\perp_1}{}^2 + v_{\perp_2}{}^2 - 2v_{\perp_1}v_{\perp_2}\cos\delta}
\tag{2-67}
$$

从飞行路径角的定义

$$
\begin{aligned}
v_{r_1} = v_1\sin\gamma_1 \qquad v_{\perp_1} = v_1\cos\gamma_1 \\
v_{r_2} = v_2\sin\gamma_2 \qquad v_{\perp_2} = v_2\cos\gamma_2
\end{aligned}
\tag{2-68}
$$

将这些关系代入式(2-67),展开并合并项,并使用三角恒等式

$$\sin^2\gamma_1 + \cos^2\gamma_1 = \sin^2\gamma_2 + \cos^2\gamma_2 = 1$$
$$\cos(\gamma_2 - \gamma_1) = \cos\gamma_2\cos\gamma_1 + \sin\gamma_2\sin\gamma_1 \tag{2-69}$$

可以推导式(2-67)的另一种形式

$$\Delta v = \sqrt{v_1^2 + v_2^2 - 2v_1v_2\left[\cos\Delta\gamma - \cos\gamma_2\cos\gamma_1(1 - \cos\delta)\right]} \tag{2-70}$$

其中,$\Delta\gamma = \gamma_2 - \gamma_1$。如果没有平面变化($\delta = 0$),则有 $\cos\delta = 1$,并且方程(2-70)可以简化为

$$\Delta v = \sqrt{v_1^2 + v_2^2 - 2v_1v_2\cos\Delta\gamma} \tag{2-71}$$

这就是共面轨道转移中利用余弦定律计算的 Δv。

为了使 Δv 最小化,从方程(2-67)可以看出,在平面变化操作中,径向速度应该保持不变。因此,应该在 $v_\perp$ 最小的地方进行操作,即在远心点。图 2-13 展示了两个轨道的远心点处的平面变化操作。在这种情况下,$v_{r_1} = v_{r_2} = 0$,因而有 $v_{\perp_1} = v_1$ 和 $v_{\perp_2} = v_2$,并且方程(2-67)可以简化为

$$\Delta v = \sqrt{v_1^2 + v_2^2 - 2v_1v_2\cos\delta} \quad \text{(绕共拱线的旋转)} \tag{2-72}$$

存在如图 2-14 所示的三种情况。

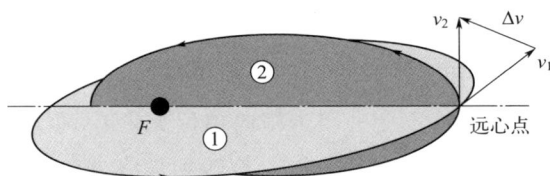

图 2-13　在远心点进行异面轨道的脉冲机动

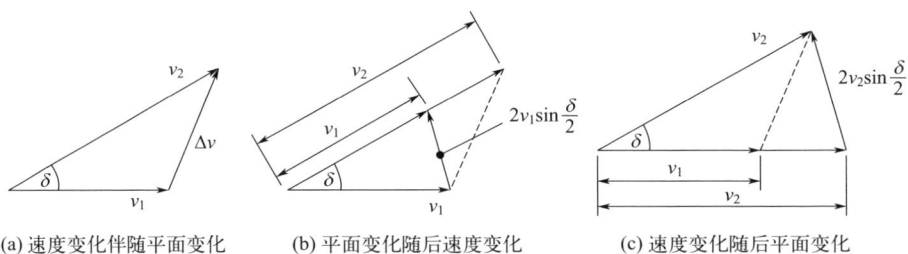

(a) 速度变化伴随平面变化　　(b) 平面变化随后速度变化　　(c) 速度变化随后平面变化

图 2-14　轨道平面围绕共拱线的旋转

方程(2-71)适用于伴随平面变化的速变,如图 2-14(a)所示。利用三角恒等式

$$\cos\delta = 1 - 2\sin^2\left(\frac{\delta}{2}\right) \tag{2-73}$$

可以将方程(2-71)重写如下:

$$\Delta v_1 = \sqrt{(v_2 - v_1)^2 + 4v_1v_2\sin^2\left(\frac{\delta}{2}\right)} \tag{2-74}$$

如果速度没有变化,即 $v_2 \leqslant v_1$,那么通过方程(2-74)可以得到

$$\Delta v_{\delta} = 2v \sin \frac{\delta}{2} \quad (\text{仅有速度的旋转}) \tag{2-75}$$

下标"δ"表示速度矢量仅旋转角度"δ"时的增量速度。

另一种换向策略如图 2-14(b)所示,即旋转速度向量然后改变其大小。在这种情况下,Δv 为

$$\Delta v_{\text{II}} = 2v_1 \sin \frac{\delta}{2} + |v_2 - v_1| \tag{2-76a}$$

还有一种策略是先改变速度,然后旋转速度矢量[图 2-14(c)],即

$$\Delta v_{\text{III}} = |v_2 - v_1| + 2v_2 \sin \frac{\delta}{2} \tag{2-76b}$$

由于三角形任意两边长之和必然大于第三边的长,从图 2-14 中可以明显看出,Δv_{II} 和 Δv_{III} 均大于 Δv_{I}。由此可见,伴随速度变化的平面变化是上述三种机动的效率最高的。

2.4　多圈 Lambert 问题

Lambert 问题需要求解一条圆锥曲线,使得它经过两个给定位置向量 $\boldsymbol{r}_1$ 和 $\boldsymbol{r}_2$ 的转移时间正好为给定的值 t_f。当转移时间较长时,转移轨道可以经过多圈椭圆轨道之后再达到 $\boldsymbol{r}_2$,这时就应该研究多圈 Lambert 问题[2,3]。

2.4.1　转移轨道类型

给定空间中的两个点 P_1 和 P_2,相对于引力中心点 F_1 的位置向量分别为 $\boldsymbol{r}_1$ 和 $\boldsymbol{r}_2$。根据虚焦点的位置,转移轨道可以分为以下三类:

(1)最小能量轨道

虚焦点 F_2 正好位于线段 P_1P_2 上,如图 2-15 所示。

这种情况下,转移轨道的长半轴长为 $a_{\text{m}} = s/2$。其中,$s = (r_1 + r_2 + c)/2, c = \|r_1 - r_2\|$ 代表 P_1 到 P_2 的弦长。

(2)短路径轨道(Short-path 轨道)

对于给定的长半轴长 $a > a_{\text{m}}$,且虚焦

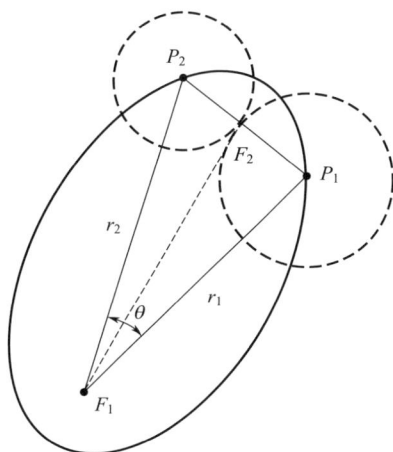

图 2-15　最小能量轨道

点 F_2 和 F_2^* 关于线段 P_1P_2 对称。若 F_1 和 F_2 位于线段 P_1P_2 的相同边，则称为 Short-path 轨道，如图 2-16 所示。

（3）长路径轨道（Long-path 轨道）

对于给定的长半轴长 $a > a_m$，且 F_2 和 F_2^* 关于线段 P_1P_2 对称。若 F_1 和 F_2^* 位于线段 P_1P_2 的相反边，则称为 Long-path 轨道，如图 2-17 所示。

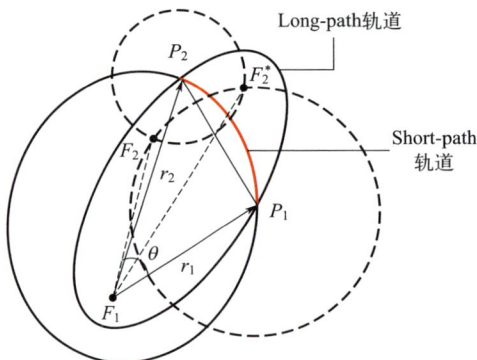

图 2-16   短路径轨道   图 2-17   长路径轨道

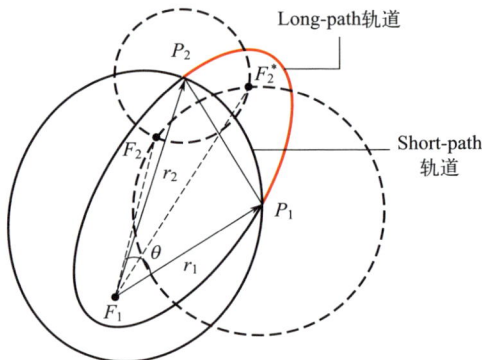

由上面的定义知，最小能量轨道正好是 Short-path 轨道和 Long-path 轨道的极端情况。

2.4.2   Lagrange 时间转移方程

Lambert 问题的飞行时间仅与椭圆轨道的长半轴长 a，向径之和 $r_1 + r_2$，以及弦长 c 有关。Lambert 问题的 Lagrange 时间转移方程为

$$t_f = \sqrt{\frac{a^3}{\mu}} \left[2\pi N + \alpha - \beta - (\sin\alpha - \sin\beta) \right] \tag{2-77}$$

式中，N 为转移圈数；α 和 β 称为 Lagrange 参数，且有

$$\cos\alpha = 1 - \frac{s}{a} \qquad \cos\beta = 1 - \frac{s-c}{a} = \cos\alpha + \frac{c}{a} \tag{2-78}$$

记 α_0 与 β_0 分别为反余弦函数 $\arccos(1 - s/a)$ 与 $\arccos[1 - (s-c)/a]$ 的幅角主值，满足 $0 \leqslant \alpha_0 \leqslant \pi$ 和 $0 \leqslant \beta_0 \leqslant \beta_m < \pi$。其中 $\beta_m = \arccos[1 - (s-d)/a_m]$。根据 α 和 β 的几何意义，其象限判定如下：

① 如果 $\theta \leqslant \pi$，对于 Short-path 轨道，有 $\alpha = \alpha_0$，$\beta = \beta_0$；对于 Long-path 轨道，$\alpha = 2\pi - \alpha_0$，$\beta = \beta_0$。

② 如果 $\theta \geqslant \pi$，对于 Short-path 轨道，有 $\alpha = 2\pi - \alpha_0$，$\beta = -\beta_0$；对于 Long-path 轨道，$\alpha = \alpha_0$，$\beta = -\beta_0$。

图 2-18 给出了不同圈数 N 情况下的转移时间 t_f 与长半轴长 a 的曲线图,其中,$r_1 = R_e + 800 \text{km}$,$r_2 = 1.2 r_1$,转移角度 $\theta = \pi/3$,其中,$R_e = 6378.13 \text{km}$ 为地球半径。对于每个 N,转移时间有两个分支:点线为上支,实线为下支。

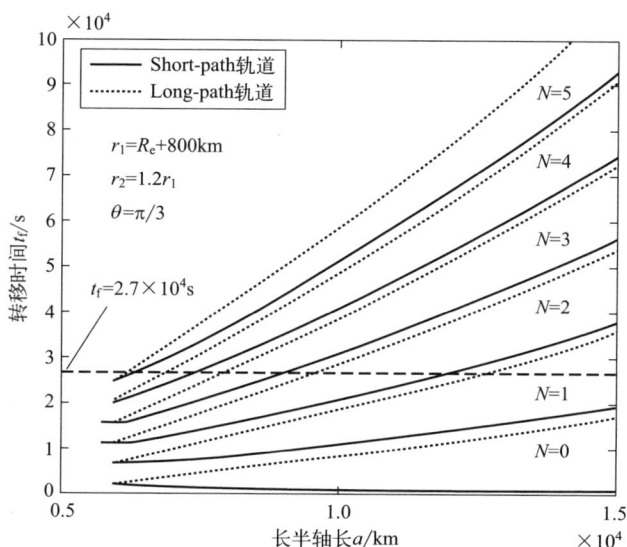

图 2-18　不同圈数 N 情况下的转移时间与长半轴长的关系

由上面的定义可知,当 $\theta \leqslant \pi$ 时,上支为 Long-path 轨道,下支为 Short-path 轨道;当 $\theta \geqslant \pi$ 时,上支为 Short-path 轨道,下支为 Long-path 轨道。

2.4.3　无约束条件下的最大圈数估计

对于给定的初始点 P_1 和终端点 P_2,本小节将求解给定转移时间 t_f 无约束条件下的最大圈数 $N_{\max}$。对方程式(2-19)关于 a 求微分得

$$\frac{\mathrm{d} t_f}{\mathrm{d} a} = \frac{3}{2} \sqrt{\frac{a}{\mu}} \left[2N\pi + \alpha - \sin\alpha - \frac{4\sin^3(\alpha/2)}{3\cos(\alpha/2)} - \beta + \sin\beta + \frac{4\sin^3(\beta/2)}{3\cos(\beta/2)} \right] \quad (2\text{-}79)$$

对于最大圈数为 $N_{\max}$ 的多圈 Lambert 问题,存在 $2N_{\max} + 1$ 个转移轨道解。因此,当 $N = 0$ 时,方程 $\mathrm{d} t_f/\mathrm{d} a = 0$ 无解,即上支关于 a 单调递增,下支关于 a 单调递减;而当 $N > 0$ 时,方程 $\mathrm{d} t_f/\mathrm{d} a = 0$ 在下支有且仅有一个根,而上支无解,即上支关于 a 单调递增,下支关于 a 先单调递减,后单调递增,如图 2-18 所示。

对于给定的圈数 N,设 $\mathrm{d} t_f/\mathrm{d} a = 0$ 的根为 $a_{\min N}$,且 $t_{\min N}$ 为对应的转移时间。由不等式

$$t_{\min N_{\max}} \leqslant t_f < t_{\min(N_{\max}+1)} \quad (2\text{-}80)$$

可求出给定转移时间 t_f 下的最大圈数 $N_{\max}$。

令 $t_{mN_{max}}$ 为圈数 $N = N_{max}$ 时最小长半轴长 a_m 对应的转移时间,当转移时间满足

$$t_f < t_{mN_{max}} \tag{2-81}$$

两个解均对应于下支;否则,一个解对应于上支,另一个解对应于下支。由图 2-18 给出的例子可知,最大圈数 $N_{max} = 5$,因此这个多圈 Lambert 问题总共有 11 个转移轨道解。

2.5　机动燃耗需求分析

本节对卫星轨道机动能力的需求进行简单的分析,不过变轨冲量是在 10000m/s 的数量级,如此大的变轨冲量并不实际。针对我国技术能力,简单讨论卫星在轨大范围机动作瞬时冲量转移时推进系统提供最大速度增量,以及可供选择作为仿真标准的特征速度增量,作为卫星机动能力的技术指标进行分析。

卫星作瞬时冲量转移时,认为推进系统工作时间无穷小,即不考虑工作时间以及工作中卫星位置和姿态的变化,认为卫星瞬时获得的速度增量。

首先考虑推进剂和推进系统。一般而言,由于只考虑单次冲量转移,推进器开机次数为 1,可以选择使用液体发动,此外国外成功应用了许多变推力和推力矢量控制的固体推进器,比冲高达 2000~2900Ns/kg,但国内尚在研制阶段,且无成功应用先例,这里不做讨论;大范围轨道机动瞬间冲量转移时,推进器短时间提供很大的推力,因此不考虑使用连续小推力工作的电火箭、离子火箭和太阳能火箭等推进系统。这里主要讨论多年来在卫星上成熟应用的液体推进剂推进系统。

描述推进器性能的主要参数是比冲 I_s,定义为每单位推进剂重量 w 的总冲,也称为比推力。有

$$I_s = \frac{\int_0^{t_f} F \, dt}{g_0 \int_0^{t_f} m \, dt} \tag{2-82}$$

在推力恒定,忽略启动和关机的过渡过程,推进剂流量恒定的情况下,有

$$I_s = \frac{Ft}{g_0 m_p} \tag{2-83}$$

式中,g_0 为地球重力加速度,粗略计算时取 9.8m/s²;m 为推进器燃料质量秒流量;m_p 为推进剂总质量。

卫星理想速度增量为

$$\Delta v = I_s \ln \frac{m_0}{m_0 - m_p} \tag{2-84}$$

式中，m_0 是初始时刻卫星质量。

此外，推进剂质量系数是推进器的另外一个主要性能参数，其定义如下：

$$\xi = \frac{m_p}{m_f + m_p} \tag{2-85}$$

式中，m_f 是保证推进器良好工作的硬件部分，包括管路、贮箱、喷管等，不包括非推进系统的设备质量，即 $m_p + m_f < m_0$。

一般固体火箭和液体火箭的推进剂质量系数可达 0.91～0.95，工程上期望获得更小的质量系数。

真空比冲从 150s 到 450s 不等，若设卫星非推进系统部件总质量为 10kg，推进剂总质量为 45kg，取＝0.9，则硬件质量为 5kg，推进系统总质量为 50kg，利用理想速度增量方程计算。同样，可以讨论非推进系统部件总质量在 20kg、30kg、40kg 和 50kg 时的变化（其实这里假设的质量对实际系统没有意义，仅仅为了计算才这样取）。

理想状态下，非推进系统部件质量为 10kg 时，最低比冲 150s 也可以提供 2.0km/s 的速度增量，而最高比冲 450s 可以提供约 6.1km/s 的速度增量；当非推进系统部件质量达到 50kg 时，最低比冲能提供 0.8～0.9km/s 的速度增量，最高比冲能提供 2.6km/s 的速度增量，非推进部件的质量对比冲的影响比较大，在设计中，为了获得相对大的速度增量，应该控制非推进系统部件的质量。

以上只是理想速度增量的结果，在实际应用中速度增量仅能达到理想值的 75%。在各类航天任务中完成卫星从近地点转移到地球同步轨道时所需的速度增量最大，为 2400m/s。在做大范围轨道机动时，通常希望机动时间短，因此提供的速度增量应很大。所以，非推进系统部件质量宜在 20kg 以下，比冲宜在 330s 以上。

我国已经研制了 1N、5N、10N、20N 单组元推进器，其中 20N 推进器总冲 450kNs，额定比冲 2250Ns/kg。我国研制的 490N 推进器已经在轨应用，最长工作时间 90min，额定比冲为 3030Ns/kg。

此外，我国神舟载人飞船的推进舱（又称轨道舱）所使用的推进剂为四氧化二氮（N_2O_4）和偏二甲肼（UDMH），平均混合比为 1.65，最大加注量为 1000kg（轨控和姿控统一燃料供应），它由 6 只容积为 20L、工作压力为 23MPa 的钛合金气瓶，4 个容积约 230L、工作压力为 2MPa 的变厚度、变曲率金属膜片贮箱，4 台额定真空推力 2500N 的轨控推进器，8 台额定真空推力 150N 和 16 台额定真空推力 25N 的大、小姿控推进器组成。推进舱轨控推进器额定真空推力为 2500N，真空比冲大于

2900Ns/kg,工作次数小于10,最短工作时间为2s,最长连续工作时间为240s,累计连续工作时间为430s。

我国能够提供比冲在2000～3000Ns/kg的各型星载推进系统及其研发能力,因此,大范围轨道机动计算中,可以将比冲值选择在2000～3500Ns/kg的范围内,推荐3000Ns/kg;速度增量的选择可在2000～4000m/s,系统结构的质量关系推荐为推进剂质量系数0.9,非推进部分组件质量取20kg,在适当范围内,越小越好。

2.6　本章小结

本章系统地介绍了在异构星群架构设计与控制中需要用到的基础理论,包括卫星轨道基础知识、卫星轨道空间几何关系、轨道机动等。首先介绍了开普勒轨道下的卫星基础轨道知识。接着,重点讲解了异构星群常选用的典型轨道类型,如地球同步轨道、回归轨道、太阳同步轨道、冻结轨道等,并给出了星下点轨迹及覆盖效能计算的基础方法。进一步地,本章深入探讨了卫星在脉冲机动假设下的共面机动和异面机动方法,并介绍了多圈Lambert问题的基本解法。最后,本章对卫星机动的燃耗需求进行了介绍,并分析了目前我国常用的星载推力器能力。本章内容为异构星群架构的设计与控制提供了基础理论支持,为后续的研究与实际应用奠定了基础。

参 考 文 献

[1]　项军华. 卫星星座构形控制与设计研究[D]. 长沙:国防科学技术大学,2007.

[2]　张刚. 飞行器轨道交会和轨道转移的两点边值问题[D]. 哈尔滨:哈尔滨工业大学,2012.

[3]　陈小飞. 航天器大范围轨道机动与策略研究[D]. 长沙:国防科学技术大学,2005.

第 3 章

异构星群系统架构与关键科学问题

面向未来泛在、综合化、个性化等业务需求,卫星之间协同工作需求强烈,例如,遥感卫星收集到的数据可以通过通信卫星迅速传回地面,或者导航服务可以用于增强遥感卫星的任务执行能力。分布协同的大规模异构星群系统已然成为天基系统的重要发展方向。本章作为整本书的系统顶层架构,自上而下,依次从大规模异构星群开放式敏捷架构、关键科学问题、关键技术三个方面展开论述,为后续章节内容奠定了框架基础。

3.1 大规模异构星群开放式敏捷架构

面向大规模异构星群"动态协同、高品质服务、无感使用、易于管控"等需求目标,需要重点解决如下三个方面技术难题。

① 大规模异构星群多任务高效协同:面向立体化分布的异构星群,亟须利用任务在轨智能规划、网络自主构建和维持、分布式节点动态互联等手段,提供多资源综合利用、多手段协同配合、多维度信息获取、多样化需求满足的能力,实现全球覆盖、高频重访、快速响应、无感用天的应用需求。

② 多源异构信息实时融合与智能处理:不同卫星传感器获取不同类型的数据(如光学、雷达、红外等),数据存在较大的时空特性差异、辐射校正需求、数据冗余差异等。面向用户对数据的丰富性、可信度和时效性等方面的需求,要求天基系统具备在轨数据处理、多源数据融合和在轨目标检测和提取能力。

③ 大规模异构星群实时运控和调度:卫星星座多、卫星数量增多,不同公司利用不同的测控和运管模式。面向天基系统的综合服务能力提升,要求监控实时状态、地面任务筹划、异构卫星调度和授权下的管控等能力,对地面系统的能力建设、星地协同的"孪生式"管控应用等提出迫切需求。

对此,本书提出面向通信、导航和遥感等多类型业务和用户任务痛点需求,提出"联接、感知、智算、传输、研训、管控、应用"七位一体的异构巨型星座体系构建思路,全方位应用开放式技术理念,依托网状网多链路配置、软件定义、人工智能和数字孪生等技术赋能,实现快速、灵活、自主的星座资源整合与调度,形成模块化、可伸缩、可扩展的多业务、多应用的按需服务系统。大规模异构星群开放式敏捷架构的顶层思路如图 3-1 所示。

大规模异构星群开放式敏捷架构涵盖了异构星群星间协同调度、星地协同管控、星端高效服务等多个方面,"七位一体"的核心内涵如下。

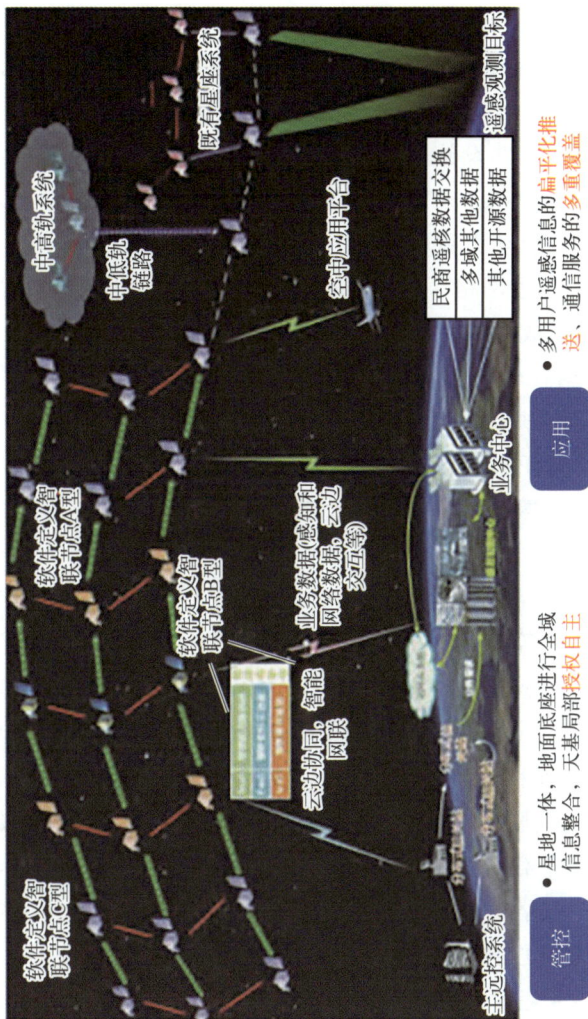

图 3-1 "七位一体"巨型星座体系架构设计

管控
- 星地一体、地面底座进行全域信息整合，天基局部授权自主

应用
- 多用户遥感信息的高平化推送、通信服务的多重覆盖

联接
- 构建地面和巨型星座、星座内部的联接通路，打造信息基础设施

感知
- 由地理/指令/引导要素激活，动态自主形成任务子系统

智算
- 提供计算、认知和决策计算等资源

传输
- 为用户侧提供低时延、无感传输服务

研训
- 推演和实物验证协同、研究和训练应用互促

① 联接：面向打造空间网络"新基建"，构建地面和巨型星座、星座内部和异构星群之间的高速、网状网联接通路，星间以激光终端为主，最高速率不低于5Gbit/s。一方面，对于拓扑规则网络区，宽带长时互联，构建巨型星座星间互联互通、星地稳定的交互通路，形成空间基础设施；另一方面，面对卫星数量多、用户数量大、用户分布和运动特征差异大等难点，在高动态时变区域，利用星载自主规划能力，提供星载智能化链路管控，构建动态智联、按需交互的通路。

② 感知：支持由地理网格区域、地面上注指令、星上引导要素等多模式的业务激活，强调动态自主形成协同星簇，在实施层面可以分成三个方面。a. 态势感知：支持多类型载荷数据在轨智能处理、融合、理解和预测；b. 任务感知：面向多个卫星智能体的自适应任务规划与自组织协同执行，以时间、链路、计算资源和任务策略等约束，实现资源向任务需求聚优流动，完成目标区域连续观测；c. 安全感知：瞄准长时间运行服务，要求系统具备在轨健康监测和故障预判、碰撞风险识别和响应等能力，支持长期自主运行。

③ 智算：巨型星座计算资源类型丰富、算力强大，配置CPU、FPGA、DSP和通用GPU、专用AI芯片等多种芯片形式，提供计算、认知，甚至在轨决策等计算资源。一方面，面向算力分布在各节点、空闲/占用状态时变、处理特点各异等情况，利用容器化资源管理和资源编排工具，实现异构高算力资源灵活选用，提供最优化的在轨高算力智能处理和分布式协同计算，支持多维特征融合。另一方面，支持模型驱动的在轨大数据关联推理分析，提供基于先验知识的未来行为趋势预测。

④ 传输：侧重为车载端、固定终端等用户侧提供低时延、无感传输服务。实现层面：a. 制定兼容性网络协议方案，提供异构网络的自适应组网，体系节点和功能按需扩容；b. 打造无中心的低时延数据交互方式，以开放、开源的数据分发服务协议（DDS协议），提供主题消息的按需推送，将全部用户依据优先级开展分类、分权限随遇入网，在线发布或订阅消息，实现用户终端"无感用天"。

⑤ 研训：瞄准能力快速迭代和技术高效验证，用两种手段实现推演和实物验证协同、研究和业务应用互促。a. 仿真推演和实物验证相结合：结合业务场景需求，利用全数字软件仿真推演系统开展巨型星座能力分析和应用模式探索，同时构建半实物仿真系统实现真实场景下、多使用约束下的服务性能摸底；b. 技术研究和实用业务服务相结合：构建开放式的在轨试验星簇，作为基础试验平台，设置安全隔离策略的基础上，及时将研究成果部署测试，推动示范能力的展示。

⑥ 管控：巨型星座的管理需要自主能力，但是地面管控依然是必不可少的关键环节。充分借鉴云边协同的设计理念，进行星地一体化设计，利用地面高性能能力底座进行全域信息整合，同时基于特定规则支持天基局部的自主授权。在实现层面：a. 利用人工智能赋能星地协同综合管控，依托地面底座提供全局管理和调

度,在规则约束下实现天基自主控制的局部任务,充分发挥人机协同的优势,把复杂运算交给人工智能(AI),把智力决策留给人工;b. 开发或征集的多样化应用在地面完成训练,在轨快速部署,以小数据量的增量更新实现算法或者应用的批量上注,并控制有序更替。

⑦ 应用:可提供通信、导航和遥感综合化服务,支持多用户遥感信息的扁平化推送、通信资源的按需分配。a. 遥感应用中,天基系统根据用户端的请求提供探测感兴趣目标,经过在轨融合计算,直接提供可用数据产品;b. 通导应用中,利用空天地联合组网,实现无缝的网络覆盖,支持将 5G/6G 移动通信网络的部分边缘能力、接入网等迁移到星座,提供低延迟服务。

3.2 大规模异构星群关键科学问题

大规模分布式异构星群是一类特殊的大规模星群系统,兼具成员卫星数量庞大、载荷类型多、低轨多轨道面相位均布和连续微推力轨控等特征,其包含的学科众多且学科间存在耦合关系,表现为高度耦合甚至是非线性的特点,不仅需要考虑星群本身的轨道拓扑特征、卫星载荷和平台本身的性能约束,而且还要兼顾卫星批量化发射选择、运行维护等多方面的设计参数,是一个受多方面因素制约、各指标之间可能相互冲突的复杂系统的多学科多目标多约束复杂问题。进而,为了实现大规模异构星群"七位一体"的开放式敏捷架构,为突破异构星群系统多样性、高维性、关联性及冗余性特征引起的技术瓶颈,本书从轨道拓扑、动态任务规划、协同控制三方面梳理了四个关键科学问题,并结合"七位一体"架构明确了八项关键技术。

(1)轨道拓扑耦合的松散有界运动演化规律

异构星群成员间距离达到数百上千公里,相对运动尺度是传统卫星编队的数百倍,不满足近距离相对运动模型的简化假设,且星间运动存在弱构型约束下大空间尺度松散周期有界、低轨摄动复杂不确定等特征。如何构建成员星的局部拓扑关联集合,建立大空间尺度相对运动解析模型,提出兼顾精度和运算量的星间距离等运动边界预报方法,并评估鲁棒性和偏差边界,是异构星群首先需要解决的关键科学问题。

(2)用户需求-集群效能-系统/分系统关联属性

异构星群与传统卫星任务不同,所涉及卫星数量为千颗以上,星座变化复杂。随着卫星数量从单一到群体,任务系统由局部转移到整体,系统特征体现为多样性、高维性、关联性及冗余性特征,导致用户需求-集群效能-系统/分系统的指标关联变得更加复杂,且动态特性强。同时,随着面对应用部门多,需求表述多样,涉及要素广泛等难点出现,如何定量化、规范化描述低轨巨型星座用户需求-集群效能-系统/分系统关联属性是异构星群设计优化的另一个关键科学问题。

(3)多学科多目标多约束算法复杂性降维和冲突消解

大规模分布式异构星群智能控制是多学科多目标多约束的优化问题,优化变量数目众多,且同时存在离散和连续形式,计算复杂度高,具有高维性特征,且各子学科之间存在耦合约束,在优化过程中冲突现象明显。进而,多学科多目标多约束算法复杂性降维和冲突消解是另一需要解决的科学问题。

(4)复杂多约束下动态随机事件的集群协同响应控制机制

异构星群在执行任务过程中,与环境的交互中存在大量随机动态行为,异类随机事件会对集群运行模式产生差异影响,最终体现在分层决策与控制设计方案的差异上。在缺少集群随机动态行为的有效描述时,集群动力学建模难以对系统的状态进行正确预示,数据驱动的学习决策也会因缺乏有效信息造成训练量大、鲁棒性差等问题。进而揭示复杂多约束下动态随机事件的集群协同响应控制机制,是提升异构星群运行与控制鲁棒性的关键。

3.3　大规模异构星群关键技术

3.3.1　大规模星群大空间尺度相对运动模型与摄动分析

异构星群网络拓扑连通是星群信息交互、协同导航与控制的前提,拓扑连通性的快速预报与控制必须以相对运动模型为支撑。相对运动模型直接决定了星群运动与拓扑耦合推演的精度,从而影响大规模星群稳定性分析和运行维持代价。相对运动建模从原理上可以分为动力法和几何法两类。动力法是以轨道动力学方程为出发点,通过动力学分析来建立相对运动模型。最典型的是针对圆参考轨道、近距离相对运动提出的 HCW 方程。后续学者针对任意偏心率参考轨道和考虑 J_2 摄动、大气阻力摄动开展了拓展性研究[1-5]。然而,由于建模原理的限制,基于动力法的相对运动模型主要针对近距离编队,其解析解难以分析复杂摄动影响。几何法是以轨道根数为出发点,通过构型的空间几何关系得到相对运动方程。Alfriend等人[6]率先以几何法建立的相对运动模型为基础,针对近圆、椭圆、开普勒、非开普勒轨道开展研究。后续学者进一步推广到考虑大气阻力[7]、三体引力摄动[8]等情况。进一步,清华大学王兆魁等人[9]针对任意尺度相对运动问题建立了位形分解模型。基于几何法的相对运动模型虽便于体现摄动影响,但其形式复杂,存在解析求解的困难,难以直观体现运动与拓扑的耦合关系。分布式异构星群成员星群的相对运动尺度是传统紧密编队的数百倍,同时多源摄动大大增加相对运动模型的复杂程度,因此急需建立能够适应大空间尺度、解析精度高且满足快速在线预报需求的相对运动模型。

根据航天器轨道动力学理论,六个轨道根数的变化规律不同,分为慢变量和快变量两类。其中 a、e、i、Ω、ω 是慢变量,仅在轨道摄动影响下变化;r、f、M 是快变量,主要受地球中心引力的影响。据此将精确的航天器相对运动模型拆分成两个部分,其中一部分仅含慢变量,并对其取偏心率一阶近似,得到一阶位形分解模型。仅含慢变量的部分能够反映周期性相对运动相对于参考星的位置,含快变量的部分能够反映相对运动轨迹相对于参考星的周期性环绕运动的形状。根据相对运动位形分解模型的解构特点,可以分别分析轨道摄动对周期性相对运动位置和形状的长期影响。由于经典轨道摄动理论能够给出轨道根数在地球非球形引力、大气阻力、三体引力等复杂摄动影响下随时间的解析表达式,将其代入到长周期项中,就可以分析航天器相对运动整体位置在摄动影响下随时间的变化规律。

3.3.2　大规模异构星群拓扑数学模型

大规模异构星群是一类复杂的网络系统,作为空间信息互联网发展的新形态,与地面网络系统相比,其拓扑结构在时空两个维度上具有显著的动态特征[10]。其时间动态特征是指随着时间的推移,组成网络的卫星、地面终端等节点会增加、失效和更新,通信链路也会出现断开与恢复。而空间动态特征是指各个节点之间的相对位置、相对指向发生变化。典型大规模异构星群空间段网络拓扑模型如图 3-2所示,中间的卫星通过激光通信与同轨道面的相邻两颗卫星和相邻轨道面的卫星

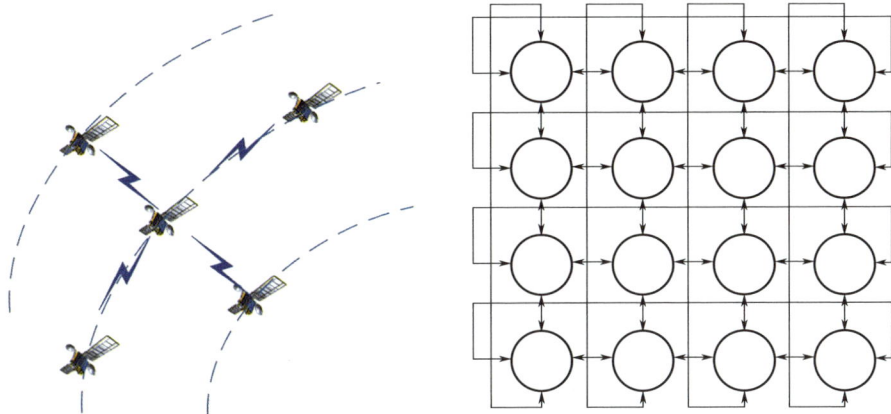

图 3-2　典型大规模异构星群空间段网络拓扑示意图

建立星间链路，最终形成卫星网络。尽管拓扑的动态性是卫星网络中最典型的特征之一，也有文献对小规模星群的网络拓扑特征进行了初步讨论[11-14]，但是到目前为止还没有对大规模星群系统的星间、星地网络的动态特性进行系统性研究的工作。

其中，星间网络部分由卫星节点及星间链路组成，Alessi等人[1]从轨道动力学的角度对星座构型的长期漂移演化进行了分析，但是由于卫星轨道的更新周期远远小于受摄动力影响的漂移时间，且卫星大多具备自主变轨能力，因此该方法不具有在实际应用中的必要性。Wang等人[11]从Walker星座的结构特点出发，给出了描述星间网络动态特性的两个指标（时间片长度和拓扑切换次数）和星座参数之间的关系，但是该结论只在小规模星座下进行了验证，在大规模星群背景下的评估结果尚未进行过讨论。Chen等人[2-4]从链路特性的角度对大规模星群中单条通信链路的跳数与卫星节点空间分布的关系进行了讨论，发现链路跳数只和始末节点的经纬度有关，但是该研究并未考虑高纬度地区的链路切换情况，并且只讨论了单条链路的空间动态性，没有从整个系统的层面考虑卫星网络的动态拓扑特征。此外，Wang和Chen的研究只考虑了单层星座的星间网络拓扑变化，并未对具有多个轨道高度的混合星座进行研究。Ekici等人[5]给出了LEO/MEO混合星座下异轨道层间链路是否可达的数学模型，并基于此模型提出了一种基于覆盖时间最长的卫星分组路由协议（Satellite Grouping and Routing Protocol，SGRP），把LEO层中的卫星进行分组管理，这对于分析异轨道层卫星网络的动态特性具有借鉴意义，但是该方法中覆盖时间最长这一条件会增加计算的复杂度，不利于大规模星群的路由协议设计[15]。

对于星地网络，由于地面终端的位置分布和接入条件具有很大的随机性，因此在点对点的链路条件下进行网络拓扑的分析具有很大挑战[7,16]。Jiang等人[8]建立了用户对单颗卫星的可视时间窗口数学模型。Chowdhury等人[17]考虑卫星对地覆盖时波束间切换的动态特性，但都没有充分考虑移动终端在覆盖范围内位置的随机性。Yu等人[18]用卫星对星下点所有用户的最大覆盖时间近似卫星对每个用户的覆盖时间，也是简化了地面接入用户位置的随机性。因此，对于大规模星群系统承载的用户量级而言，传统的星地拓扑特征分析方法已经很难适用。

3.3.3　弹性与分散状态下多属性混合目标任务分配

分布式异构星群的任务需求如图3-3所示。在分布式异构星群的任务规划中，弹性与分散状态下的任务分配是解决复杂动态环境中任务需求的重要技术手段。弹性任务分配旨在增强系统应对动态变化的能力，使其能够根据资源状况、任务优先级和环境条件的实时变化,快速调整分配策略。这种方法在应急响应、突发性灾害监测等任务中尤为重要[19],因为任务需求往往会随着外部条件的变化而不断更新。弹性分配需要考虑的不仅是当前任务的执行效率,还包括系统在变化环境中的鲁棒性和灵活性,即确保系统能够在通信中断、卫星故障等不可控因素下,依然保持高效的任务执行能力。

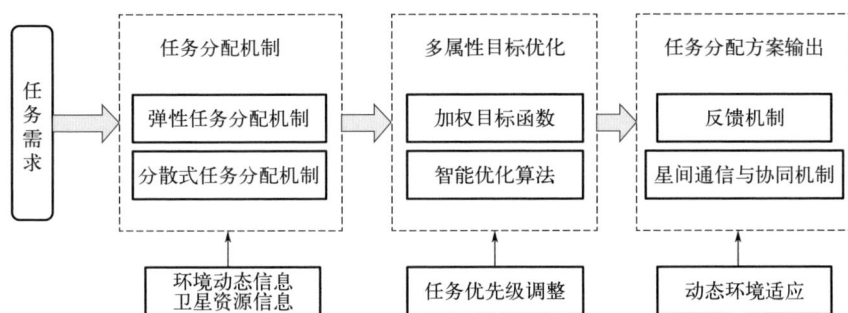

图 3-3　分布式异构星群任务需求

分散状态下的任务分配强调通过去中心化的控制模式来实现大规模星群系统的高效运行。在分散任务分配中,每颗卫星作为一个独立的决策节点,根据自身所掌握的信息与任务需求进行自主规划,并通过星间通信与其他节点共享决策结果。这种方式避免了集中控制系统的通信瓶颈和单点失效问题,特别适合应用于星群规模较大、通信资源受限的场景。然而,由于各卫星所能获取的信息具有局限性,如何通过高效的信息融合和协同机制确保全局优化效果,是分散任务分配需要解决的核心问题。

在弹性与分散状态下进行任务分配,需要综合考虑多属性混合目标,这包括任务完成率、资源利用率、任务优先级、执行时间等多种相互冲突的指标。传统的任务分配方法通常采用单一优化目标,而在多属性任务分配中,系统需要通过权衡不同目标之间的优先级,找到能够满足综合需求的最优解。加权目标函数模型和Pareto前沿优化是常用的多目标优化方法。其中,前者通过为每个目标赋予权重,将多目标问题转化为单目标问题,适合任务优先级相对明确的场景;而后者通过直接求解非支配解集,能够为决策者提供多种选择,特别适用于复杂任务需求和动态环境下的规划[20]。例如,在灾害监测任务中,地震发生后需要对受灾区域进行快速成像,而受灾区域的分布往往具有不确定性。通过分散决策,卫星星群能够根据地面请求的优先级和自身位置状态快速调整分配方案,最大限度提高任务完成效率。同时,弹性任务分配机制还能够动态调整资源利用策略,如对低电量卫星分配低优先级任务,从而延长系统整体的运行时间。

近年来,智能优化算法在多属性任务分配中的应用取得了显著进展。遗传算法、粒子群优化算法等启发式方法,因其良好的全局搜索能力,广泛应用于非线性、多约束条件下的任务分配问题。此外,人工智能技术和深度强化学习方法的引入,为解决复杂动态环境下的任务分配提供了全新思路[21,22]。例如,基于多智能体深度强化学习算法,通过协同学习实现了分布式决策,并显著提升了任务分配效率和资源利用率[23]。这类方法不仅能够在任务需求动态变化时快速调整分配策略,还具备自主适应和持续优化的能力,使其在弹性任务分配场景中表现出色。

随着新技术和智能算法的不断引入,弹性与分散状态下多属性混合目标任务分配的研究将进一步向智能化和复杂环境适应性方向发展,这些研究进展将有助于提升星群系统的任务协同效率和资源利用能力,为复杂空间任务的执行提供更强有力的技术支持。

3.3.4　大规模异构星群动态路由技术

卫星网络的路由策略控制着全网信息流的传输,并决定着系统的整体性能。大规模星群的网络拓扑特征具有高度动态性,这给相关研究带来了全新的挑战。一般来说,在卫星网络的路由策略研究中,目前主要分为静态路由策略和动态路由策略两大类研究方向。

静态路由策略的核心思想是通过基于虚拟拓扑[24](Virtual Topology,VT)或者基于虚拟节点[25](Virtual Node,VN)的方法将动态网络静态化处理。其中,基于 VT 的路由策略原理是将动态卫星网络的系统周期划分为多个时间片,在每个时间片内的网络拓扑可以看作不变,如图 3-4 所示。Werner[26]首先提出一种基于离散时间的虚拟拓扑卫星网络路由算法,Chang 等人[27]在其基础上扩展了一种基于有限状态机的虚拟拓扑路由算法。不同于基于虚拟拓扑的方法,基于虚拟节点的方法将卫星网络抽象为一个虚拟网络,其中的每一个虚拟节点则是由距离最近的真实卫星节点映射而来的,如图 3-5 所示。Ekici 等人[25]首先在卫星网络中采用了基于虚拟节点的方法,并对避免局部拥塞进行了优化设计。进一步地,Lu 等人[28]根据卫星网络的拓扑模型,对虚拟节点的结构做了详细的优化设计。如前所述,这两大类方法是在特定的时间周期或者地理区域内将网络拓扑看作固定不变的。但是,这两种方法存在的问题是都依赖于集中式的路由计算,并且需要在每一

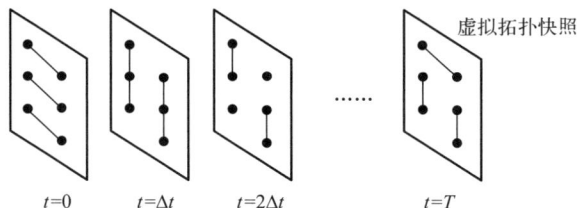

图 3-4　基于虚拟拓扑的路由策略

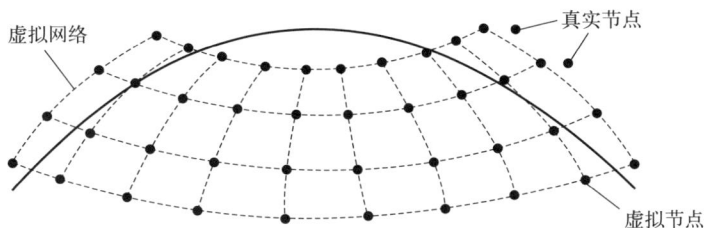

图 3-5　基于虚拟节点的路由策略

颗卫星上按照时间和位置存储全局路由表。因此在动态环境下需要尽可能同步更新全局路由信息，这在实际应用过程中难以实施。此外，当出现卫星节点失效或链路中断时，这些方法无法自适应地调整其路由策略，将会导致全局网络动荡，甚至造成通信服务出现中断。

因此，为了解决大规模星群中拓扑频繁改变的问题，一些动态路由算法陆续得到应用[29]，如目的节点序列距离矢量路由[30]（Destination Sequenced Distance Vector，DSDV）、点对点按需距离矢量路由[31]（Ad-hoc On-demand Distance Vector，AODV）等。Papapetrou 等人[32]提出了位置辅助按需路由算法（Location-Assisted On-demand Routing，LAOR），这是首次将按需路由的方法用在大规模星群中。Yu 等人[33]从缓存和重载机制的角度对 DSDV 算法进行了改进，提高了卫星网络编码时的冗余度。但是，目前大多数动态路由算法依赖于数据包洪泛和广播，消耗了大量的计算资源和网络带宽资源[34]。此外，这些方法很难满足日益增长的用户服务质量（Quality of Service，QoS）需求[35]。

在大规模星群网络中，不仅需要在可接受的计算资源消耗条件下找到信息流的可达路径，还需要考虑多种 QoS 指标。目前，通过结合人工智能的方法[36]来解决大规模星群的路由问题，已逐渐成为主流趋势。

3.3.5　动态变迁过程的自主协调决策与分散规划

大规模异构星群需要完成初始星群构型建立、局部故障重构、区域增强重构、应急避撞重构等构型动态变迁，协同机动规划面临复杂不确定和干扰、多目标多约束权重时变等问题。星群动态变迁过程的自主协调决策与分散规划的本质，是在分布式求解框架下，满足安全防撞、任务维持、拓扑联通等多约束条件，综合考虑燃料消耗、重构时间、构型稳定性和运行维持成本等多目标的组合优化问题，且面临复杂摄动、测量与控制不确定、未知有界干扰等因素，路径优化的鲁棒性和多目标多约束权衡是其中两方面问题。

对于轨道机动路径优化，大量学者在研究中考虑了轨道摄动、有界干扰等因素影响，提出的方法主要分为间接法、直接法和混合法三种。间接法是将轨迹优化问题表示成最优控制问题,采用变分法和庞特里亚金极大值原理将其转化为两点边值问题求解。Lee 等人[37]在考虑非线性和 J_2 摄动的基础上,通过变分法得到了近似燃料最优解。潘迅等人[38]结合多次同伦算法求解考虑 J_2 项摄动的燃料最优转移轨道。间接法的初值猜测等问题一直不能很好解决,当任务时间较长时,收敛较慢,易于陷入局部最优解。直接法是将连续无穷维的最优化问题通过离散化变成有限维的非线性规划问题,包括伪谱法、虚拟域逆动力学法等。混合法是通过极大值原理确定最优控制率,然后将状态方程和协态方程离散,最后通过非线性规划算法求解。Morgan 等人针对大规模星群的路径规划问题,采用分布式序列凸优化方法寻找 J2-invariant 轨道[39],并将序列凸优化与模型预测控制结合[40],提升了对不确定性和干扰的适应性;提出了非线性动力学修正方法,补偿了序列凸优化方法存在的线性化和离散化模型偏差,保证较低计算量的同时,提升了序列凸优化对非线性系统的性能。当前研究主要针对航天器交会对接和编队飞行的轨迹优化问题,对于低巨型星座构型重构路径优化,还需要考虑连续微推力、长时延、测量导航不确定等因素,进一步提升分布式优化算法的鲁棒性。

在多目标多约束优化方面,由于复杂重构机动一般分为多个任务阶段,优化目标众多且各阶段约束复杂时变。传统多目标优化方法一般采用加权法、约束法、目标规划法等方法,将多个目标函数合成一个单独有参数的目标函数,在不同参数设置下多次优化得到近似 Pareto 最优解集。近年来,随着人工智能的发展,针对多目标多约束优化的进化算法、遗传算法、模拟退火算法等在航天器编队飞行和星群重构中得到广泛的应用。在多阶段优化方面,Soleymani 等人[41]使用混合粒子群优化和遗传算法,通过引入停泊轨道提出一种分阶段的非同步重构规划方法,降低星群重构过程中的燃料消耗。然而,现有方法并未考虑不同任务阶段优化多目标和多约束的时序逻辑关系,无法避免不同阶段的目标和约束冲突,可能导致无解,整体性能较为保守。基于时序逻辑的路径规划方法能够很好地解决此类含有复杂时序任务的路径规划,进而得到全局最优路径,已经在多机器人系统、无人机编队领域路径规划问题中得到应用,然而针对星群重构等复杂多任务多约束路径规划的研究还处于探索阶段。区域协同规避框架如图 3-6 所示。

综上,目前考虑鲁棒性和多目标多约束的路径优化方法大多是面向航天器编队和近距离星群。针对低轨巨型星座的特殊性,一方面需要考虑连续微推力、不确定摄动与干扰、长时延等特性,降低长时间优化的误差累积和提高算法鲁棒性;另一方面需要考虑不同任务阶段的多目标多约束时序逻辑,避免约束无解和优化目标冲突,提高重构路径优化的整体性能。

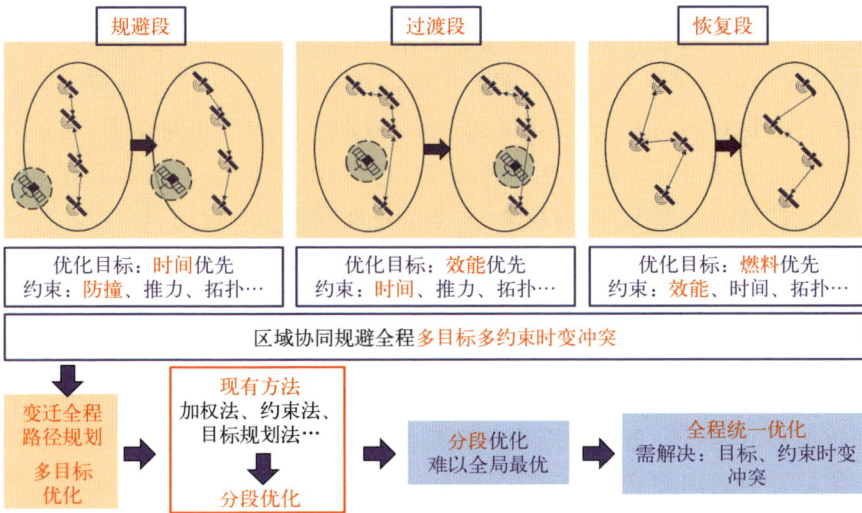

图 3-6 区域协同规避框架

3.3.6 能量匹配机理与边界维持连续最优控制方法

大规模星群构型维持控制的目标并不是维持精确的成员间相对位置和速度关系,而在于维持相对运动有界不发散,因此可少量控制实现长期在轨飞行。

如图 3-7 所示,为实现大规模星群的有界相对运动控制,采用能量匹配、长期项消除等方法抑制导致相对运动发散的摄动影响因素,是一类减少燃料消耗的有效途径。Chung 团队[39,42]研究了 J_2 项引力摄动和大气阻力摄动的能量匹配条

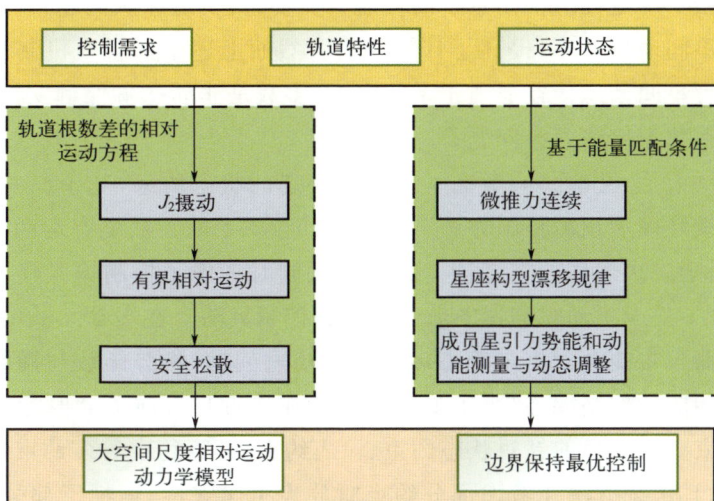

图 3-7 边界维持最优控制框架

件,得到了任意初始相对位置下满足长期自然维持的初始相对速度求解方法,并提出了星群构型建立和维持的多脉冲控制策略;针对星群拓扑动态切换变连接下的构型控制,提出了自适应动态网络图的相位同步控制方法。王兆魁等人[43-46]基于轨道根数差的相对运动方程,推导得到了 J_2 摄动下的有界相对运动,通过解析或半解析的方法进行相对运动边界求解,进而设计初始状态,使紧密星群在不需要控制或仅少量控制的情况下,实现被动、安全的松散有界相对运动。

基于能量匹配条件分析,提出微推力下的条件建立和维持控制方法,以尽量少的控制,保持低轨巨型星座成员星群周期有界相对运动。首先,分析 J_2 项摄动影响下的星座构型漂移规律,推导建立包含 J_2 项摄动的大空间尺度相对运动动力学模型;基于能量匹配方法,考虑成员星引力势能和动能与期望轨道状态匹配,对于任意轨道位置,推导 J_2 项摄动影响下满足能量匹配的初始速度条件,该条件即运动边界维持控制的期望状态;分析在满足该条件的初始状态下,运动边界漂移性能。然后,建立连续微推力作用下的大空间尺度相对运动动力学模型,分析大气阻力、太阳光压等摄动对低轨巨型星座构型漂移的影响,提出连续微推力作用下的能量匹配条件趋近和保持控制策略,仿真分析运动边界维持燃耗与性能的关系。

3.3.7　复杂多约束下动态随机事件的集群协同响应与安全控制

星群在轨进行任务时,面临着资源约束和安全约束等复杂约束。针对资源约束问题,文献[47]最先研究了可以节约计算资源的航天器姿态编队,文中通过事件触发机制将控制器从时间触发更新方式修改为事件触发更新方式,极大地降低了控制器更新频率,进而实现了计算约束下的航天器姿态编队。文献[48,49]分别研究了存在模型不确定性通信约束下的多航天器姿态、轨道编队问题,利用事件触发机制降低了星间通信频率,提高了计算能力。然而上述事件触发机制只单一存在于执行器或者星间信息传输通道子系统中,且多数是非动态事件触发机制,一定程度上仍然存在数据传输冗余问题。

在安全约束上,文献[50]考虑了航天器姿态的状态约束,基于参考调速器,提出了相应非线性模型预测控制方法。文献[51]考虑了航天器姿态运动区域受限问题,提出了基于二次规划的控制器。文献[52]同时考虑了控制输入幅值和速率饱和约束,设计了基于扰动观测器的航天器姿态控制算法。在文献[53]中,针对非合作目标航天器自主交会对接与静态障碍物的规避问题,将势函数与椭圆蔓叶线相结合设计了相应的控制律,解决了追踪航天器在接近目标航天器时运行在安全走廊的安全约束。然而目前针对状态约束、输入约束、避障约束等多约束集成一体化的研究较少,且传统方法在考虑部分约束时放大了保守性,牺牲了部分控制性能。复杂约束下的协同控制框架如图3-8所示。

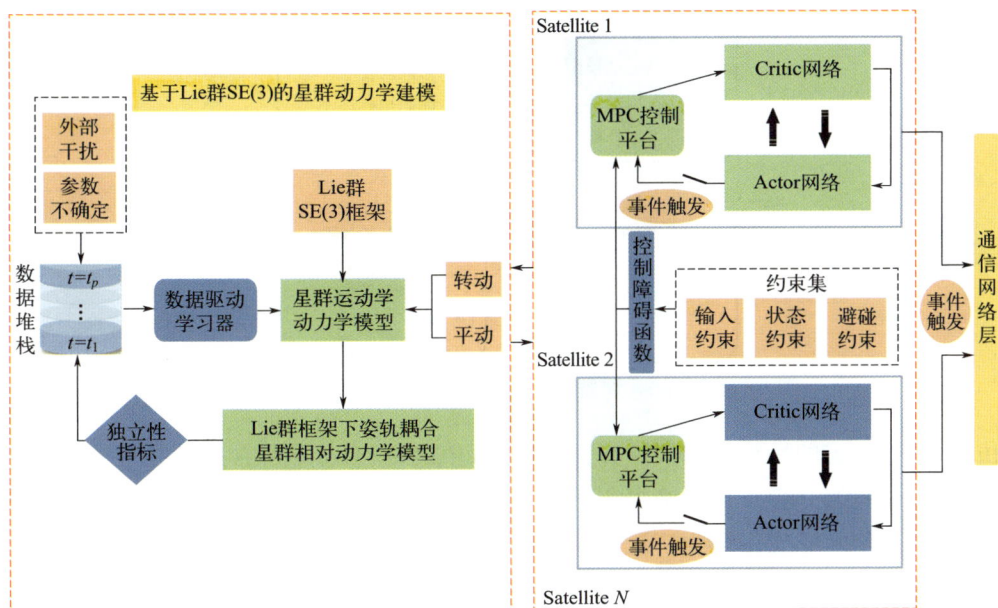

图 3-8 复杂约束下的协同控制框架

因此,星群面临长期多任务的特殊环境,需要同时考虑到资源约束和安全约束。利用事件触发机制,同时考虑传感器、执行器、星间通信的资源节省问题;此外,使用分布式非线性模型预测控制(NMPC),将非线性模型预测控制扩展至分布式星群系统,实时优化控制输入,同时兼顾多约束的动态变化。采用动态控制障碍函数方法和约束解耦与优先级排序的框架,针对不同类型的约束(如输入幅值、速率饱和、避障等),设计约束解耦算法,通过优先级排序减少约束间的耦合影响,进一步基于控制性能的自适应放宽机制,通过引入学习机制动态调整约束模型的保守性参数,优化控制性能与系统安全的平衡。

3.3.8 大规模异构星群数字化仿真平台技术

在针对大规模异构星群数字化仿真平台的研究中,由于其网络规模庞大、节点动态多变、异构节点繁多以及天地一体化耦合性强的特点,对网络仿真和性能评估技术要求更为苛刻。星群仿真平台需集成卫星动力学仿真、网络仿真以及三维可视化等多个耦合模块,如图 3-9 所示。

目前常用的网络仿真软件包括 OPNET、QualNet/Exata、NS2/NS3、OMNeT++、Mininet 等,而卫星动力学和可视化模块常采用 STK(System Tool Kit)软件实现。Cheng 等人[54]总结了各类仿真工具的特征及适用场景。OPNET 和 QualNet/Exata 是应用最为广泛的商业网络仿真软件,可面向多种网络场景进行通用网络

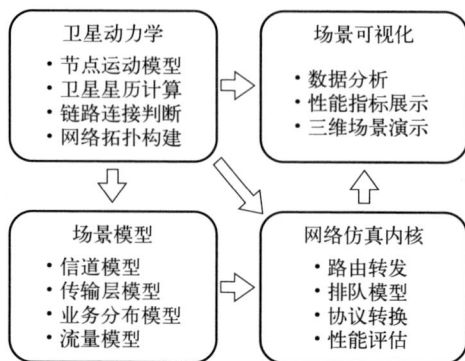

图 3-9　星群数字化仿真平台系统架构

仿真,拥有完善的协议库和图形界面,其中,QualNet/Exata 仿真速度较快,可采用并行仿真模式,并且支持网络半实物仿真。NS2 和 NS3 是面向对象的离散时间仿真器,也是学术界应用最为广泛的网络仿真工具。二者的最大区别在于 NS3 的核心代码和功能模块完全基于 C++开发,并且提供了 Python 拓展接口,更便于用户开发,但目前其协议库的完整性仍弱于 NS2。NS2 已停止更新,而 NS3 作为 NS2 的升级还在不断更新与拓展功能。OMNeT++是一个开源的多协议离散事件仿真软件,采用嵌套层次结构,其基本组件是包含各类协议的模块,可通过各模块的组合嵌套拓展不同场景的网络仿真应用。Mininet 是一种支持 SDN 的虚拟网络仿真平台,其利用 Linux 内核提供的轻量级虚拟机制来创建网络模型并模拟节点之间的数据交互,具有良好的可拓展性和可移植性。

　　针对大规模异构星群节点规模大、网络仿真复杂度高的特点,一些学者设计了成本低、拓展性高的仿真平台。杨增印等人[55]采用运行真实互联网协议的虚拟网络设备搭建了天地一体化网络域间协议仿真平台。仿真中先基于 STK 和 Matlab 获取动态拓扑特征(包括链路距离、衰减、连接情况等),再将拓扑特征映射至虚拟网络中,通过改变虚拟网络设备的连接状态来模拟动态拓扑变化。为避免离散事件仿真器降低协议验证效率及仿真开销随网络规模剧增问题,采用 Mininet 和 Quagga 模拟虚拟网络和虚拟路由器,搭建空间网络模拟平台。平台可支持现有域间协议及其所依赖的网络层和传输层协议,具有较强的可拓展性和移植性。为分析大规模星群网络特性,Lai 等人[56]采用类似的架构搭建了 StarPerf 平台。StarPerf 将网络拓扑信息、网络协议规则和流量模型作为输入信息,运行网络仿真内核获得网络性能。Handley[57]基于 C♯和 Unity3D 开发了星群网络可视化仿真平台,直观地展示了 Starlink 星座中星间传输路径选择和切换场景。Kassing 等人[58]集成 NS-3、Python 和 Cesium 等工具建立了 Hypatia 仿真平台,其中,Pyephem 工具包计算各卫星星历,NetworkX 工具包在每个时隙内根据网络拓扑为节点间的数据传输生成路由，NS-3 用于仿真数据包转发过程，最后用 Cesium 实现三维场景可视化。该文献作者基于 Hypatia 分析了 Starlink、Kuiper、Telesat 等大规模星群的端到端时延特性，并且考虑了传输层拥塞问题。Bhattacherjee 等人[59]基于该平台分析了大规模星群星间链路拓扑特性以及跳数对网络性能的影响。表 3-1 总结了各仿真平台的构成及特点。

表 3-1　典型大规模星群仿真平台

仿真平台	主要仿真工具	特征
SAGIN-Sim[54]	NS-3/STK/Matlab/Python	空天地一体化，支持各类异构算法，可拓展性强，但复杂度高，对硬件要求高
StarPerf[56]	Mininet/STK/Matlab	虚拟网络仿真平台，非离散时间仿真，可拓展性强，适用于大规模网络场景及 SDN
Starlink-Sim[57]	Unity 3D/C#	星间传输路径可视化效果好，但无法进行数据包级别仿真
Hypatia[58]	NS-3/Python/Cesium	可视化效果好，可实现数据包级别仿真，数据包传输在离散的静态拓扑上实现

此外，考虑到网络仿真平台在大规模星群场景下的巨大仿真开销，也有诸多学者采用较为简单的分析方法对大规模星群网络进行性能评估与分析。例如，Portillo 等人[60]采用最大流的方法评估并比较了三个代表性大规模星群（Starlink、OneWeb 和 Telesat）的网络性能，引发广泛关注；Lee 等人[37]采用动力学理论模型分析了大规模星群中相邻卫星间可见性，以及星座规模、星座参数对星间链路连接性的影响。

3.4　本章小结

本章面向大规模异构星座"动态协同、高品质服务、无感使用、易于管控"等需求目标，提出了大规模异构星群开放式敏捷架构，并从异构星群星间协同调度、星地协同管控、星端高效服务等方面深入探讨了开放式敏捷架构"七位一体"的核心内涵。在开放式敏捷架构的基础上，本章从轨道拓扑、动态任务规划、协同控制三方面分析了大规模分布式异构星群所面临的关键科学问题，包括轨道拓扑耦合的松散有界运动演化规律、用户需求-集群效能-系统/分系统关联属性、多学科多目标多约束算法复杂性降维和冲突消解、复杂多约束下动态随机事件的集群协同响应控制机制。最后，本章结合"七位一体"架构明确了大规模星群大空间尺度相对运动模型与摄动分析、大规模异构星群拓扑数学模型、弹性与分散状态下多属性混合目标任务分配等 8 项关键技术，为本书后续的内容及未来的研究提供参考。

参 考 文 献

[1] Alessi E M,Buzzoni A,Daquin J,et al. Dynamical properties of the Molniya satellite constellation:Long-term evolution of orbital eccentricity[J]. Acta Astronautica,2021,179:659-669.

[2] Chen Q,Giambene G,Yang L,et al. Analysis of Inter-Satellite Link Paths for LEO Mega-Constellation Networks[J]. IEEE Transactions on Vehicular Technology,2021,70(3):2743-2755.

[3] Chen Q,Yang L,Guo D,et al. LEO Satellite Networks:When Do All Shortest Distance Paths Belong to Minimum Hop Path Set[J]. IEEE Transactions on Aerospace and Electronic Systems,2022:1-1.

[4] Chen Q,Yang L,Zhao Y,et al. Shortest Path in LEO Satellite Constellation Networks:An Explicit Analytic Approach[J]. IEEE Journal on Selected Areas in Communications,2024:1-1.

[5] Chen C,Ekici E,Akyildiz I F. Satellite Grouping and Routing Protocol for LEO/MEO Satellite IP Networks[C]//Proceedings of the 5th ACM International Workshop on Wireless Mobile Multimedia,2002:8.

[6] Mahajan B,Alfriend K T. Analytic orbit theory with any arbitrary spherical harmonic as the dominant perturbation[J]. Celestial Mechanics and Dynamical Astronomy,2019,131(10):45.

[7] Wei T,Feng W,Chen Y,et al. Hybrid Satellite-Terrestrial Communication Networks for the Maritime Internet of Things:Key Technologies,Opportunities,and Challenges[J]. IEEE Internet of Things Journal,2021,8(11):8910-8934.

[8] Jiang W,Zong P. An improved connection-oriented routing in LEO satellite networks[C]//2010 WASE International Conference on Information Engineering,2010,1:296-299.

[9] Chao J,Wang Z,Zhang Y. Decomposition analysis of spacecraft relative motion with different inter-satellite ranges[J]. Acta Astronautica,2019,163:56-58.

[10] 于少波,吴玲达,张喜涛,等. 面向空间信息网络的多特征可视化方法综述[J]. 中国电子科学研究院学报,2018,13(2):8.

[11] Wang J,Hu Y,Zhou H,et al. Topological dynamics characterization for layered satellite networks[C]//2006 IEEE International Performance Computing and Communications Conference,2006,8:356.

[12] Sun D W, Chang G R, Gao S, et al. Modeling a dynamic data replication strategy to increase system availability in cloud computing environments[J]. Journal of Computer Science and Technology, 2012, 27(2):256-272.

[13] 杨斌, 何锋, 靳瑾, 等. LEO 卫星通信系统覆盖时间和切换次数分析[J]. 电子与信息学报, 2014, 36(4):804-809.

[14] 钟涛, 易先清, 侯振伟, 等. 基于路由需求的空间信息系统星地链路及星间链路特征分析[J]. 计算机科学, 2015, 42(10):65-70.

[15] 唐剑, 佘春东, 徐志明. LEO/MEO 卫星网络动态多径路由协议[J]. 计算机科学, 2009, 36(010):42-45.

[16] Niephaus C, Kretschmer M, Ghinea G. QoS Provisioning in Converged Satellite and Terrestrial Networks:A Survey of the State-of-the-Art[J]. IEEE Communications Surveys & Tutorials, 2016, 18(4):2415-2441.

[17] Chowdhury P K, Atiquzzaman M, Ivancic W. Handover schemes in satellite networks: State-of-the-art and future research directions[J]. IEEE Communications Surveys & Tutorials, 2006, 8(4):2-14.

[18] Yu J, Zong P. Channel reservation and queuing in Low Earth Orbit mobile satellite system [C]//International Congress on Ultra Modern Telecommunications and Control Systems, 2010:734-738.

[19] Hu J, Huang H, Yang L, et al. A multi-objective optimization framework of constellation design for emergency observation[J]. Advances in Space Research, 2021, 67(1):531-545.

[20] Qiu W, Xu C, Ren Z, et al. Scheduling and planning framework for time delay integration imaging by agile satellite[J]. IEEE Trans. Aerosp. Electron. Syst. , 2022, 58(1): 189-205.

[21] Cui K, Song J, Zhang L, et al. Event-Triggered Deep Reinforcement Learning for Dynamic Task Scheduling in Multisatellite Resource Allocation[J]. IEEE Transactions on Aerospace and Electronic Systems, 2023, 59(4):3766-3777.

[22] Liang J, Liu J P, Sun Q, et al. A Fast Approach to Satellite Range Rescheduling Using Deep Reinforcement Learning[J]. IEEE Transactions on Aerospace and Electronic Systems, 2023, 59(6):9390-9403.

[23] Dong C Z, Che R, Tang C. Design of Cloud Task Scheduling Simulation Software Based on Multi-Agent Deep Reinforcement Learning[C] //2024 IEEE 7th Information Technology, Networking, Electronic and Automation Control Conference(ITNEC). Chongqing, China, 2024:650-655.

[24] Jia M, Zhu S, Wang L, et al. Routing algorithm with virtual topology toward to huge numbers of LEO mobile satellite network based on SDN[J]. Mobile Networks and Applications, 2018, 23:285-300.

[25] Ekici E, Akyildiz I F, Bender M D. A distributed routing algorithm for datagram traffic in

LEO satellite networks[J]. IEEE/ACM Transactions on Networking, 2001, 9 (2): 137-147.

[26] Werner M. A dynamic routing concept for ATM-based satellite personal communication networks[J]. IEEE Journal on Selected Areas in Communications, 1997, 15 (8): 1636-1648.

[27] Chang H S, Kim B W, Lee C G, et al. FSA-based link assignment and routing in low-earth orbit satellite networks[J]. IEEE Transactions on Vehicular Technology, 1998, 47 (3): 1037-1048.

[28] Lu Y, Sun F, Zhao Y. Virtual topology for LEO satellite networks based on earth-fixed footprint mode[J]. IEEE Communications Letters, 2013, 17 (2): 357-360.

[29] Jinhui T, Yequn W, Shufu D, et al. A feedback-retransmission based asynchronous frequency hopping MAC protocol for military aeronautical ad hoc networks[J]. Chinese Journal of Aeronautics, 2018, 31 (5): 1130-1140.

[30] Perkins C E, Bhagwat P. Highly dynamic destination-sequenced distance-vector routing (DSDV) for mobile Computers[J]. ACM SIGCOMM Computer Communication Review, 1994, 24 (4): 234-244.

[31] Perkins C, Belding-Royer E, Das S. Ad hoc on-demand distance vector (AODV) routing [R]. 2003.

[32] Papapetrou E, Karapantazis S, Pavlidou F N. Distributed on-demand routing for LEO satellite systems[J]. Computer Networks, 2007, 51 (15): 4356-4376.

[33] Yu G, Zhong C, Lan X, et al. Research of multi-path routing based on network coding in space information networks[J]. Chinese Journal of Aeronautics, 2014, 27 (3): 663-669.

[34] Li J, Lu H, Xue K, et al. Temporal netgrid model-based dynamic routing in large-scale small satellite networks[J]. IEEE Transactions on Vehicular Technology, 2019, 68 (6): 6009-6021.

[35] Lu Y, Zhang J, Zhang T. UMR: A utility-maximizing routing algorithm for delay-sensitive service in LEO satellite networks[J]. Chinese Journal of Aeronautics, 2015, 28 (2): 499-507.

[36] Huang Y, Shufan W U, Zeyu K, et al. Reinforcement learning based dynamic distributed routing scheme for mega LEO satellite networks[J]. Chinese Journal of Aeronautics, 2023, 36 (2): 284-291.

[37] Lee Y, Choi J P. Connectivity analysis of mega-constellation satellite networks with optical intersatellite links[J]. IEEE Transactions on Aerospace and Electronic Systems, 2021, 57 (6): 4213-4226.

[38] 潘迅, 泮斌峰, 唐硕. 考虑 J2 项摄动的小推力燃料最优转移轨道设计 [J]. 哈尔滨工业大学学报, 2017, 49 (10): 15-21.

[39] Morgan D, Chung S J, et al. Swarm-Keeping Strategies for Spacecraft Under J2 and

Atmospheric Drag Perturbations[J]. Journal of Guidance, Control, and Dynamics, 2012, 35 (5): 1492-1506.

[40] Morgan D J. Guidance and control of swarms of spacecraft[D]. Dissertations & Theses - Gradworks, University of Illinois at Urbana-Champaign, 2015.

[41] Soleymani M, Fakoor M, Bakhtiari M. Optimal mission planning of the reconfiguration process of satellite constellations through orbital maneuvers: A novel technical framework [J]. Advances in Space Research, 2019, 63(10): 3369-3384.

[42] Chung S J, Bandyopadhyaya S, et al. Phase synchronization control of complex networks of Lagrangian systems on adaptive digraphs[J]. Automatica, 2013, 49: 1148-1161.

[43] Dang Z, Wang Z, Zhang Y. Improved Initialization Conditions and Single Impulsive Maneuvers for J2-Invariant Relative Orbits[J]. Celestial Mechanics and Dynamical Astronomy, 2015, 121: 301-327.

[44] Dang Z, Wang Z, Zhang Y. Modeling and Analysis of the Bounds of Periodical Satellite Relative Motion[J]. Journal of Guidance, Control, and Dynamics, 2014, 37(6): 1984-1998.

[45] Dang Z, Li T, Wang Z, et al. Bounds On Maximal and Minimal Distances for Coplanar Satellite Relative Motion Under Given Initial Conditions [J]. Aerospace Science and Technology, 2015, 46: 204-209.

[46] Dang Z, Fan L, Wang Z, et al. On The Maximal and Minimal Distances of Flying-Around Satellite Formation[J]. Aircraft Engineering and Aerospace Technology, 2017, 89(6): 845-852.

[47] Zhang C, Wang J, Sun R, et al. Multi-spacecraft attitude cooperative control using model-based event-triggered methodology [J]. Advances in Space Research, 2018, 62(9): 2620-2630.

[48] Xu C, Wu B, Cao X, et al. Distributed adaptive event-triggered control for attitude synchroniza tion of multiple spacecraft[J]. Nonlinear Dynamics, 2019, 95: 2625-2638.

[49] Hu Q, Shi Y, Wang C. Event-based formation coordinated control for multiple spacecraft under communication constraints[J]. IEEE Transactions on Systems, Man, and Cybernetics: Systems, 2019, 51(5): 3168-3179.

[50] Kalabić U, Gupta R, Di Cairano S, et al. Constrained spacecraft attitude control on SO(3) using reference governors and nonlinear model predictive control [C]//2014 American Control Conference. 2014: 5586-5593.

[51] Sun C, Dai R. Spacecraft attitude control under constrained zones via quadratically constrained quadratic programming [C]//AIAA Guidance, Navigation, and Control Conference. 2015: 2010.

[52] Zou A M, de Ruiter A H, Kumar K D. Disturbance observer-based attitude control for spacecraft with input MRS[J]. IEEE Transactions on Aerospace and Electronic Systems, 2018, 55(1): 384-396.

[53] Yao J,Ordonez R,Gazi V. Swarm tracking using artificial potentials and sliding mode control[C]//Proceedings of The 45th IEEE Conference On Decision And Control. 2006：1-14.

[54] Cheng N,Quan W,Shi W,et al. A comprehensive simulation platform for space-air-ground integrated network[J]. IEEE Wireless Communications,2020,27(1):178-185.

[55] 杨增印,李贺武,吴茜,等. 天地一体化信息网络域间协议实验平台[J]. 通信学报,2019,40(5):1-12.

[56] Lai Z,Li H,Li J. Starperf:Characterizing network performance for emerging mega-constellations[C]//2020 IEEE 28th International Conference on Network Protocols(ICNP). IEEE,2020:1-11.

[57] Handley M. Delay is not an option:Low latency routing in space[C]//Proceedings of the 17th ACM Workshop on Hot Topics in Networks. 2018:85-91.

[58] Kassing S,Bhattacherjee D,Águas A B,et al. Exploring the "Internet from space" with Hypatia[C]//Proceedings of the ACM Internet Measurement Conference. 2020:214-229.

[59] Bhattacherjee D,Singla A. Network topology design at 27,000 km/hour[C]//Proceedings of the 15th International Conference on Emerging Networking Experiments And Technologies. 2019:341-354.

[60] Del Portillo I,Cameron B G,Crawley E F. A technical comparison of three low earth orbit satellite constellation systems to provide global broadband[J]. Acta Astronautica,2019,159:123-135.

第 **4** 章
异构星群构型设计与优化方法

随着现代航天任务在覆盖范围、响应速度和功能多样性等方面提出更高要求，传统单一功能卫星星座在任务适应性、系统冗余度和服务持续性等方面逐渐显现出局限性。分布式异构星群（Heterogeneous Satellite Clusters）作为面向新一代航天应用的新型系统架构，通过多轨道层协同部署、多类型卫星功能互补的创新模式，构建起具备弹性重构能力的空间感知网络。这种架构不仅能够实现全天候全球覆盖与分钟级快速响应，还可通过可见光、SAR、高光谱等多源载荷的协同观测，形成多维立体的空间信息获取能力，在灾害应急（如台风路径追踪、地震灾损评估）、智慧城市（交通流量监测、基础设施健康诊断）、生态环境（碳汇监测、海洋微塑料追踪）等领域展现出显著优势。其中，星群构型的科学设计与动态优化是决定系统整体效能的核心要素，直接关系到任务完成度、资源利用率和系统生存能力等关键指标。

本章围绕异构星群的构型设计与优化方法展开，首先分析了异构星群的核心特点与优势，阐述了其在多任务、多目标环境下的协同工作模式及系统性能的提升。接着，重点讨论了多种主要的异构星群构型类型，并对各类构型在不同应用场景下的适用性进行了阐述。进一步地，本章探讨了星群构型设计过程中的关键技术和考虑因素，涵盖了轨道设计、卫星平台与载荷集成、通信与数据传输等多个技术领域。通过多目标优化方法和严格的约束条件分析，介绍了在复杂的任务需求和资源限制下进行星群构型的优化设计方法。此外，本章对常见的优化算法在星群构型设计与优化中的应用进行了详细的比较与分析，为未来异构星群系统的智能化、自适应能力提升提供了理论支持和技术指导。通过这些研究，本章旨在为星群设计提供系统化、科学化的框架与方法，以满足现代航天任务的多样化需求，并应对日益复杂的全球任务挑战。

4.1　异构星群构型设计

4.1.1　异构星群特点介绍

在天地一体化通信网络构建、分钟级快速响应遥感监测、厘米级高精度组合导航等空间技术快速迭代的背景下，传统的由单一功能卫星组成的同构化星座系统，正面临多任务并发处理能力不足、系统弹性缺失以及服务连续性受限等严峻挑战。在此背景下，异构星群作为突破传统架构局限的新型空间系统范式，通过多维度异构化设计实现了系统能力的跃升。该架构通常集成通信中继卫星、高分辨率光学卫星、合成孔径雷达卫星、导航增强卫星等异质化节点，这些节点根据功能需求被部署在低轨、中轨、地球静止轨道等不同轨道层,并配置可见光成像、微波探测、激光测距、量子通信等差异化载荷,通过智能化的协同控制算法实现编队构型保持、任务动态分配和资源优化调度,最终形成"1+1>2"的系统协同效应。

在具体实现层面,异构星群通过构建跨轨道层的动态资源池,实现了空间系统效能的革命性提升。低轨卫星凭借其高重访频率优势承担实时监测任务,中轨卫星利用轨道稳定性特点开展持续区域观测,静止轨道卫星则发挥定点凝视能力提供通信中继服务。通过星间激光链路构建的立体化通信网络,配合基于数字孪生的任务仿真系统,可实现卫星资源的弹性组合与动态重构。这种网络化、协同化的空间多智能体系统,使得异构星群在灾害应急响应、智慧城市与公共管理、环境监测与气候变化研究、国土安全防卫等领域成为不可或缺的技术保障并发挥巨大的作用。具体可体现在:

(1)灾害应急响应

当突发性自然灾害(如地震、洪涝、山体滑坡、森林火灾等)发生时,传统地面应急响应体系往往面临三重核心挑战:其一,地面通信基站损毁导致指挥调度链路中断,形成信息孤岛;其二,单一观测手段受云层遮挡、夜间无光等环境制约,难以获取连续可靠的灾情数据;其三,多源异构数据融合处理效率低下,导致灾情评估与救援决策存在数小时至数天的时间滞后。在此类极端场景下,异构星群系统通过天基多维感知与空间信息网络的协同构建,能够有效突破传统应急体系的局限性。

(2)智慧城市与公共管理

在新型城镇化快速推进的背景下,智慧城市运营对高时空分辨率数据获取能力和多维度态势感知技术提出了更高要求。异构星群通过构建天基立体感知网络,为城市精细化治理提供了突破性的技术支撑。该系统通过低轨高分辨率光学卫星实现交通干道车辆级识别,中轨高光谱卫星监测 PM2.5、VOCs 等污染物三维扩散态势,静止轨道红外卫星实施 7×24 小时全域热力图扫描,形成覆盖城市物理空间、生态环境、社会活动的多维度数字镜像。在常态化管理中,异构星群系统通过多源数据融合技术,将交通流量脉冲式变化、能源消耗时空特征、基础设施结构健康度等城市体征指标进行耦合分析,为城市规划者提供基于数字孪生的宏观决策支持。

(3)环境监测与气候变化研究

在全球气候变暖、极端天气频发和生物多样性锐减的严峻形势下,气候变化监测体系面临着传统地面观测站点空间覆盖有限、极地冰川与海洋荒漠等无人区数据缺失以及大气成分三维演变过程捕捉能力不足等核心痛点,而异构星群通过构建天基立体监测网络有效弥补了这些缺陷:其部署于不同轨道的卫星节点搭载高光谱成像仪、多波段合成孔径雷达(SAR)、大气激光雷达等多类型载荷,形成从可见光地表覆盖变化监测到红外辐射能量收支分析、从微波云水含量反演到激光大气成分剖面探测的全谱段观测能力,通过多源异构数据同化技术将海表温度异常、二氧化碳柱浓度、冰川物质平衡等关键气候参数的空间分辨率提升至公里级、时间分辨率缩短至小时级,不仅为评估机构提供高置信度基础数据集,更支撑着碳交易市场监测、生态红线监管、新能源电站选址等具体政策的制定与实施,实现了从宏观气候模型验证到微观环境治理决策的全链条数据赋能。

异构星群突破了传统卫星的星座功能单一性,极大提升了系统的灵活性和可扩展性。其核心设计理念是整合多种类型卫星资源,实现综合效能的最优化,突破了传统单一功能卫星星座的局限,通过异构集成提升系统综合性能和应用范围。此外,异构星群的设计不仅考虑卫星的技术性能,还充分考虑成本效益、运行维护和系统升级等多方面因素,以实现长期稳定运行和持续的服务能力。以下介绍了异构星群的几个核心特点:

(1)多样性与功能互补性

异构星群的最大特点是其多样性,卫星系统包含不同类型的卫星,包括通信卫星、遥感卫星、导航卫星等。这些卫星在载荷、任务和功能上具有差异,但它们能够在任务执行过程中相互协作,形成资源互补和功能叠加的效果。例如,通信卫星可以为遥感卫星提供数据传输通道,遥感卫星可以为导航卫星提供实时的环境监测数据。异构星群中的卫星可以搭载不同类型的有效载荷,执行多种任务,如通信、导航、遥感、气象监测等。这种多样性使得异构星群能够适应不同的应用需求,提供更为灵活的服务。例如,一些卫星可能专注于高分辨率成像,而另一些则可能负责宽覆盖范围的监测任务。通过这种功能上的互补,异构星群能够实现对特定区域的全面覆盖和高效观测。

(2)协同工作与智能化调度

异构星群不仅仅是一个由多颗卫星组成的系统,更是一个能够自主协同工作的智能网络。异构星群内部的卫星通过高度智能化的任务调度和资源共享,能够在短时间内完成复杂的任务。例如,在森林火灾监测中,遥感卫星通过光学成像和SAR成像获取地面数据,通信卫星则通过卫星间链路将数据传输至地面站,确保实时性和完整性。而在此过程中,任务调度系统会根据卫星的可用性、工作状态、传感器能力等因素,动态调整任务分配和执行顺序,优化星群的协同能力和整体效能。异构星群的协同工作能力是实现其高效运行的关键。星群中的卫星需要能够相互通信和协调,以实现数据的共享和任务的协同。这种协同工作能力不仅提高了观测和通信效率,还增强了系统的鲁棒性。例如,当一颗卫星发生故障时,其他卫星可以迅速接管其任务,确保服务的连续性。此外,通过协同工作,异构星群可以执行更为复杂的任务,如多星联动观测和数据融合。

（3）灵活性与扩展性

与传统卫星系统不同，异构星群具有更高的灵活性和扩展性。通过设计灵活的接口和标准，异构星群能够根据任务需求动态调整卫星的数量和功能。例如，在某些特定的任务中，可以临时增加某种类型的卫星，以满足特定的观测需求。而当任务需求发生变化时，星群的构型也能快速调整，甚至可以通过添加新的卫星种类来拓展服务能力。此外，异构星群的设计可以支持不同平台、不同国家、不同技术背景的卫星合作，从而实现跨国界的资源共享和任务协作。异构星群的系统灵活性体现在其对变化需求的快速响应能力。由于星群由不同功能的卫星组成，因此可以根据实际需求调整卫星的配置和任务分配。这种灵活性使得异构星群能够适应不断变化的市场需求和技术进步。例如，在面对自然灾害等紧急情况时，可以快速调整卫星资源，以提供必要的通信和观测支持。异构星群的扩展性是其另一个重要特点。随着技术的发展和新需求的出现，星群可以轻松地添加新的卫星或替换旧的卫星，以保持系统的先进性和服务能力。这种扩展性不仅涉及卫星数量的增加，还包括功能的升级和性能的提升。通过模块化设计，新的卫星可以快速集成到现有的星群中，而不需要对整个系统进行大规模的改造。

（4）高时效性与低延迟响应

低轨卫星作为异构星群架构中不可或缺的组成部分，凭借其特有的近地轨道运行特性，能够有效克服传统高轨卫星系统存在的信号延迟大、重访周期长等固有缺陷。这类卫星通常部署在距地面数百至两千公里的轨道空间，其近距离优势不仅显著降低了通信传输时延，还通过高频次过顶观测实现了对地表动态变化的高时效监测。在异构星群的协同组网架构下，低轨节点与中高轨卫星形成互补：前者利用短周期轨道特性提供分钟级更新的实时数据流，后者则确保广域覆盖和持续监视能力。这种多轨道协同机制使得系统在应对突发任务时，能够通过周期性轨道覆盖持续获取目标状态参数，结合星间链路实现观测数据的在轨融合处理与快速回传，从而构建起从数据采集到决策支持的闭环链路，为应急响应争取关键时间窗口。相较于依赖单一轨道层的传统卫星系统，异构化的多轨道协同架构在保障数据实时性、提升系统响应速度方面展现出显著优势。

（5）全域覆盖与多维感知

异构星群通过多轨道层协同组网与智能载荷配置策略，构建起全天候、全地域的立体监测体系。以全球环境监测为例：在轨道架构层面，采用极轨与倾斜轨道结合的混合星座设计，配合静止轨道节点的定点凝视能力，形成从低纬度城市群到极地冰盖的无缝覆盖网络；在感知维度层面，通过可见光、红外、微波等多谱段载荷的有机组合，实现地表形态、热辐射特征、物质成分等多元信息的同步获取。低轨光学卫星群依托高频次过顶特性实施亚米级地表细节捕捉，静止轨道高光谱载荷持续监测大范围生态环境演变,而极轨合成孔径雷达卫星则突破云雨遮蔽实现全天候地形测绘,这种多源异构感知数据通过星间激光链路进行在轨融合处理,结合深度学习算法自动提取冰川消融速率、城市热岛强度、海洋叶绿素浓度等关键指标,最终形成时空连续的三维环境态势图。通信中继卫星作为信息枢纽,通过多频段抗干扰传输技术,确保多模态观测数据从采集到应用终端的端到端时延控制在分钟级,这种"全球覆盖-多维感知-智能处理-实时传输"的闭环能力,使得单次观测即可同步获取目标区域的光学影像特征、物质成分谱系和动态变化轨迹,显著提升了全球环境监测的时空分辨率和数据完备性。

综上所述,异构星群作为现代航天系统演进的重要模式,通过多模态卫星资源的有机整合与智能协同,构建起具有体系化竞争优势的空间基础设施。其系统架构的先进性体现在四个维度:轨道层多样性实现全球无缝覆盖,载荷异构性支撑多物理场联合感知,功能互补性保障服务连续性,智能协同性优化系统整体效能。这种融合了分布式组网、动态资源调度和自主任务规划的技术特征,使其在灾害应急领域可同步实施灾情评估、通信中继与导航增强,在智慧城市管理中能耦合分析交通流、环境质量与能源消耗等多维数据流。随着星间认知无线电、在轨边缘计算等关键技术的突破,未来系统优化将聚焦于多智能体协同决策架构的构建,通过动态资源分配算法提升星间协作效率,借助模块化平台设计降低星座部署与维护成本,并探索先进分布式传感、太赫兹通信等新型载荷的集成应用。这些技术演进将推动异构星群从当前的任务适应性向环境自适应性跨越,最终形成具备自我优化、自主演进能力的智能空间系统,为应对气候变化监测、天地一体化组网、全球数字孪生构建等复杂挑战提供可扩展、高可靠的天基解决方案。

4.1.2 异构星群主要构型类型

在异构星群中,构型的设计直接影响系统的整体性能和任务完成的效率。通过不同类型的构型设计,异构星群可以适应多样化的任务需求,提高覆盖率、观测能力以及系统的灵活性。以下将详细介绍几种主要的异构星群构型类型,包括统一式星群构型、混合式星群构型、分层式星群构型和弹性自适应星群构型。

(1)统一式星群构型

统一式星群构型的特点在于星群中的所有卫星执行相似的任务,具有基本一致的功能和性能。这类构型的优势在于其设计、管理和控制的简便性,同时能在特定的任务场景中提供高重访和稳定的性能。例如,在对地观测任务中,采用相同类型的遥感卫星可以确保对特定区域进行多次重复观测,从而保证数据的连续性和一致性。统一式星群构型适用于一些需要大规模、重复性观测的场景,如大面积农田的环境监测或全球气候变化的长期监测。这类星群虽然功能单一,但因其成员一致,任务管理效率高,且可以采用统一的控制策略和数据处理模式,这使得统一式星群构型在很多需要重复观测的任务中表现出色。

(2)混合式星群构型

混合式星群构型是由多种类型的卫星组合而成,如遥感卫星、通信卫星、导航卫星等,这些卫星承担着不同的任务,功能互补性强。混合式构型的最大优势在于能够通过不同类型卫星的合作,提升星群整体的服务能力。例如,遥感卫星负责对地面进行观测,通信卫星则负责传输数据,从而实现快速的数据下行和地面接收。在实际应用中,混合式星群构型能够灵活适应多种任务需求,例如在灾害监测场景中,遥感卫星可以提供实时的灾害图像,通信卫星则可以迅速传输这些数据,以支持救援行动。这种构型的多样性可以在资源紧张的情况下实现功能的合理分配,从而提高任务的完成效率和星群的整体效益。

(3)分层式星群构型

分层式星群构型将卫星按照功能和轨道层次进行分类,不同的层次之间相互配合,形成一个多层次、多功能的协作体系。这种构型通常将星群分为不同轨道层次,低轨卫星主要用于对地表的详细观测和数据采集,因其距离地面较近,能够提供高分辨率的遥感数据,同时也具有低时延的优点,适合实时性要求高的任务。中轨卫星通常用于定位和导航任务,提供更广阔的覆盖范围,如导航卫星系统,通过覆盖全球的大范围,可以提供稳定的定位服务。高轨卫星主要用于通信中继和监测任务,能够提供连续的覆盖和数据传输通道,用于长时间不间断的通信服务。各个层次卫星的功能有所侧重,从而形成统一协作的整体系统。这种分层的结构有助于充分利用每个轨道的特点,实现多任务、多目标的协同工作。

(4)弹性自适应星群构型

弹性自适应星群构型的特点在于其动态调整的能力。与其他构型不同,弹性自适应星群可以根据外部环境、任务需求的变化来调整星群的构型和任务分配。这种构型的设计更加复杂,通常需要具备较高的星群协作能力和灵活的姿轨一体化控制策略。在实际应用中,弹性自适应星群可以通过调整卫星之间的相对位置和工作模式来应对外部环境变化。例如,在面对自然灾害时,弹性自适应星群能够通过迅速调整其观测模式,提高对灾区的观测频率,提供更多的实时数据。此外,弹性自适应构型的星群还可以通过增减星群成员的方式来适应任务的复杂性,如增加某一类型的卫星以满足特定任务需求,或者在任务完成后将部分卫星转入待命状态,从而提高系统的资源利用率。

不同类型的星群构型在适应任务需求时具有各自的优势和不足,因此在设计异构星群时,构型的选择设计需要考虑多个因素,包括:

① 任务需求:不同任务对覆盖范围、数据分辨率、传输速度等有不同要求,例

如,全球气候监测需要大范围广域覆盖,而精细农业则需要高分辨率的遥感数据。

② 系统的灵活性与可扩展性:混合式和弹性自适应构型在任务调整和系统扩展方面具有更高的灵活性,适用于任务频繁变化的场景。

③ 成本与复杂性:统一式构型因其设计和管理的简单性,通常具备较低的成本,但在多任务处理方面存在局限;混合式和分层式构型由于需要集成不同类型的卫星,设计和控制较为复杂,但功能性更强,适合复杂任务的执行。

异构星群的构型设计是其功能实现和性能优化的关键。不同的构型类型适用于不同的应用场景和任务需求。在未来的发展中,异构星群的构型将会更加注重系统的智能化和自适应能力,以更好地应对全球日益复杂的环境和任务需求。随着技术的发展和应用的深入,异构星群的构型设计将继续演化,以满足更高效、更经济的空间服务需求。未来的研究将集中在如何进一步优化这些构型,以提高异构星群的性能和适应性。

4.1.3 构型设计的关键技术和考虑因素

分布式异构星群设计是一个多学科耦合问题,在设计过程中需要同时考虑地面需求、星群设计、卫星平台需求、运行维护等多方面的应用需求和设计参数,它们之间存在较为复杂的耦合关系。设计过程中需要综合考虑轨道配置、卫星平台与载荷集成、任务调度与资源分配等多方面的因素。以下是设计异构星群构型时需要重点关注的几个关键技术和要素:

① 轨道设计与优化。轨道参数(如轨道高度、倾角、偏心率等)直接影响卫星的覆盖范围和观测能力。在异构星群中,不同类型的卫星可能需要布置在不同轨道上,以实现对特定区域的多维度、多频次的覆盖。例如,低轨卫星通常负责细节观测,而中轨和静止轨道卫星则负责全球覆盖和中继通信。轨道优化技术,如遗传算法、蚁群算法等,被广泛应用于调整轨道参数,以最小化燃料消耗、降低轨道维持成本并最大化覆盖区域的重访率。

② 卫星平台和载荷集成。异构星群中的卫星必须搭载不同类型的载荷,以满足不同的任务需求,如遥感、通信、导航等。卫星平台设计必须具备足够的灵活性,以支持不同载荷的集成,并具备扩展能力,以应对未来载荷升级或替换的需求。此外,卫星平台的电源、通信、数据处理和存储等系统也必须满足高效运行的要求。

③ 通信与数据传输。星群中的卫星必须通过星际链路实现数据传输和状态共享,这要求设计高效的通信系统。在大规模分布式星群中,通常通过无线电频率或激光通信建立卫星间的链路,确保数据的稳定传输。通信频率、调制解调技术及数据传输协议的选择至关重要,同时,还必须考虑链路的可靠性、安全性和抗干扰能力,以确保在复杂环境下的通信能力可靠性。

④ 任务分配与资源管理。任务分配必须考虑不同卫星的功能、载荷能力和实时状态,确保任务按优先级合理分配。尤其是在应急任务中,如灾害监测,星群的资源调度必须具备高度的灵活性和适应性。例如,智能调度系统可以根据任务需求和卫星的能量状态动态调整任务分配,确保在卫星功能最优时完成最紧急的任务。

⑤ 系统可靠性与冗余设计。由于异构星群的复杂性,卫星的失效模式及故障对整个系统的影响必须考虑。冗余设计可以通过增加备份卫星或任务并行执行来提高系统的容错能力。例如,关键任务可以由多颗卫星同时执行,即使某颗卫星失效,也不会影响任务的完成。此外,通过自主控制和分布式协同控制策略,星群可以在出现故障时快速调整,保持系统的整体稳定性和韧性。

⑥ 地面控制与运营成本。地面控制基础设施的设计直接影响到卫星的运营效率和成本。在构型设计中,需要优化地面站的布局、卫星跟踪、数据处理与分发系统,以降低运营成本并提高系统的经济性。这对于大规模异构星群尤为重要,因为星群中不同类型的卫星可能需要不同的地面支持系统。

根据任务需求,以异构星群各阶段星群构型为设计变量,以星群性能及构建成本为收益函数,考虑层间链路、载荷视场、载荷效能、卫星平台、轨道及星群数量等多约束条件,并考虑星群与应用环境和空间环境的耦合,采用聚优重构理论的大规模星群设计方法,合理设计星群规模和构型,实现实时多维、高频重访等任务目的,并能够针对不同区域目标合理配置星群资源[1]。

分布式异构星群架构设计结构矩阵如图 4-1 所示。

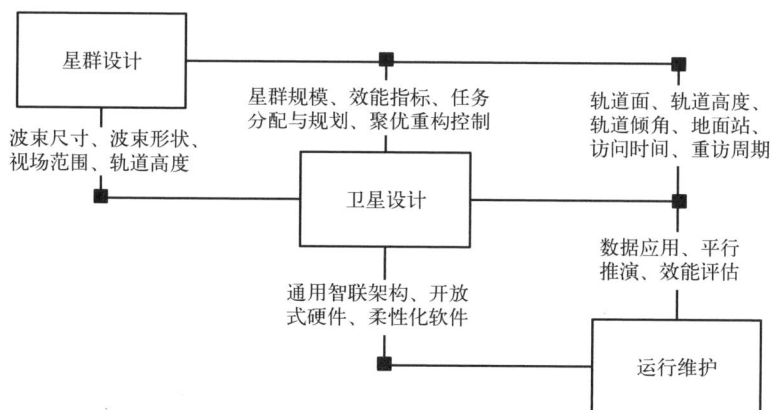

图 4-1 分布式异构星群架构设计结构矩阵

由于异构星群的构成卫星数量多,因此在星群发射部署的过程中,需要着重考虑系统的全生命周期成本。对于复杂卫星星群而言,其全生命周期成本可以表示为

$$C_{LCC} = \sum_{i}^{N} C_{manuf,i} + \sum_{j}^{M} C_{launch,j} + C_{opera} \times T_{L} \qquad (4\text{-}1)$$

式中，C_{LCC} 表示系统的全生命周期成本；$C_{manuf,i}$ 表示第 i 颗卫星的生产成本；N 表示系统中最终包含的卫星数量；$C_{launch,j}$ 表示第 j 批的发射成本；M 表示构建星群所需的发射批次总数；C_{opera} 表示系统的运行维护成本；T_{L} 表示系统寿命。

关于发射成本、维护成本、系统寿命等影响设计的重要参数，均需要在搜集到大量数据的情况下进行大数据分析，得到较为准确的估计。

受限于目前运载水平，异构星群需要分批次、分阶段进行部署，如图 4-2 所示。根据每个阶段不同区域的用户需求，调整星群设计的全生命周期成本模型，达到合理配置星群资源的目的。同时，异构星群可以采用发射成本低廉的一箭多星或搭载发射的方式进行部署，因此在每一个优化周期中都可以根据新加入可选择的部署方式及发射机会，进一步降低星群成本。

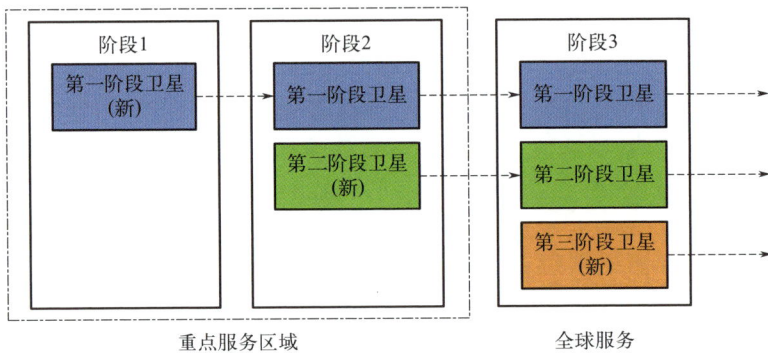

图 4-2　分批次异构星群部署示意图

从卫星工程角度，卫星设计涉及卫星本体、运载、发射、测控和应用等系统；从卫星本体角度，卫星设计包含有效载荷、轨道、控制、推进、结构、构型、电源、热控、数管、测控等传统学科，还涉及性能、制造、成本、可靠性等非传统学科，复杂异构星群系统设计包含总体方案设计和综合设计，涵盖了任务分析、概念设计、可行性方案论证、详细方案设计、研制技术流程制定、初样设计和正样设计等内容[2-5]。卫星星群设计是顶层设计和综合设计，直接关系到系统的性能、可靠性、费用和效能等。由于系统涉及领域的复杂性、优化准则的模糊性、方案类型的多样性以及耦合关系的复杂性，决定了卫星星群设计要经历多个设计阶段逐步细化和反复迭代逼近、多次的学科分解和集成，主要包括以下内容：

① 星群覆盖分析模型建立：采用点数字仿真方法计算星群的覆盖特性。抽取区域内的若干点，通过数字仿真计算各点的覆盖特性，并进行统计，给出对区域的覆盖特性。

② 需求分析模型建立：采用自底向上的建模方法，由各分系统的模型组成卫星分析模型。

③ 推进分系统分析模型建立：若卫星星群组成卫星通过运载火箭直接入轨，不需要进行轨道转移，因此 ΔV 预算只需要考虑高度维持等部分。

④ 卫星星群成本模型建立：成本包括研究、开发、试验及评估成本和生产成本。由于巨型星群由大量卫星构成，因此计算成本时还需要考虑学习曲线的存在，即 $y_x = y_1 x^z$。其中，y_x 表示第 x 个卫星单元的生产成本，$z = \ln b/\ln 2$，b 表示学习曲线常数。

⑤ 卫星发射成本模型建立：一次发射最多能携带的卫星数目受到随轨道高度的增加而减少，同时也受到卫星尺寸与运载器整流罩尺寸的限制。在一箭多星发射时，这些卫星还必须位于同一轨道面内，因此还受到星群同一轨道面内卫星数目的约束。运载能力约束按运载火箭的运载能力曲线对星群轨道高度和轨道倾角插值计算。根据星群的轨道高度、轨道倾角、各轨道面的卫星数目、卫星的尺寸、重量、运载器整流罩的尺寸等参数，综合考虑运载能力限制、几何约束和同轨道面发射的约束可以确定星群部署需要的最少发射次数，星群发射的总费用就是发射次数乘以单次发射的费用。

4.2　异构星群性能分析模型

4.2.1　性能分析指标

在完成分布式异构星群的构型之后，需要提出合理的分析评估指标用于判断并评估星群构型的性能。对于异构星群，分析指标涵盖了对观测能力、覆盖范围、系统响应时间、可靠性、协同工作效率等方面的评估。下面对几种关键性能分析指标进行阐述，具体包括覆盖性能、重访时间、系统响应时间、资源利用率和协同工作效率等。

（1）覆盖性能

覆盖性能是衡量卫星星群对地观测或对地数据传输能力的重要指标，通常包括全球覆盖率和局部覆盖率两个方面。覆盖率是指在给定时间段内，某区域被卫星系统覆盖的概率。覆盖性能直接受星群的构型和轨道高度的影响。为了实现最佳的覆盖性能，通常通过调整卫星的轨道倾角和轨道平面之间的相对相位来优化星群的几何布局。全球覆盖指整个地球表面在一定时间内均能被星群中的卫星观测到，而局部覆盖则侧重于特定目标区域的覆盖。在一些灾害应急响应任务中，局部覆盖的效果至关重要,这需要优化卫星构型以确保对特定区域的重访率。此外,载荷覆盖角度和轨道高度对覆盖性能有显著影响,例如更高的轨道通常能够实现更大范围的覆盖,但观测分辨率会有所降低。

(2)重访时间

重访时间是指星群中的某颗卫星再次观测同一目标区域所需的时间间隔。重访时间的长短决定了星群对目标区域的持续监测能力,尤其是在动态监测和快速响应的应用中,如灾害应急管理中要求重访时间尽可能短,以保证对灾情的实时掌握。在星群性能分析中,重访时间是评估星群构型是否适合于动态监测的核心指标之一。为了缩短重访时间,卫星星群的轨道高度和数量需要合理配置。例如,采用不同轨道层次的组合(如低轨与中轨)可以有效降低重访时间,同时保证不同种类信息的获取。

(3)系统响应时间

系统响应时间(System Response Time,SRT)是指从地面请求提交到卫星完成任务并将数据传回地面的整个过程所需的时间。快速响应时间对于灾害监测、应急通信等任务至关重要。系统响应时间由多种因素决定,包括卫星的轨道配置、与地面站的链路质量以及卫星之间的数据传输效率。采用建立星间链路的方式,使卫星节点之间利用多跳进行数据传输,可以显著降低卫星的数据下行延迟,从而缩短系统响应时间,使得任务数据能够更快地回传地面。

(4)协同工作效率

异构星群协同工作效率衡量了不同类型卫星之间协作完成任务的能力。这种协作可以体现在以下几个方面:

数据共享与传输:例如,遥感卫星在获取地面数据后,可以通过通信卫星将数据迅速传送至地面站。这样的协作方式提高了整个系统的数据处理效率。

多载荷协同观测:不同类型的载荷(如光学成像、合成孔径雷达等)之间的协同观测可以提供更为全面的观测数据,进而提高对地面目标的感知能力。

实现高效的协同工作需要不同卫星之间具备高效的通信链路,以及对协作执行任务的卫星资源的智能化调度和分配。

(5)资源利用率

在资源受限的异构星群中,资源利用率也是关键的性能指标。资源利用率评估了卫星对其有限的能源、功率和通信带宽等资源的使用效率。在异构星群中,不同卫星通常具有不同的能耗和载荷需求,合理的资源管理策略能够确保系统长时间稳定运行。

例如,遥感卫星在执行高功耗成像任务时,需要合理安排任务的执行时机,以减少对电池和太阳能板的负荷。通过智能化的任务调度系统,可以根据各卫星的能源状态和任务需求,动态调整任务的执行顺序,以提高整体的资源利用率和任务完成率。

（6）系统可靠性与容错性

系统可靠性和容错性是评估星群性能的重要指标,尤其是在复杂空间环境中,卫星可能会因辐射、碰撞等原因失效。一个可靠的异构星群应具备较强的容错能力,以确保即使某些卫星失效,系统依然能够正常运作。

例如,关键任务可以同时由多颗卫星执行,以确保即使某颗卫星出现故障,也不会影响任务的顺利完成。当系统中的某颗卫星失效时,星群应具备快速调整构型和任务分配的能力,如通过重新配置在轨卫星来代替失效卫星,从而保证任务的连续性和系统的鲁棒性。

以上性能分析指标涵盖了异构星群构型设计中需要重点关注的各个方面,包括覆盖性能、重访时间、系统响应时间、协同工作效率、系统可靠性及资源利用率等。在具体的星群设计过程中,需要根据任务需求对这些指标进行综合优化,以实现系统整体性能的最优。通过合理的构型设计与优化,异构星群可以更好地满足复杂多样的任务需求,实现高效、可靠的对地观测和通信服务。

4.2.2　性能分析模型的建立方法

异构星群性能分析模型的建立是评估系统构型设计、任务执行能力和整体协同性能的关键。通过建立科学、合理的性能分析模型,可以为异构星群的设计、优化和管理提供理论依据。以下是性能分析模型建立的主要步骤及其相关的关键技术。

（1）模型框架的构建

性能分析模型的构建通常始于对问题进行明确的描述,包括星群的几何配置、卫星的类型和功能、任务需求以及系统运行环境等。对于异构星群来说,由于包含不同类型的卫星,系统的复杂性相对较高,因此模型框架的构建需要兼顾多个方面的性能指标,如覆盖率、重访时间、系统响应时间、协同工作效率等[6]。

在建立星群的几何构型模型后,包括卫星的轨道类型（如低轨、中轨、高轨）、轨道参数（如倾角、轨道高度、轨道平面相位角等）以及卫星的分布方式。通过数学方式描述卫星的空间位置,可以为后续的覆盖性能和重访时间的计算提供基础。模型需要涵盖卫星的功能特性,如遥感卫星、通信卫星和导航卫星的有效载荷类型、数据采集能力、传输速率等。不同卫星的功能差异是实现多样化观测和全方位覆盖的基础,也是异构星群区别于传统星群的重要特点。

（2）性能函数与约束条件的定义

在性能分析模型中,性能函数用于描述异构星群系统的综合性能,而约束条件则用于确保仿真的结果符合实际应用中的各种限制条件。性能函数的定义取决于星群任务需求。对于异构星群，典型的性能函数包括重访时间、覆盖率、综合能耗、协同效率等。在复杂任务中，通常需要多个性能函数来共同描述系统的综合性能。

约束条件通常包括轨道物理约束、卫星间的最小距离、燃料消耗限制等。例如，在星群重构时，需要保证卫星的轨道变动不超过预设范围，以节省燃料并避免碰撞。约束条件可以通过数学不等式或等式的形式来表示。例如，对于能耗约束，可以建立能量消耗与轨道机动之间的关系模型，确保总能耗在可接受的范围内。

（3）多层级仿真与验证

在建立性能分析模型后，通常需要通过仿真来验证模型的有效性和可靠性。仿真可以帮助发现模型中的不足之处，并对模型进行相应的改进。可以使用MATLAB、STK等仿真工具来构建异构星群的仿真环境。仿真环境应包括星群的动态模型、通信链路模型以及任务调度模型等。通过仿真得到的结果，可以对模型的性能指标进行评估。如果仿真结果与预期不符，则需要对星群重新进行优化设计。这可能包括对参数的重新设定、对优化算法的改进等。例如，可以通过增加卫星数量或调整卫星的轨道配置来提高覆盖性能。

此外，为了更精确地分析异构星群的性能，通常需要进行多层级建模和协同仿真。多层级建模可以将复杂的星群系统分解为多个层次，每个层次分别进行建模和仿真，从而简化模型的复杂性并提高仿真精度。在轨道层级，主要关注卫星的轨道动力学特性和相对位置的变化，通过高精度轨道动力学模型来描述卫星的运动行为。在通信层级，建立卫星之间和卫星与地面之间的通信链路模型，以评估通信质量和数据传输的可靠性。在任务层级，建立任务分配和调度模型，用于分析系统的任务响应能力和协同工作效率。

通过多层级建模，可以从整体到局部全面评估星群的性能，揭示系统运行中的关键影响因素，从而为系统的优化设计提供依据。

4.2.3   性能分析模型案例

本小节以星群对地覆盖时的性能分析作为案例场景。在该场景中，卫星与地面站进行数据交换，遥感卫星对地成像以及导航卫星定位及授时功能都涉及卫星对地覆盖分析。目前大多数星群优化设计和分析都是基于卫星对地的可视性计算实现的。目前最常用的网格点法分析卫星星群对地覆盖性能受到网格大小及卫星数量的限制，对于单星覆盖面积很小的大规模星群分析时间较长。传统经纬网格随着地球纬度的升高，不同纬度圈上相同经度差的两点距离会越来越近，因此，等经度分割会使特征点的分布随纬度的变化而变得不均匀。为了提高划分网格的精度要求,利用纬度带上采样的网格点数与该纬度的余弦成正比加以修正,在不增加计算量的前提下使得网格划分区域更加均匀;为了突出某些重点区域的覆盖性能,可以赋予某些重要采样点不同的权值,也可以通过文件输入网格点权值,区别评价星群对于不同区域的覆盖性能[7-9]。

　　星群覆盖性能快速分析问题的核心是减少星地、星间关系的重复计算,以及寻找星群构型的最差覆盖区域位置及出现情况。因此,需要针对大规模星群覆盖性能快速分析评估方法进行研究,同时结合成本、载荷、发射部署等多方面性能指标,给出大规模星群的系统性能评估方法。根据卫星对地覆盖几何特性,可以采用基于球面德洛内(Delaunay)三角网和沃洛诺伊图(Voronoi diagram)性质的星群覆盖快速判定方法。

　　如图 4-3 所示,德洛内三角网是一系列相连的但不重叠的三角形的集合,且这些三角形的外接圆不包含这个面域的其他任何点。它具有两个特征:

　　① 每个德洛内三角形的外接圆不包含面内的其他任何点,称之为德洛内三角网的空外接圆性质,这个特征已经作为创建德洛内三角网的一项判别标准。

　　② 最大最小角性质:每两个相邻的三角形构成的凸四边形的对角线,在相互交换后,六个内角的最小角不再增大。

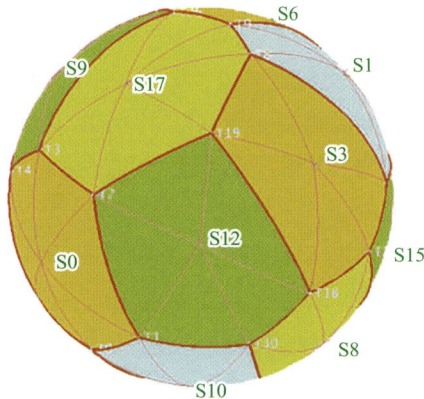

图 4-3　球面德洛内三角网和沃洛诺伊图

　　对于一个由轨道高度相同的圆轨道卫星构成的星群,已知 A、B、C 是该星群中任意 3 颗星的星下点,要保证 3 颗卫星围成的球面区域内任意一点都能被覆盖,只需要确保△ABC 内,距离所有顶点最远的点 P 被覆盖。显然,P 点为△ABC 的外接圆圆心。

　　设星群中卫星的星下点集合为 $P=\{p_1,p_2,\cdots,p_N\}$,构成的球面德洛内三角

剖分为 T，对于任意三角形 $\triangle abc \in T$（顶点为 a、b、c），其覆盖冗余条件需满足

$$R_{\text{circum}}^{s}(\triangle abc) \leqslant \rho, \forall t \in [0, T_{\text{period}}] \tag{4-2}$$

式中，$R_{\text{circum}}^{s}(\triangle abc)$ 为球面外接圆半径，km；ρ 是单星载荷覆盖半径；T_{period} 为星群周期。

对于球面三角形 $\triangle abc$，外接圆心 o 满足

$$d_s(o,a) = d_s(o,b) = d_s(o,c) \tag{4-3}$$

式中，$d_s(\cdot)$ 为球面距离（单位：弧度），有

$$d_s(\boldsymbol{p}_i, \boldsymbol{p}_j) = \arccos(\boldsymbol{p}_i \cdot \boldsymbol{p}_j) \tag{4-4}$$

其外接圆半径为

$$R_{\text{circum}}^{s} = \max(d_s(o,a), d_s(o,b), d_s(o,c)) \tag{4-5}$$

为简化计算，定义局部覆盖冗余度：

$$\gamma = \frac{\rho}{R_{\text{circum}}^{s}} \tag{4-6}$$

其中，要求 $\gamma \geqslant 1 + \grave{o}$。$\grave{o}$ 为安全余量因子，通过此判据可动态调整卫星构型。

由此可见，对于由 N 颗星构成的大规模卫星星群，在任意状态下的空间几何构形剖分成若干个相邻且互不相交的球面三角形。若在整个星群重构周期内的任意时刻该条件都满足所有球面三角形半径均小于卫星覆盖半径，则表明该卫星星群能够实现全球范围内一重连续性覆盖。

由上述分析可见，星群对地覆盖问题可以转换为多个独立的单星对其所属覆盖区域的覆盖问题，并且生成的卫星所属覆盖区域是球面大圆弧段和小圆弧段围成的多边形区域，因此，卫星对其所属覆盖区域的覆盖计算，就可以归结为卫星实际覆盖圆与其所属覆盖区域的相交性的分析和两球面圆的相交区域计算。由于德洛内三角网的唯一性及最优性，只需要判定外接圆半径最大的 3 颗卫星是否满足覆盖条件，就可以判定整个大规模星群对于目标区域的覆盖情况，且目标区域的形状和大小对计算时长均没有影响。

在获取大规模星群覆盖性能后，可采用系统分析法、解析法、仿真法、专家法及模糊隶属度等方法获取其他指标评估值。各个指标的具体获取方法依据其具体的物理含义和特性确定，与网络有关的指标可通过网络分析或蒙特卡洛法模拟统计获得，如传输时延、互联互通能力等指标。部分定量性能指标可通过分析具体的卫星通信系统性能，利用该指标的具体计算模型直接获得，如影响传输速率、误码率的几个性能指标。定性指标可利用模糊数学隶属度表示或由专家直接给定经验估计值，如抗干扰能力、信息安全与保密能力的部分性能指标。

4.3 星群构型设计优化方法

4.3.1 构型设计的优化目标与约束条件

对于异构星群,其优化设计需要在满足多种任务需求的同时,克服资源、通信等多方面的挑战。因此,构型设计的优化目标和约束条件对于星群整体性能的实现和评估具有极其重要的作用。本小节从优化目标、约束条件、多目标优化的平衡策略及未来的研究方向等方面进行深入讨论。

优化目标的设定直接关系到星群的任务性能和整体协作效率,主要涵盖覆盖性能、重访时间、能量消耗、通信能力及任务分配等多个方面。在多样化和复杂化的任务背景下,这些优化目标的平衡是构型设计的关键所在。

(1)覆盖性能优化

覆盖性能是卫星星群构型设计中的首要优化目标之一,其直接影响对地观测和通信服务的有效性。覆盖性能可通过多个维度进行量化,包括:

覆盖率:最大化星群在目标区域的空间覆盖范围,确保所有关键区域在任务周期内均能被观测到。这对于应急响应和对地监测等任务尤为重要。

覆盖时间和覆盖间隔:优化覆盖的时间分布,尽量缩短目标区域未被观测的时间间隔,从而实现对关键区域的持续监控。

(2)重访时间优化

重访时间是评估星群动态监测能力的重要指标,指某一区域再次被星群中的卫星观测的时间间隔。最小化重访时间有助于提升系统的快速反应能力,特别是对于灾害监测和应急救援等任务,其目标是确保在短时间内对同一区域进行多次观测。

(3)通信能力优化

异构星群中部分卫星承担着数据传输和中继的任务,因此优化通信链路的覆盖范围、提升链路带宽及减少延迟也是构型设计的目标之一。尤其是星间链路的设计,直接影响到卫星之间的协同工作和数据传递效率[10]。

(4)能量消耗与轨道机动优化

异构星群中每颗卫星的能源管理对于延长星群的整体在轨寿命具有重要意义。优化设计中的一个核心目标是最小化轨道机动的次数及能量消耗,以便降低任务执行过程中的功耗并提升卫星的工作效率。

（5）任务分配的公平性和效率优化

合理的任务分配是星群实现高效协同工作的基础，特别是在异构星群中，各卫星因携带的载荷不同，任务需求也不同。因此，优化设计应确保任务在各类卫星之间的公平分配，以提升系统整体的利用率和任务完成的效率[11]。

分布式异构星群构型优化设计中的约束条件主要用于确保优化方案的实际可行性，既包括物理与技术的限制，也涵盖任务需求和系统成本等方面。

（1）轨道约束

卫星的轨道参数对星群的几何布局和覆盖性能具有决定性作用，包括轨道高度、倾角、半长轴等。在设计过程中，轨道参数需要满足任务覆盖要求，并避免因轨道重叠而导致的碰撞风险。尤其是对于异构星群中的多轨道卫星，其轨道设计需要考虑各类卫星的功能定位及协同覆盖的需求。

（2）载荷能力与任务要求约束

星群中每颗卫星所携带的载荷不同，因此在构型设计时必须考虑这些载荷的功能和能力。各类载荷对地观测的分辨率、通信能力等均存在差异，必须确保设计出的星群构型能够充分发挥各类载荷的作用，从而满足对不同任务的需求。例如，通信卫星必须具备足够的带宽来完成数据中继，而遥感卫星则须具备满足任务精度的成像能力[2]。

（3）地面站与通信条件约束

构型设计还需考虑与地面站之间的通信链路约束。卫星与地面站之间的通信受限于可见窗口的时长、带宽及链路的可靠性等因素，因此星群设计需确保通信链路的稳定性，尤其是数据下行频繁的任务，需要对地面站的地理区域分布进行合理规划[10]。

（4）能量约束

卫星的能源供给受到太阳能电池板和电池组的能力限制。构型设计必须确保卫星在执行任务时不会因能源枯竭而中断工作。对于执行高功耗任务的卫星，如带有高分辨率成像设备的遥感卫星，需合理规划任务的执行顺序和时机，以保证能源的可持续供给。

（5）经济性与可持续性约束

构型设计必须在性能与成本之间找到合理的平衡。增加卫星数量虽然可以提高覆盖率和重访频率，但会增加发射和维护成本。因此，优化设计需确保在尽可能低的成本下实现性能目标，这涉及卫星的数量、发射方式、在轨维护等多方面的规划[12]。

4.3.2　构型优化算法及其应用

在卫星星群的构型设计优化方法中，优化算法的选择至关重要，决定了整个星群的布局、覆盖性能和资源的利用效率。对于异构星群的构型设计,因其复杂的多目标、多约束特性,采用适当的优化算法能够有效提高设计效率,并使系统在执行多样化任务时达到最优状态。本小节将介绍几种典型的优化算法,包括遗传算法(GA)、粒子群优化算法(PSO)、差分进化算法(DE)及它们在星群构型设计优化中的应用对比。

(1)遗传算法及其改进

遗传算法是一种通过模拟自然选择和遗传进化机制而形成的现代随机搜索算法。遗传算法利用编码空间来替代星座系统任务的参数空间,并将适应度值作为选择新种群个体的依据。它还运用选择、交叉和变异三种基本操作来建立一个迭代过程,该过程会不断重复,直至收敛到最优解集。它具有隐式并行性以及全局解空间搜索能力,且具备良好的鲁棒性,在星座设计优化问题中有着广泛的应用。通常情况下,其数学模型如下:

$$
\begin{cases}
GA = (C, f, P_0, N, S, \Gamma, \Psi, T) \\
v_{id}^{t+1} = v_{id}^t + c_1 r_1 (p_{id}^t - x_{id}^t) + c_2 r_2 (p_{gd}^t - x_{id}^t) \\
x_{id}^{t+1} = x_{id}^t + v_{id}^{t+1} \\
v_i^t = (v_{i1}^t, v_{i2}^t, \cdots, v_{id}^t) \\
v_{id}^t \in [v_{\min}, v_{\max}] \\
x_i^t = (x_{i1}^t, x_{i2}^t, \cdots, x_{id}^t) \\
x_{id}^t \in [l_d, u_d] \\
p_i^t = (p_{i1}^t, p_{i2}^t, \cdots, p_{id}^t) \\
p_g^t = (p_{g1}^t, p_{g2}^t, \cdots, p_{gd}^t) \\
1 \leqslant i \leqslant m \\
1 \leqslant d \leqslant D
\end{cases}
\tag{4-7}
$$

式中,C 为编码方法;f 为适应度函数;P_0 为初始种群;N 为种群规模;S 为选择操作;Γ 为交叉操作;Ψ 为变异操作;T 为算法终止条件。

水浩然等人[13]利用遗传算法对星群配置种群进行优化,以获取观测效能强且重访周期短的卫星个体。这些卫星被用于组建星群网络,同时也用于提高星群对目标区域的覆盖范围和观测精度。李怀建等人[14]运用遗传算法和传统覆盖区域法同时开展星群设计与配置优化工作。与传统覆盖区域法相比,遗传算法能够获得更少的轨道数量、更少的卫星总数,却能拥有更多的覆盖权重、更低的位置精度因子(PDOP)以及更高的可用覆盖范围,这验证了遗传算法在星群优化设计中的实用性。邓武东等人[15]在遗传算法的基础上提出了一种体现"保优思想"的保优算子,即父代种群中一些适应度良好的个体(并非一个)会被保留到子代种群中。这一思想使得所建立的模型收敛速度更快,且所需计算量更小。Hitomi 等人[16]在模型中使用可变长度染色体来表示卫星星群,并运用两种特殊算子来处理可变长度染色体,同时借助自适应算子选择器在优化过程中不断调整搜索策略。星群设计的目的是同时使全球平均接入时间、星群中的卫星数量以及卫星的平均半长轴最小化。结果表明,使用可变长度染色体进行搜索比使用固定长度染色体进行搜索少用数千次函数评估,并且能够获得质量更高的解。Savitri 等人[17]将遗传算法和半解析数学方法相结合,在搜索星群设计问题的优化方案时,通过使用快速非支配排序和拥挤距离分配来尽量减少计算负荷和计算时间。

目前,在星群设计领域对遗传算法的改进大多是为了弥补简单遗传算法容易陷入局部最优且收敛速度慢的缺陷。作为一种典型的改进算法,快速非支配排序遗传算法(NSGA-Ⅱ)在星群设计优化中得到广泛应用。Ferringer 等人[18]利用NSGA-Ⅱ算法生成了星群设计的帕累托最优解集。经过全面的参数分析,他们获得了一种能在多个相互冲突的目标之间进行权衡的星群设计优化方法。曾喻江[19]提出了一种基于多目标遗传算法(MOGA)的无配置约束方法的星群设计方案。在卫星导航、卫星通信、对地观测以及其他卫星星群设计中运用 NSGA-Ⅱ算法的优势在于,它能够根据实际任务需求增加、删减或修改系统性能评估指标。此外,所提出的方法将弥补传统模型的缺陷,由于范艾伦辐射带的存在,卫星轨道参数具有不连续且不可微的特点。

遗传算法及其改进算法由于相较于传统方法具有诸多优势,因而在星群设计中得到广泛应用。然而,就目前的研究进展来看,仍然存在诸多不足之处:其编码方法难以充分表达星群设计的约束条件,并且容易陷入早熟收敛以及局部最优的情况,同时计算量较大,计算耗时较长。

(2)粒子群优化算法及其改进

粒子群优化算法(PSO)近年来经过一系列改进后,已在星座设计优化领域得到广泛应用。该算法模拟了自然现象中鸟类觅食的过程。通过引入两个数学变量(个体学习因子和社会学习因子),每只鸟在飞行时都能够知晓自身及其鸟群的最优位置。假设在目标搜索空间中有一个粒子群,其中粒子的空间属性可以用位置和速度来表示,粒子群优化算法的一般建模公式如下:

$$\begin{cases} x_{id}^{t+1} = x_{id}^{t} + v_{id}^{t+1} \\ v_{id}^{t+1} = v_{id}^{t} + c_1 r_1 (p_{id}^{t} - x_{id}^{t}) + c_2 r_2 (p_{gd}^{t} - x_{id}^{t}) \end{cases} \tag{4-8}$$

式中,$x_{id}^{t+1} = x_{id}^{t} + v_{id}^{t+1} x_{id}^{t}$ 表示粒子的位置,且 $x_{id}^{t} \in [l_d, u_d]$。$v_i^t = (v_{i1}^t, v_{i2}^t, \cdots, v_{id}^t)$ 表示粒子的速度,且 $v_{id}^{t} \in [v_{\min}, v_{\max}]$。$p_i^t = (p_{i1}^t, p_{i2}^t, \cdots, p_{id}^t)$ 表示个体的最

优位置。$p_g^t = (p_{g1}^t, p_{g2}^t, \cdots, p_{gd}^t)$是种群的最优位置，$r_1$ 和 r_2 是 $0 \sim 1$ 之间的随机值。$1 \leqslant i \leqslant m$，$1 \leqslant d \leqslant D$。

刘明等人[20]将 PSO 与解析方法相结合，用以解决不规则区域的连续覆盖问题，展现出了良好的收敛性。Wang 等人[21]采用混合重采样粒子群优化（HRPSO）算法，为星群设计提供了更高的效率。为了克服 PSO 算法的缺点，研究者们提出了结合多种重采样方法和 PSO 算法的 HRPSO 算法用于星群设计优化。蒙波等人[22]对传统粒子群优化算法进行了改进，在星群优化设计中采用了一种结合自适应变异和非线性单纯形法的高效粒子群优化算法。在传统算法的基础上，实施改变全局极值的自适应变异操作，然后运用单纯形法进行局部精细搜索，在一定程度上克服了传统粒子群优化算法容易过早收敛以及陷入局部最优的缺陷。

由于遥感卫星星群对时间分辨率要求较高，当使用 PSO 来求解相关模型时，很难用明确的解析表达式计算星群卫星的平均重访时间间隔，这就导致计算时间长且计算负荷大。沈欣等人[23]重新定义了种群更新规则，用更优粒子的历史最优值来替换它们（原粒子）的历史最优值，并用所有粒子的平均值替换个体最优值，这有效地提高了算法的收敛速度和全局搜索能力。

Wang 等人[24]提出的混合重采样粒子群优化算法借鉴了粒子滤波器的重采样思想，并采用分组重采样方法，即按照粒子的权重对粒子进行分组，还设定了阈值，丢弃权重小于阈值的粒子。在三个关键问题上进行了创新：粒子权重的确定、重采样方法的选择以及重采样后粒子速度的确定，这使得该算法在单峰函数和多峰函数方面都能取得更好的效果。

（3）差分进化算法及其改进

作为一种结构简单、鲁棒性强的启发式并行搜索算法，差分进化算法（DE）只需调整少量参数，在星群设计优化中具有较快的收敛速度。凭借其出色的优化性能，它已逐渐成为解决星群优化问题的热门算法之一。对于差分进化算法在星群设计领域的改进策略，通常是通过控制参数设置、选择新的进化策略、优化种群结构以及引入其他算法或解析方法相混合的方式，来解决收缩停滞和早熟收敛等问题[25]。

徐哲宇等人[26]利用差分进化算法对导航增强型区域 Flower 星群以及 GEO/IGSO 轨道混合区域导航星群[27]的设计进行了优化。通过预先设定星群配置框架以缩小优化搜索空间，并将几何精度因子设为目标函数，旨在部署更少的卫星来实现更好的导航效果。然而，在模型建立过程中，诸如大气阻力和范艾伦辐射带等约束条件被忽略了，而且最终的星群配置需要从实用性角度加以考量。

在轨受损星群卫星的重构也是一个实际的星群设计优化问题。重构后的星群配置直接决定了其未来的性能表现。赵双等人[28]将重构时间、重构能量、重构平衡性以及重构配置可恢复性设为目标函数来解决这一问题,并利用差分进化算法对重构配置进行了优化。

Aggarwal等人[29]运用差分进化技术取代了传统的网格搜索方法。他们提出了一种具有可变覆盖重数的全球及区域连续覆盖星群设计方法,克服了Walker星群设计策略会产生多重冗余覆盖的局限性。

差分进化算法在静态简单星群设计优化问题中应用广泛,但在实际的动态在轨服务星群设计优化问题中,差分进化算法的早熟收敛和搜索停滞现象限制了其优化能力及实用性。随着研究的深入,混沌理论与协同量子的引入使得差分进化算法从静态优化向多目标动态优化发展。若要在星群设计优化中运用差分进化算法,就应当从如何适应环境的快速变化以及快速预测种群优化方向入手,并引入其他方法和理论来对该算法进行改进。

(4)其他启发式优化算法

魏蛟龙等人[30]运用了蚁群优化算法(ACO)并对其进行了改进。在连续域中,他们定义了新的蚁群策略和转移策略,以此来考虑多目标优化问题中各目标之间不相容的特性,进而实现对星群参数的优化。姜兴龙等人[31]使用了基于约束占优的改进非支配近邻免疫算法,从收敛速度和多样性两个方面的约束出发,对星群设计问题进行优化。该算法不仅提高了覆盖均匀性和覆盖次数,还减少了满足任务要求的卫星总数及系统成本。于彦君等人[32]对模拟退火算法以及等面积网格点覆盖方法进行了改进,设计出了一种能够满足不规则区域成像全覆盖的卫星星群配置优化方法。

表4-1总结了在异构星群设计优化领域,主流的优化算法的特点对比。

表4-1 主流的优化算法的特点对比

优化算法	优势	劣势
遗传算法（GA）	起初通过全局搜索相对容易获得全局最优解;并行性使其能同时搜索多个结果;不需要目标函数具备解析特性,通用性良好。使用自适应变异算子来提高获得帕累托最优解的收敛速度;在评估结果性能时,引入解集覆盖度和空间分布等概念对其进行量化。采用快速非支配解分类方法来提高计算速度;在适当的选择压力下,可避免早熟收敛	搜索能力有限;数据处理规模小;后期搜索效率低,且容易过早收敛到局部最优;对初始种群过度依赖;编码方法不确定,难以充分表达参数设置;时间复杂度高

续表

优化算法	优势	劣势
快速非支配排序遗传算法（NSGA-II）	在早期收敛速度快；利用惯性权重和随机因子的不确定性来扩展搜索空间，在一定程度上避免陷入局部最优	随机选择交叉点导致全局搜索能力差；多个变异算子使结果随机性大且收敛缓慢。与其他算法结合解决问题时容易陷入局部最优
多目标粒子群优化算法（MOPSO）	浮点编码适合连续空间优化；简单的参数控制就能获得较好的优化效果；贪心选择容易得到最优解	精度低且容易发散；计算复杂度高，耗时久；多个全局极值相互制约；对控制参数依赖强；容易出现早熟收敛，无法进化到全局最优；存在搜索停滞问题，即种群个体不收敛，进化机制失效
差分进化算法（DE）	浮点编码适用于连续空间优化；简单的参数控制就能获得良好的优化效果；贪心选择容易得到最优解	对控制参数有很强的依赖性；过早收敛会导致无法进化至全局最优；存在搜索停滞问题；种群个体不收敛，进化机制失效

针对上述各种优化算法的优缺点，未来的可改进方向如下：

① 常规 GA 算法与其他算法进行混合，还可通过引入混沌理论、小生境技术甚至神经网络等优化方法，并结合机器学习和人工智能技术。

② NSGA-II 算法可采用自适应变异算子代替多项式变异算子，提高得到帕累托最优解的收敛速度；在评价结果性能时，引入解集覆盖和空间分布的概念对其进行量化。

③ PSO 算法可通过引入种群中粒子的多样性，防止陷入局部优化导致算法过早地陷入局部最优。

④ DE 算法可选择新的参数控制策略、变异交叉策略、混合策略和种群改进策略，结合其他算法或分析方法来提高计算能力。

此外，就目前正在建设的巨型星群而言，大型星群的部署周期可能会长达十多年。随着部署任务的不断完善，用户和决策者会不断就覆盖性能、星间链路以及网络性能等方面对星群提出要求更新。因此，简单的静态星群设计将会转变为动态多目标优化问题。超大型星群的优化设计要比普通星群更为复杂，作为一个高维度多目标动态优化问题，常规的多目标优化算法很难给出令人满意的设计方案。当使用诸如遗传算法等现代优化算法来计算并优化星群中的卫星参数时，全局概率搜索方法在该过程中需要进行性能指标评估。常规的性能评估指标很难扩展到多目标动态高维空间，而且计算复杂度会急剧增加。如果通过仿真对每个个体进行评估,测试所需的时间成本也将令人难以承受。

此外,卫星数量过多意味着在大规模种群中有大量个体,单一现代优化算法容易陷入局部最优的缺陷会再次被放大。多个"局部最优值"对求解最优解会产生重大影响。因此,引入人工智能并将其与现代优化算法相结合,将会是未来超大型星群设计以及星群动态方案设计的一个主要发展趋势。

4.3.3　构型优化设计案例

本小节采用遗传算法进行低轨物联网应用星座构型的精细优化设计[33]。根据星座初步优化结果,采用遗传算法,对轨道高度、倾角和相位因子等参数的取值上下限进行约束,以卫星对地覆盖率和卫星数量为优化目标进行星座构型的进一步优化设计。

对于天基物联网应用的低轨星座,瞬时覆盖率是衡量星座性能的一个重要指标,卫星数量是关系星座建设成本最主要的指标。因此,需要对多个约束条件下的参数和多个优化对象进行优化和设计,才能够使得星座性能达到最优。在初步设计中,已对卫星轨道倾角和高度、轨道面数、卫星总数和相位因子提出约束条件,因此优化目标如下:

$$\begin{cases} \max(f_1, f_2) \\ C1 : H_{\min} \leqslant H \leqslant H_{\max} \\ C2 : i_{\min} \leqslant i \leqslant i_{\max} \\ C3 : F_{\min} \leqslant F \leqslant F_{\max} \\ C4 : P_{\min} \leqslant P \leqslant P_{\max} \\ C5 : N_{\min} \leqslant N \leqslant N_{\max} \end{cases} \tag{4-9}$$

式中,f_1 和 f_2 对应需要优化的目标(分别为瞬时覆盖率和卫星数量两个参数);H、i、F、P、N 分别对应轨道高度、轨道倾角、相位因子、轨道面和每轨卫星数量。

针对这一个多参数输入、多优化目标的设计问题,在难以使用解析法获取理想结果的情况下,采用遗传算法进行星座构型的优化设计。星座构型优化设计问题是非线性且不连续的优化问题,下面将对所采用的遗传算法的步骤进行详细介绍。具体优化流程如下:

(1)染色体编码

对于遗传算法,多个决策变量以基因的形式储存在种群的染色体内。因此,在进行遗传算法设计时,首先需要进行染色体编码。决策变量范围以及决策变量的精度范围决定了决策变量在染色体中的长度。遗传算法针对字符串进行处理,因此需要将问题的解空间通过编码转化为字符串。染色体编码能够确定决策变量的取值范围,为进行染色体选择、染色体交叉及基因变异提供方便的操作对象。算法采用二进制编码,其染色体编码方式如图 4-4 所示。

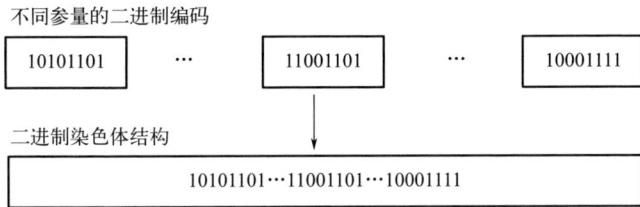

不同参量的二进制编码

10101101	···	11001101	···	10001111

二进制染色体结构

10101101···11001101···10001111

图 4-4　二进制编码染色体结构示意图

假设二进制编码时变量的变化范围是 $[a_{GA}, b_{GA}]$,长度为 l_{GA},则精度为

$$G = \frac{b_{GA} - a_{GA}}{2^{l_{GA}} - 1} \tag{4-10}$$

(2)非支配排序

在该优化问题中,其目标为最大化卫星星座覆盖性能。针对初始种群中的个体,逐一计算其目标函数值,并与其他个体比较。若某个体优于其他个体,则认为该个体为支配者,其余个体属于被支配者。在被支配者所组成的数据集中,采用上述方法继续进行排序,最终完成对种群中全部个体的排序。

(3)精英策略

精英策略指保留父代优良个体,避免染色体交叉和基因变异导致的最优解丢失情况。其具体操作为:根据非支配排序的结果,将目标函数值最优和一定数目目标函数值较优的父代直接加入新的种群中。随后,在当前父代种群中随机选择某些个体,通过交叉、变异等操作,生成子代种群。

(4)染色体选择

染色体选择指从父代选择部分个体的染色体进行遗传。选择方法应基于个体适应度,并避免基因缺失,以提高计算效率与收敛性。染色体选择是遗传算法的关键,体现了进化论中适者生存的重要思想。并且使用赌轮选择法,首先构造与适应度成正比的概率函数 $p_s(j)$:

$$p_s(j) = \frac{COV(j)}{\sum_{j=1}^{n_p} COV(j)} \tag{4-11}$$

式中,$COV(j)$ 为个体 j 适应度函数值;n_p 为种群规模。

将每个个体按照概率函数 $COV(j)$ 组成一个如图 4-5 所示的面积为 1 的赌轮。每转动一次赌轮,指针落入个体 j 区域的概率即被选择概率。当 $p_s(j)$ 较大时,个体 j 被选中概率也较大;当 $p_s(j)$ 较小时,虽然概率低,但个体 j 也有可能被选中。

因此，该方法具备保持群体多样性的特征。

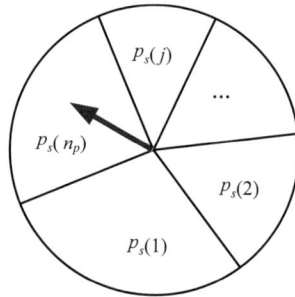

图 4-5　赌轮选择方法示意图

（5）染色体交叉

染色体交叉是指不同的染色体首先进行两两配对，随后以一定的概率进行基因片段的交换，从而产生新的个体，提高了找到最优解的可能。在本优化算法中，采用一致交叉的方式进行该操作。例如，对于两个父代的情况，若某一位的掩码为 0，则认为子代的这一位从父代 1 获取，否则认为是从父代 2 的相应位置获取的。图 4-6 所示为父代按照相应的掩码进行一致交叉的案例。

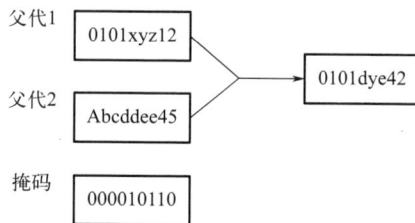

图 4-6　一致交叉案例

（6）基因变异

基因变异是遗传算法中保持物种多样性的重要途径之一，同时也是产生新个体的方法之一。其主要思想是模拟基因突变。其操作过程为：先以某一概率在父代中选择部分个体，随后对其进行基因变异，采用线性组合方式产生新子代。即父代 p_1 和 p_2 的基因变异结果为

$$\begin{cases} p_1' = k_p p_1 + (1-k_p) p_2 \\ p_2' = k_p p_2 + (1-k_p) p_1 \end{cases} \tag{4-12}$$

其中，k_p 的取值范围是 0～1。

重复步骤（2）～步骤（6），判断是否达到所设置的遗传代数上限，找到近似最优解。

以针对南北纬 55°内的区域全覆盖为目标，要求覆盖率大于 97%，进行仿真。

针对上述区域,在网格划分时,选取最低纬线处的经度步长为 4°,同时选取 4°的纬度步长。在遗传算法中设置种群数量为 20,遗传代数为 18,精英数量为 3,基因变异概率为 20%,染色体交叉概率为 80%,在卫星和星座参数范围内,随机选择初始种群并迭代。

当以覆盖率和卫星数量同时为优化目标时,将"星座瞬时覆盖率"最大和"卫星数量"最小两个约束对象作为仿真的优化对象进行仿真。但是经过较长时间仿真计算,结果没有收敛,如图 4-7 和图 4-8 所示。

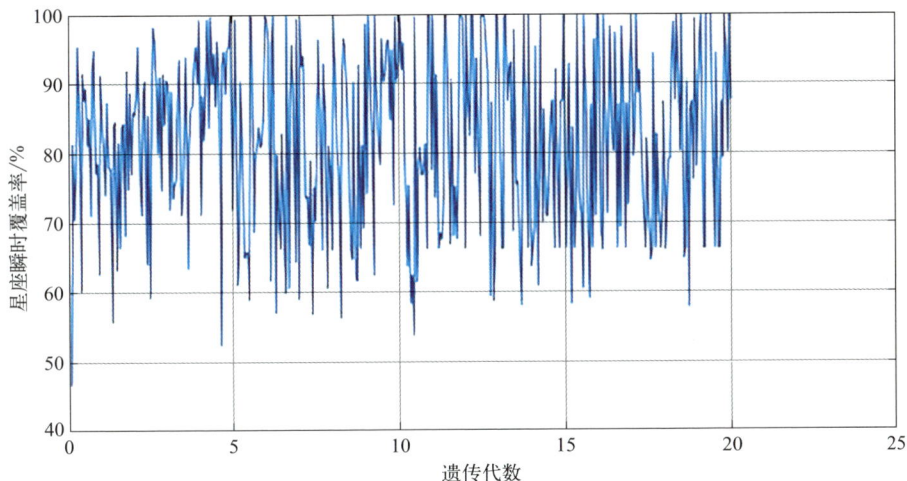

图 4-7　瞬时覆盖率随遗传代数变化趋势(1)

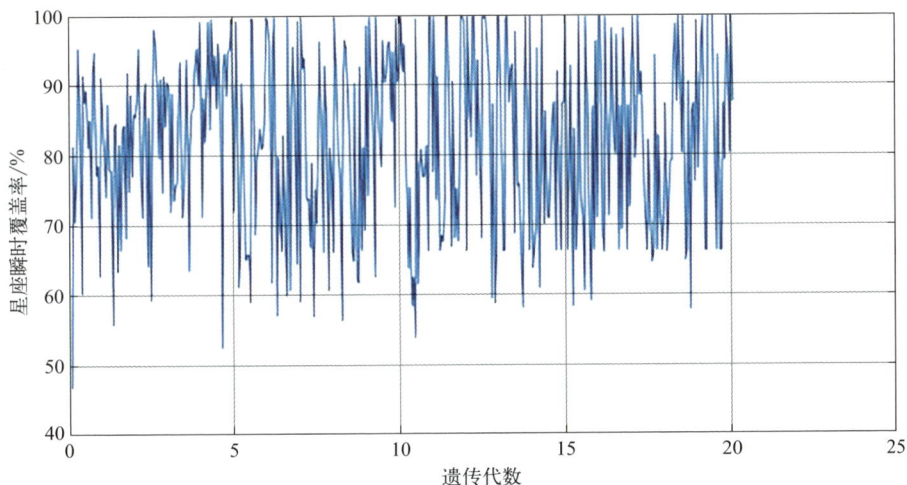

图 4-8　卫星总数随遗传代数变化趋势(1)

从图中可以看出,覆盖率指标主要在 60%～100% 之间振荡,卫星数量在 30～80 颗之间振荡。实际上,卫星数量为 30 颗时,覆盖率为 60%;卫星数量为 80 颗附近时,覆盖率近似 100%。这两个指标在表现上基本上是相互矛盾的,在没有进一步的约束条件下,无法实现仿真的收敛。根据覆盖率应大于 97% 的优化目标,需要调整两个优化对象之间的关系,达到计算结果收敛的目的。

当以单星覆盖效率最高为优化目标时,基于前述分析,考虑将两个优化目标相除,即"星座瞬时覆盖率除以卫星数量"得到"单星覆盖效率"这个指标。因此,优化目标调整为:$Max(f_1/f_2)$,仿真结果如图 4-9 和图 4-10 所示。

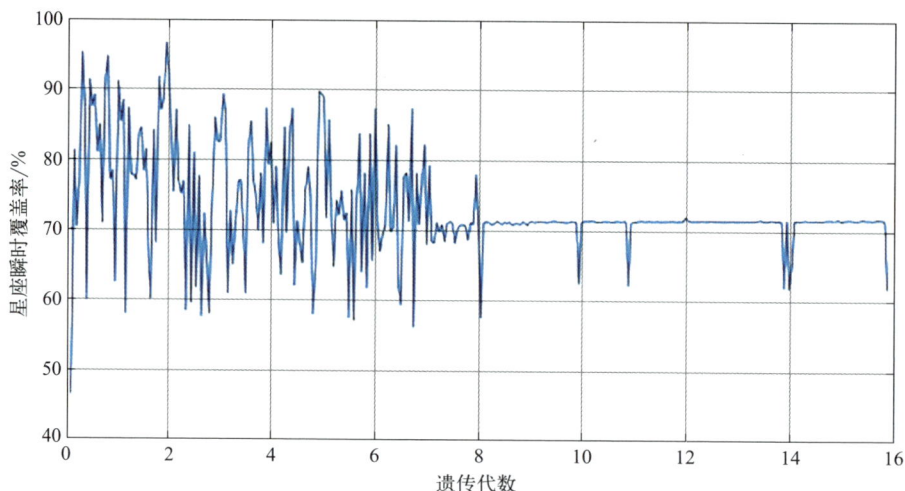

图 4-9 瞬时覆盖率随遗传代数变化趋势(2)

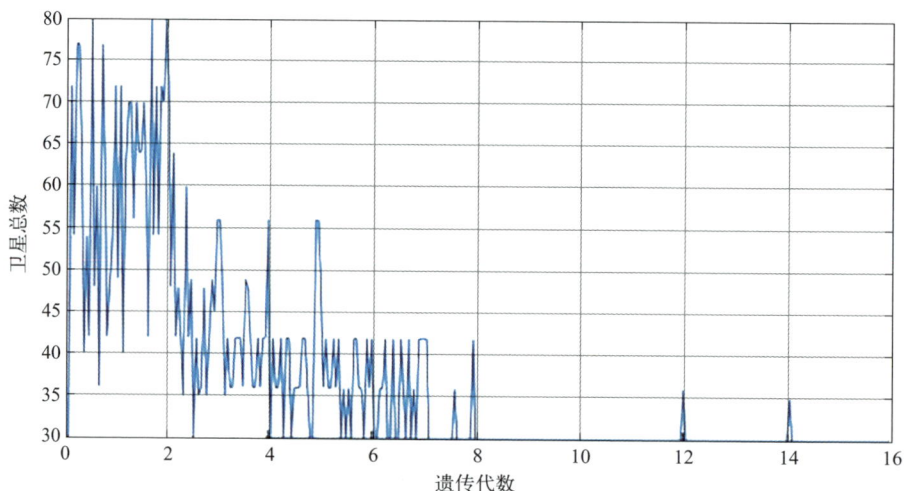

图 4-10 卫星总数随遗传代数变化趋势(2)

从图中可以看出,随着迭代次数的增加,结果在第 10 代后基本趋于收敛,这时星座瞬时覆盖率收敛于 71.7%,卫星数量收敛于 30 颗。这个状态下,轨道高度为 790km,轨道倾角为 42.29°,相位因子为 3,轨道面数为 5,每个轨道面卫星数量为 6 颗。从收敛结果来看,瞬时覆盖率仅为 71.7%,与预期的 97% 还有较大差距,如图 4-11 所示。

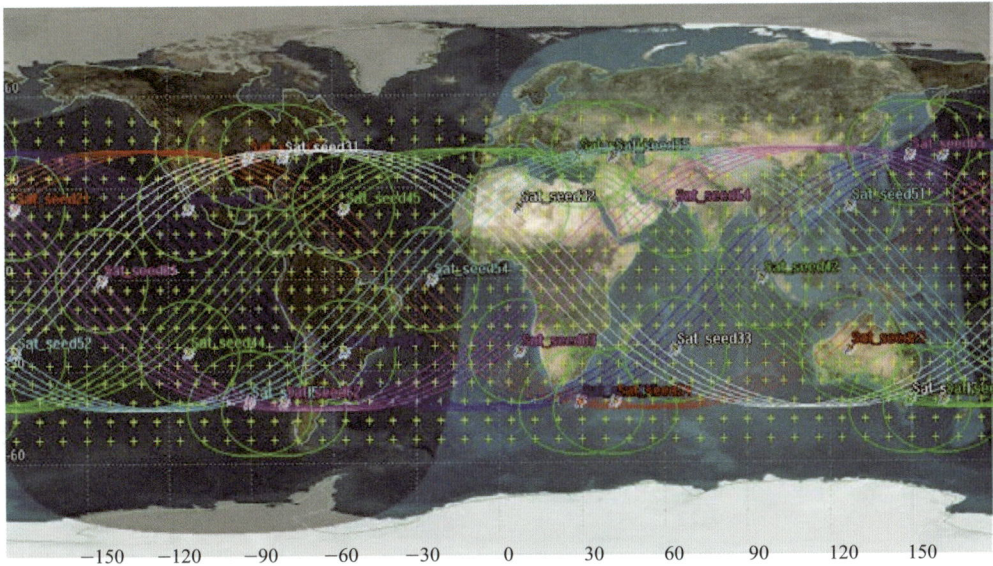

图 4-11　仿真结果卫星对地覆盖情况

通过 STK 进行仿真,从仿真结果图中的卫星对地覆盖情况也可以看出,在目标区域范围内,卫星覆盖基本上没有重叠区域,这也是"单星覆盖效率最高"的物理概念实际表现。对单星覆盖效率最高的情况进行仿真,虽然没有达到预期的目标,但得到了系统设计的底线状态,即系统在 30 颗卫星时能够实现 71.7% 的覆盖效能。需要进一步增加卫星数量,以达到 97% 以上的覆盖,但卫星数量增加带来覆盖性增加的效率是降低的。

对前述仿真结果分析表明,星座覆盖率指标 f_1 主要在 60%～100% 之间振荡,卫星数量 f_2 在 30～80 颗之间振荡,考虑增加星座覆盖率的权重,形成新的优化目标。要实现这样的效果,构建新函数 $f_3 = f_1 \times 100 - f_2/10$,按照 f_3 最大的目标进行仿真。构建新函数的主要思路是:使星座覆盖率的目标向 100% 逼近的同时,卫星数量仅在结果的个位数上产生影响。根据类似的方法进行仿真,目标函数为构建的函数 f_3,仿真计算得到以下结果。目标函数值随遗传代数的变化情况如图 4-12 所示,可以看出,在第 15 代之后,f_3 结果已逐步收敛趋于

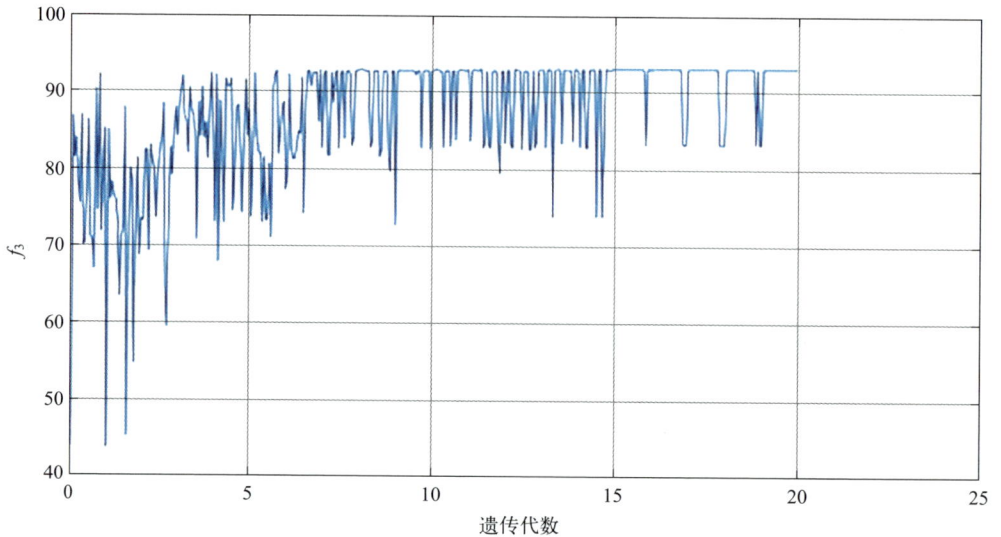

图 4-12　目标函数 f_3 随遗传代数变化趋势

稳定。

此时,该星座构型所能达到的最大瞬时覆盖率约为 98.99%,卫星数量为 60 颗,如图 4-13 和图 4-14 所示。

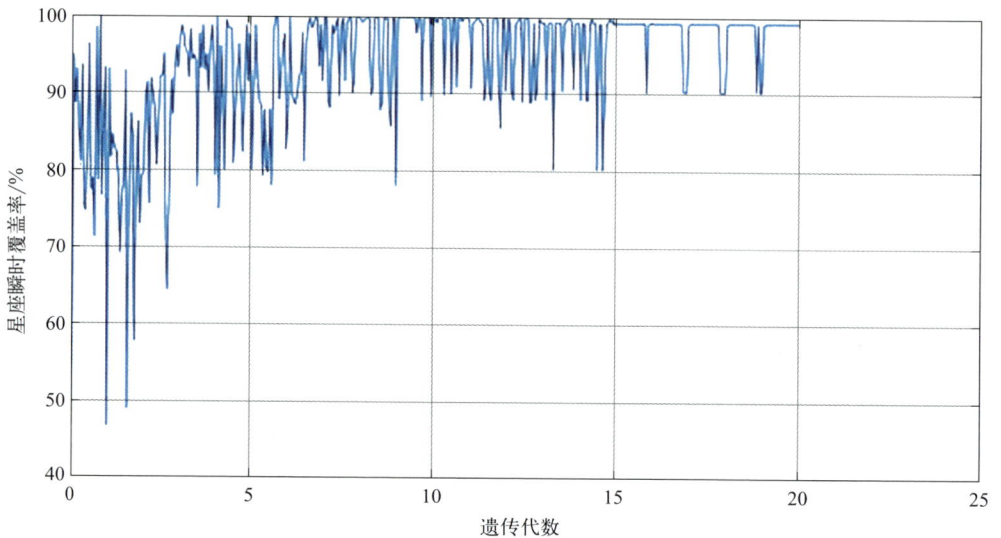

图 4-13　覆盖率随遗传代数变化趋势

相应的轨道倾角、轨道高度和相位因子也逐渐趋于稳定,如图 4-15～图 4-17 所示。

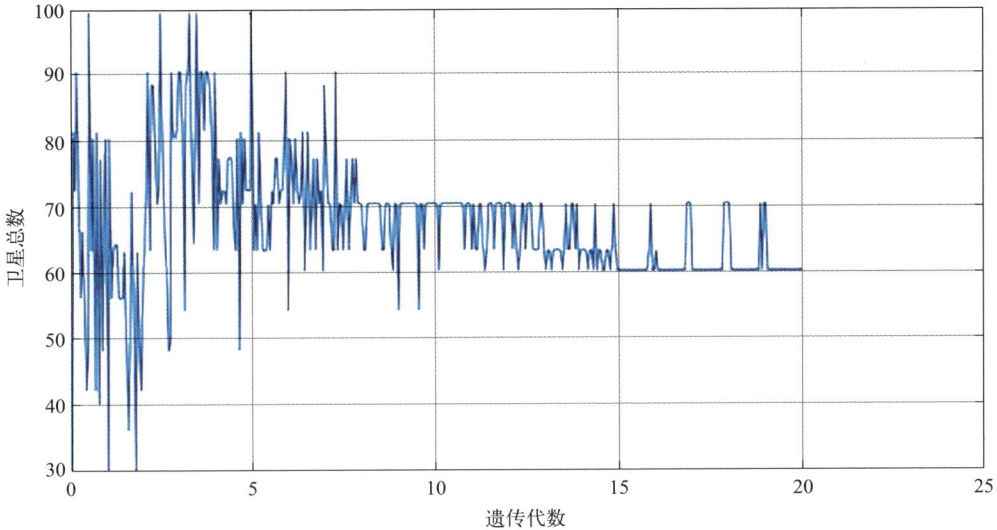

图 4-14　卫星数量随遗传代数变化趋势

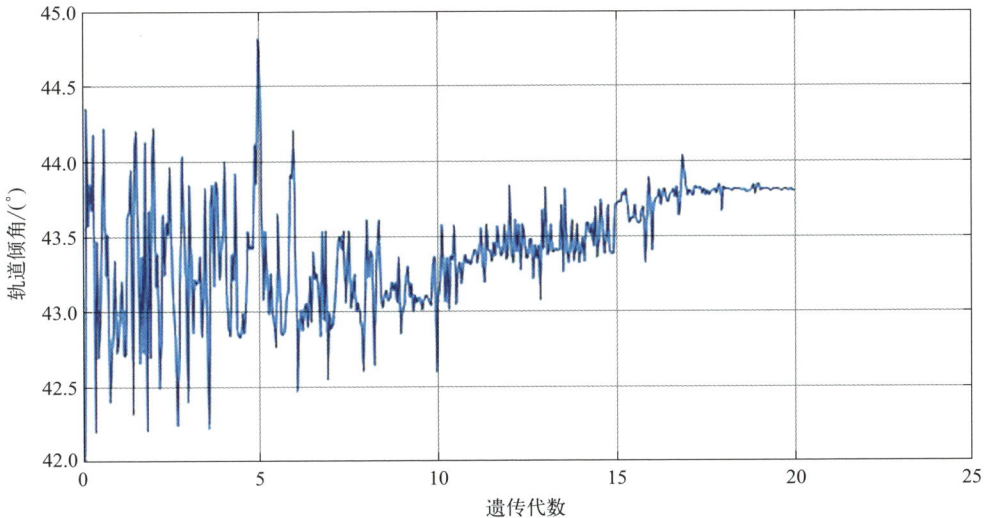

图 4-15　轨道倾角随遗传代数变化趋势

轨道面数量和每轨卫星数量变化趋势分别如图 4-18 和图 4-19 所示。

根据遗传算法，最终获取的近似最优星座构型为："Walker"60/3/10，共 10 个轨道面，每个轨道面 6 颗星，轨道高度为 791.6km，轨道倾角为 43.8°，静态对地覆盖可以达到 98.99％以上，满足工程设计期望。将最终的仿真结果和最初的仿真结果放在一起对比时发现，分析的单星覆盖效率最高时，正好是最终优化结果的中间状态。也就是在星座建设中，可以按照每个轨道面发射 6 颗星、发射 5 个轨道面

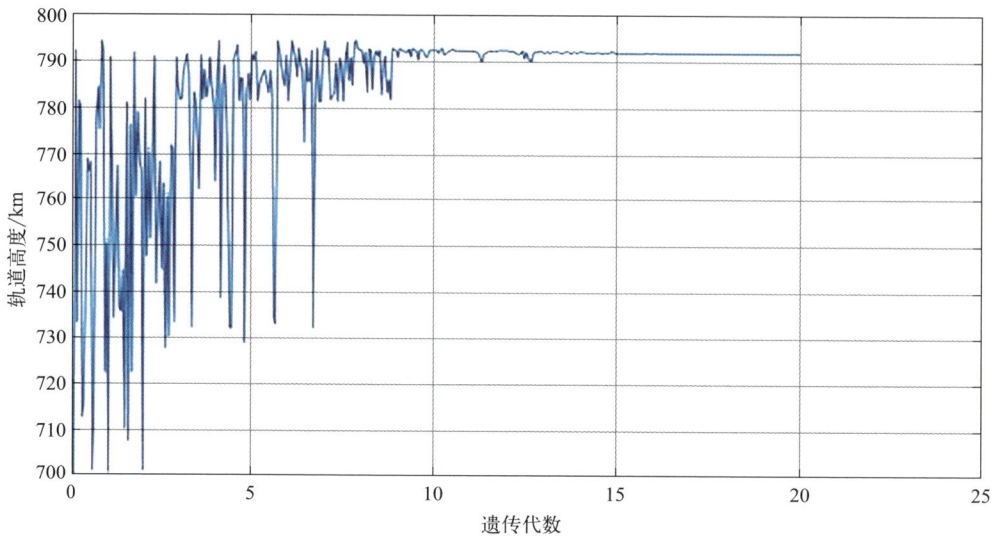

图 4-16 轨道高度随遗传代数变化趋势

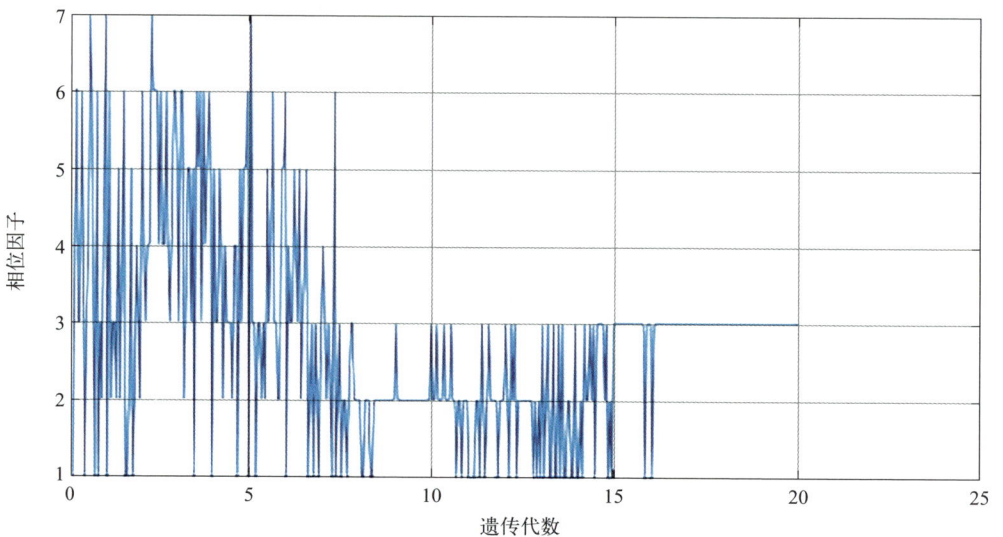

图 4-17 相位因子随遗传代数变化趋势

的方式进行星座的建设,这个状态下,每颗星都能发挥最大的效率,即星座的性价比最高。从商业运作的角度可以考虑在这个状态下运行一段时间,观察市场对服务能力的需求。若服务能力基本满足市场需求,则继续维持这个状态;若服务能力不能满足市场需求,则进一步增加卫星的轨道面,即可提升星座的覆盖性和服务能力,并达到最终设计状态。

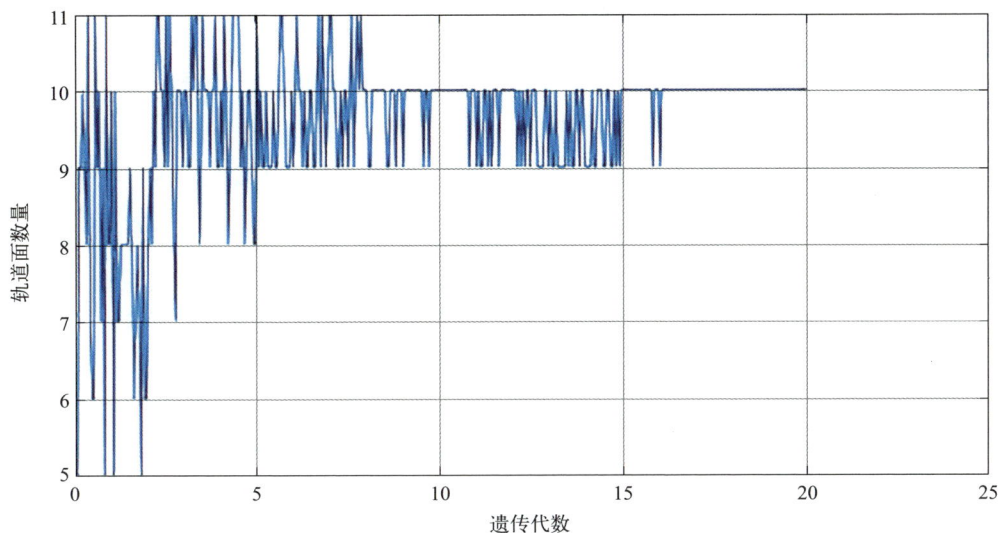

图 4-18 轨道面数量随遗传代数变化趋势

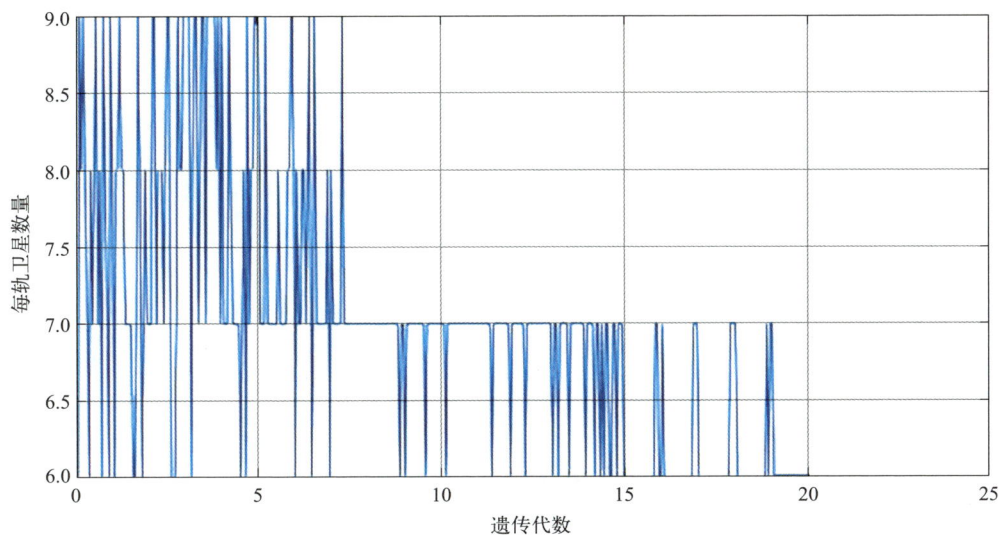

图 4-19 每轨卫星数量随遗传代数变化趋势

4.4 本章小结

本章系统地分析了分布式异构星群的构型设计与优化方法,深入探讨了星群的多样性、协同工作能力、灵活性和高时效性等关键特点,介绍了异构星群在灾害应急响应、智慧城市建设和环境监测等领域的广泛应用。通过对异构星群的主要构型类型的分析，揭示了如何根据不同任务需求和系统性能设计目标选择合适的构型，并优化星群的整体效能与任务适应性。进一步地，本章详细讨论了构型设计中的关键技术，包括轨道设计、卫星平台与载荷集成、通信与数据传输等，并通过多目标优化算法的应用，展示了如何在复杂约束条件下实现高效的星群构型优化。通过对常见优化算法的比较与应用，本章为异构星群系统的设计与优化提供了理论基础与技术支持，为后续的研究与实际应用奠定了坚实的基础。

参 考 文 献

[1] 宋志明，戴光明，王茂才，等．Walker 星座区域覆盖理论分析[J]．计算机工程与设计，2014，35(10)：3639-3644.

[2] 韦娟，张润．对地侦察卫星星座优化设计及仿真分析[J]．西安电子科技大学学报，2013，40(2)：138-141，147.

[3] 宋丹，许承东，胡春生，等．基于遗传算法的多星座选星方法[J]．宇航学报，2015，36(3)：300-308.

[4] 王励，王炎娟，张辉，等．基于 NSGA-Ⅱ算法的区域覆盖卫星星座优化[J]．计算机仿真，2009，26(4)：80-84.

[5] 邓勇，王春明，胡晓惠．基于空间纬度区域优化的红外近地轨道星座设计[J]．宇航学报，2010，31(5)：1368-1373.

[6] Zhao S，Xu Y，Dai H．Research on the configuration design method of heterogeneous constellation reconstruction under the multiple objective and multiple constraint[C]//1st International Conference on Materials Science，Energy Technology，Power Engineering（MEP 2017）．Hangzhou，China，2017：020083.

[7] John M H，Maria J E，Ronald E T，et al．Design good partialcoverage satellite constellations [J]．Journal of Astronautical Sciences，1992，20(1)：215-239.

[8] Ulybyshev S Y．Satellite constellation design for complex coverage [J]．Journal of Spacecraft and Rockets，2008，45(4)：843-839.

[9] Ulybyshev S Y．Design of satellite constellations with continuous coverage on elliptic orbits of molniya type[J]．Cosmic Research，2009，47(4)：310-321.

[10] 徐小钧，马利华，艾国祥．基于多目标遗传算法的多星座选星方法[J]．上海交通大学学报，2017，51(12)：1520-1528.

[11] 华冰，王培源，吴云华，等．基于遗传蚁群动态融合的区域覆盖卫星星座优化方法[J]．国防科技大学学报，2023，45(2)：8.

[12] Gorr B，Aguilar A，Selva D，et al．Heterogeneous Constellation Design for a Smart Soil

Moisture Radar Mission[C]//2021 IEEE International Geoscience and Remote Sensing Symposium IGARSS. Brussels,Belgium:IEEE,2021:7799-7802.

[13] 水浩然,陈勇,陈宏新. 基于遗传算法的寻优解卫星星座优化设计策略[J]. 导航定位与授时,2021,8(05):45-53.

[14] 李怀建,韦彦伯,杜小菁. 基于遗传算法的低轨导航星座构形优化设计[J]. 弹箭与制导学报,2021,41(04):74-78,84.

[15] 邓武东,陈锋,成飞,等. 遗传算法在通信卫星轨道优化设计中的应用[J]. 飞控与探测,2020,3(03):57-64.

[16] Hitomi N,Selva D. Constellation optimization using an evolutionary algorithm with a variable-length chromosome[C]//2018 IEEE Aerospace Conference. IEEE,2018:1-12.

[17] Savitri T,Kim Y,Jo S,et al. Satellite constellation orbit design optimization with combined genetic algorithm and semianalytical approach[J]. International Journal of Aerospace Engineering,2017,2017(1):1235692.

[18] Ferringer M P,Spencer D B. Satellite constellation design tradeoffs using multiple-objective evolutionary computation[J]. Journal of Spacecraft and Rockets,2006,43(6):1404-1411.

[19] 曾喻江. 基于遗传算法的卫星星座设计[D]. 武汉:华中科技大学,2007.

[20] 刘明,杨明,高兴,等. 基于粒子群的非规则区域连续覆盖星座设计[J]. 航天控制,2020,38(02):31-37.

[21] Wang X,Zhang H,Bai S,et al. Design of agile satellite constellation based on hybrid-resampling particle swarm optimization method[J]. Acta Astronautica,2021,178:595-605.

[22] 蒙波,韩潮. 基于改进粒子群算法的混合卫星星座优化设计[J]. 上海航天,2010,27(01):36-39,50.

[23] 沈欣,刘钰霖,李仕学,等. 一种基于改进 PSO 算法的高时间分辨率遥感卫星星座优化设计方法[J]. 武汉大学学报,2018,43(12):1986-1993.

[24] Wang X,Zhang H,Bai S,et al. Design of agile satellite constellation based on hybrid-resampling particle swarm optimization method[J]. Acta Astronautica,2021,178:595-605.

[25] Ahmad M F,Isa N A M,Lim W H,et al. Differential evolution:A recent review based on state-of-the-art works[J]. Alexandria Engineering Journal,2022,61(5):3831-3872.

[26] 徐哲宇,杜兰,刘泽军,等. 基于 Flower 星座的区域导航增强低轨卫星星座设计与优化[C]//第十一届中国卫星导航年会论文集,2020:5.

[27] 徐哲宇,杜兰,刘志豪. GEO/IGSO 混合区域导航星座的设计与优化算法[J]. 中国空间科学技术,2021,41(02):19-30.

[28] 赵双,张雅声,戴桦宇. 基于差分进化算法的导航星座在轨重构构型设计[J]. 中国空间科学技术,2018,38(04):27-35.

［29］ Aggarwal G，RV R. A unified approach for the optimal constellation design of satellites in low-earth circular/elliptical orbits for continuous coverage［C］//AIAA Scitech 2020 Forum. 2020：1915.

［30］ 魏蛟龙，岑朝辉. 基于蚁群算法的区域覆盖卫星星座优化设计[J]. 通信学报,2006, (08):62-66.

［31］ 姜兴龙,姜泉江,刘会杰,等. 采用改进非支配近邻免疫算法的低轨混合星座设计优化 [J]. 宇航学报,2014,35(09):1007-1014.

［32］ 于彦君,王峰,苗悦. 不规则区域成像覆盖星座构型优化设计[J]. 空间科学学报,2019, 39(04):494-501.

［33］ 项斌. 天基物联网应用的低轨星座优化设计[D]. 哈尔滨:哈尔滨工业大学,2022.

第**5**章
分布式异构星群任务协同规划

随着空间技术和对地观测需求的持续增长,单一卫星模式已难以满足日益复杂的任务要求。尽管在轨运行的卫星数量不断增加,有限的空间资源与多样化的任务需求之间仍存在矛盾。为了更有效地利用卫星资源,实现任务的优化分配与高效执行,分布式异构星群任务协同规划应运而生[1]。

分布式异构星群由多颗具备不同功能、载荷和轨道特性的卫星组成[2]。这些卫星通过协同工作,形成覆盖范围更广、任务灵活性更高的系统结构。分布式星群在灾害监测、环境保护、城市规划、农业生产等领域具有显著优势[3]。通过资源共享和任务分解,星群可以在不同的时间和空间条件下高效完成复杂任务,提升系统的整体效能。

在这种异构星群系统中,任务协同规划的核心挑战在于如何将复杂的全局任务合理分解为子任务,并根据各卫星的特性进行优化分配[4]。规划过程需要综合考虑用户需求、卫星状态、轨道约束及任务优先级等多种因素。传统的手工规划和简单算法已无法满足异构星群的高复杂性和动态需求。现代任务管理系统依赖于数学模型和优化算法,结合自动化决策工具,实现任务的智能化分配与高效执行。

在此背景下,智能化异构星群任务协同成为关键研究方向。智能化协同不仅需要系统具备实时感知和响应能力,还要求在任务分配中融入多目标优化策略。通过引入人工智能技术,系统可以在复杂环境下自动调度卫星资源,并根据任务需求的变化动态调整规划方案[5]。基于智能优化算法的任务协同,能够有效平衡任务优先级、资源利用率和系统执行效率,确保星群在多任务环境中实现全局最优。此外,智能化协同还体现在星群的自主决策能力上。不同卫星之间可以通过星间通信实现信息共享与联合决策,减少对地面控制的依赖,提高系统的自主性和鲁棒性。这种自主协同模式不仅提升了任务执行的灵活性,还显著增强了星群在突发情况下的应变能力[6]。

因此,研究和发展分布式异构星群任务协同规划技术,对于提升卫星资源利用效率、满足复杂任务需求具有重要意义。科学合理的任务规划策略,将有效促进星群在资源普查、环境监测、应急救灾等领域的广泛应用,助力空间任务迈向更高水平[7,8]。

异构星群任务协同规划与指标分解是一项复杂的系统工程,旨在整合星群中多颗卫星的异构资源,实现任务的高效协同与执行[9]。异构星群内的卫星通常具备不同的功能、载荷与轨道特性,如何针对这些差异性,设计合理的架构并优化任务分配,是提高任务成功率与资源利用效率的关键[10,11]。在任务规划中,协同模型的构建需要综合考虑任务需求、资源限制与环境变化等多重因素,而任务指标分解则是从高层次目标到可执行指标的逐步细化过程,是任务规划的基础与核心[12]。

通过有效的指标分解,可以确保任务规划方案的精确性与可执行性,从而支撑星群的高效协同运作。

　　本章将探讨如何基于任务需求与星群架构设计合理的协同规划模型,确保多颗异构卫星在任务执行中的高效配合。还有知识获取和任务理解技术,将复杂的任务场景转化为具体的任务指标,从而实现任务的精准分解与智能化规划。通过对这两部分的详细讨论,本章将为异构星群任务的高效规划与动态执行提供理论与方法支持。

5.1　异构星群任务协同规划模型与指标分解

5.1.1　任务协同规划模型

5.1.1.1　协同任务的多维度需求分析

　　异构星群任务从任务的紧急程度可以划分为常规任务和应急任务。常规任务以全球及重点区域的常态化、全面化观测,重要目标基础信息库建立和重点区域环境观测为主要任务[13];应急任务主要用于应对紧急任务需求,如失联飞机搜救、森林火场勘测、海空域非法入侵监视、护航任务保障等[14]。

　　从任务流程维度进行划分,异构星群卫星系统所能承担的任务可以划分为搜索发现、识别确认、连续监测、引导指示、效果评估、信息传输和信息分发等方面[15]。

　　从区域范围维度进行划分,异构星群卫星任务可以划分为全球范围内目标观测,局部重点/热点区域目标的观测等方面[16]。

　　从卫星载荷体制维度进行划分,异构星群卫星任务可以细分为无线电接收、可见光成像、红外成像以及 SAR 成像等方面[17]。

　　从卫星时空尺度进行划分,异构星群卫星任务可以分为单星任务、多星编队任务、多星组网任务、高低轨卫星协同任务、连续观测任务以及有重访要求的观测任务等方面。

　　经过以上对异构星群卫星任务的多维度分析,工程上一般以表格的形式,从空间域、时间域、目标域和信息域等维度对用户的需求进行描述。最后对卫星应用需求要素进行预处理,构建卫星元任务单元模型。

　　(1)空间域

　　空间域又称为图像空间(image space),是由图像像元组成的一个空间。在图像空间中以长度(距离)为自变量直接对像元值进行处理,称为空间域处理。用户需求的空间域是从实际需求出发,卫星对地理空间范围进行观测所得到的图像空间[18]。空间域的确定应综合两个方面的因素：任务和主要任务区域的分布。考虑到我国的实际情况与切身利益，可以将我国的空间域分为本土陆地、近海海域、远海海域等区域。

（2）时间域

时间域指的是卫星系统所应具备的时间分辨率或时效性指标需求，包括重访间隔、数据处理时间延迟、观测持续时间、观测过程中数据刷新率、信息传输时间延迟等。重访间隔指卫星利用侧摆快速拍摄同一地点时所需要的时间间隔，数据处理时间延迟指的是处理卫星数据所需要的时间，观测持续时间指的是卫星对某一目标能够持续观测的最长时间，观测过程中数据刷新率指在观测过程中数据更新的频率，信息传输时间延迟是卫星数据传输所需要的时间。

（3）目标域

目标域即任务针对的具体对象，可以分为地面、海面、水下、空中等目标。地面目标包括城市、山林、港口、地点、交通咽喉等；海面目标包括货轮、游轮等民用船舶；空中目标包括客机、运输机等目标。掌握典型目标本身的特性（如运动、几何、光谱、微波、发射信号等）和目标引发的环境效应（如磁场变化、船舶尾迹等），初步分析这些要素的变化规律、典型量值、传播特性等，可以为典型目标观测技术手段/技术体制提供具体的支撑。

（4）信息域

信息域主要指信息获取能力，如无线电频谱及指标需求、SAR 成像频段及相关指标需求、光学成像卫星定位精度和分辨率指标、红外温度分辨率需求、多载荷信息融合需求等[19]。

针对目标连续监测任务，任务分解描述如表 5-1 所示。

表 5-1　目标连续监测模式用户需求分解表格

	任务名称	目标连续监测任务
任务标识	任务 ID	＊＊＊＊
	任务优先级	一般从 1～9，数字越大，越优先
	……	
空间域	任务经度	目标海域、目标陆域、目标航线
	任务纬度	
	区域经度	
	区域纬度	
	……	

续表

	起始时刻	
	持续时间	
时间域	时间间隔	一般描述开始任务时间、持续时间、间隔时间等
	信息更新率	
	……	
	目标编号	
	目标经度	
目标域	目标纬度	描述目标的编号、经纬度、特征等
	身份属性	
	……	
信息域	载荷类型	目标连续监测能力、时间分辨率、图像分辨率、目标定位精度、目标测速测向精度、系统灵敏度等。天基信息保障：导航卫星、成像卫星、通信卫星。建立目标航迹：一般需要 3～5 个目标点迹。可提供无线电接收、光学图像等多种类型数据。适应昼夜、恶劣天气、无线电关闭等多种工作条件

5.1.1.2　场景与任务的描述

任务规划是指利用星群中卫星资源，针对大量的用户任务需求，制订最佳任务执行计划，即在满足约束下，为卫星在时间轴上制定动作序列，如载荷工作的起始时间、结束时间，载荷的动作参数等。它是多资源、多任务、多时间窗口、多优化目标和多约束的组合优化问题，可形式化描述为

$$STSP = \{S, \Phi, sts, ste\} \tag{5-1}$$

式中，S 表示场景中执行用户任务的卫星集合，属性包括用于执行任务的卫星的轨道参数、卫星有效载荷参数等；Φ 表示用户任务需求；sts、ste 表示任务规划的开始和结束时间；$ST = [sts, ste]$ 表示滚动规划的周期时段。

场景与任务建模基本符号与含义如表 5-2 所示。

表 5-2　场景与任务建模基本符号与含义

符号	含 义
s_j	$S=\{s_1,s_2,\cdots,s_m\}$ 表示异构卫星集合,其中 m 为卫星的个数。$priority(s_j)$ 表示卫星 s_j 的优先级
$sentype_i$	$SENTYPE=\{sentype_i\mid i\in[1,NST]\}$ 表示可见光、微波、电磁探测等类型,其中 NST 指当前卫星系统中的载荷类型总数
SEN_i	$SEN_i=\{sen_1^i,sen_2^i,\cdots,sen_{sc(i)}^i\}$ 代表卫星 s_i 上的有效载荷,$sc(i)$ 代表 s_i 上的有效载荷个数。令函数 $type(sen_j^i)$ 代表 sen_j^i 的载荷类型,有 $type(sen_j^i)\in SENTYPE$,$opt(sen_j^i)$ 代表分辨率
M_i	M_i 代表一个用户任务,$M_i\in\Phi$,则 M_i 的各个图像类型需求 $MResType_i=\{mrt_1^i,mrt_2^i,\cdots,mrt_{urc(i)}^i\}$,$urc(i)$ 指类型需求数,且有 $mrt_j^i\in SENTYPE$,$0,j,urg_c(i)$,如果仅单类型图像,则 $urc(i)=1$。相应的分辨率需求表示为 $MRespv_i=\{mrv_1^i,mrv_2^i,\cdots,mrv_{urc(i)}^i\}$
u_j^i	用户任务分解形成元任务 $M_i=\{u_1^i,u_2^i,\cdots,u_{uc(i)}^i\}$,其中 $uc(i)$ 代表元任务数。$priority(u_j^i)$ 表示 u_j^i 的优先级。显然,各个元任务的观测类型和分辨率与 M_i 相同。令函数 $type(u_j^i)$ 与 $opt(u_j^i)$ 分别代表 u_j^i 的图像类型集合与相应的分辨率,即 M_i 对应的 $MResType_i$ 与 $MRespv_i$
$SROLE$	$SROLE=\{1,2,\cdots,rrc\}$ 描述卫星所起到的角色作用分类。角色用于任务的限定性描述中。令 $srole(s_i)=\{0\}\bigcup\{role_j^i\mid 1\leqslant j\leqslant rc(i),role_j^i\in SROLE\}$,其中,$rc(i)$ 代表 s_i 的限定性角色数,0 代表未限定角色。任务角色 $mrole(M_i)\in\{0\}\bigcup SROLE$,$mrole(u_j^i)\in\{0\}\bigcup SROLE$

5.1.1.3　任务级约束关系描述模型

复杂任务的协同异构星群协同观测表现为多次观测图像间的关系,主要将其表示为三类:经典逻辑关系、时序逻辑关系和资源需求约束关系。

经典逻辑关系:无明确时间约束的任务的多个类型关系;区域目标分解后的元任务关系。例如,火灾探测中的可见光与 SAR;同目标的多个元任务。

时序逻辑关系:任务间存在时间先后关系;任务间存在时效性限制。例如,引导式协同;异轨立体成像;周期性任务。

资源需求约束关系:分为优于关系(载荷分辨率大于或等于需求值)、限定关系(限定可使用的资源载荷范围)、期望关系(同等条件下优先选择载荷集)。例如,因资源繁忙,10m 图像由 5m 载荷完成;对特殊任务限定执行载荷。

按照协同逻辑关系,在图像类型 mrt_j^i 上 M_i 是否被规划的逻辑关系:令 $sch(u_1^i, mrt_j^i)$ 代表与元任务 u_1^i 规划与否,则 $sch(M_i, mrt_j^i) = sch(u_1^i, mrt_j^i) \bigcap sch(u_2^i, mrt_j^i) \bigcap \cdots \bigcap sch(u_{uc(i)}^i, mrt_j^i)$;而任务在多个图像类型上的协同类型约束可以表示为:$sch(M_i) = sch(M_i, mrt_1^i) \bigcap sch(M_i, mrt_2^i) \bigcap \cdots \bigcap sch(M_i, mrt_{urc(i)}^i)$。任务之间的逻辑关系模型会在规划算法求解中起到约束作用。

时序关系上,若任务 M 需要多次成像,且多次成像之间存在时间先后关系,或各次成像时间间隔满足最小和最大的间隔限制,则可用时序关系描述。例如,立体成像要求同类型多次成像,多类型图像有先后成像要求。采用序对与集合结合来描述 M_i 复杂任务的时序关系。例如,$seqt(M_i) = M_i(mrt_x, \{mrt_y, mrt_z\}_0^\infty)_0^\infty$,序对描述先后顺序关系,而集合描述内部元素无时序关系。因此,要求 mrt_x 类型照相最先完成,然后完成 mrt_y 与 mrt_z,后者在集合内无时序要求。为限定元素间的时效性要求,采用上下角标描述最短和最长限制。通过序对与集合的嵌套可描述复杂时序关系。

资源需求约束关系上,优于关系限定载荷分辨率不能低于任务的图像分辨率需求,因此有 $satisfySEN(u_j^i) = \{sen_i^k | type(sen_j^i) = type(u_j^i), opt(sen_j^i) \leqslant opt(u_j^i)\}$。限定关系可用于卫星的精细化管理或特殊任务处理,$limSEN(u_j^i) = \{sen_i^k | type(u_j^i) = type(sen_i^k), mrole(u_j^i) \in srole(s_k)\}$。通过角色的限定,可实现限定执行任务的候选资源范围。相比限定关系属于严格约束来说,期望关系属于软约束,代表任务的期望使用资源集合,求解实现中,可将其作为模型的一个子优化目标。

任务分配可描述为:$dispatchSEN(u_j^i) = satisfySEN(u_j^i) \bigcap limSEN(u_j^i)$,其作用包括:①匹配图像类型与载荷类型,满足分辨率要求,将任务划分到不同载荷类型规划中;②划分到有效限定关系的载荷集合上。

可按传感器类型建立满足协同约束关系的规划过程,下面描述在某一类载荷 $curtype$ 下的模型。任务规划模型中的符号表示如表 5-3 所示。

表 5-3　任务规划模型中的符号表示

含义		符号
场景描述	$Task$	$Task = \{u_j^i \mid 1, i, mc, 1, juc(i), curtype \in type(u_j^i)\}$ 代表元任务集,n 代表本轮 $curtype$ 类型下的元任务个数
	Res	$Res = \{Sen_j^i \mid 1, i, m\zeta, 1 \leqslant j \leqslant sc(i), curtype \in type(sen_j^i)\}$ 代表载荷资源集,r 代表本轮 $curtype$ 类型下的资源个数

含义		符号
窗口描述	W	$task_i$ 表示与资源 res_j 的可见时间窗口集合,由于在规划时段 ST 内,可能多次可见,$wc(i,j)$ 表示可见次数
	w_{ij}^k	$w_{ij}^k=[sw_{ij}^k,ew_{ij}^k]$ 表示 $task_i$ 与资源 res_j 的第 k 个可见时间窗口,$k=1,2,\cdots,wc(i,j)$
决策变量	$x_{ijk}(t)$	执行时段在某一时刻 t 任务 $task_i$ 与资源 res_j 在第 k 个可见时间窗口内执行
	TW_{ij}	$TW_{ij}^k=[stw_{ij}^k,etw_{ij}^k]$ 表示任务规划后,具体的执行时段,规划时长 $TW_{ij}^{dur}=etw_{ij}-stw_{ij}$
	sch_{ij}	表示 $task_i$ 是否被 res_j 执行,$sch_{ij}=\exists t,\exists k:x_{ijk}(t)$。同理,有 $sch_i=\exists j:sch_{ij}$
函数描述	$ExeLen(task_i)$	拍摄执行时长,与任务要求相关,可在规划前计算得到
	$Priority(task_i)$	元任务优先级,可由最初用户任务的优先级及任务分解情况计算得到
	$SunAngle(task_i,t)$	太阳高度角,可由 $task_i$ 的地理位置和时刻 t 计算得到
	$SildeAngle(task_i,t)$	卫星侧摆角,依据 $task_i$ 的位置、res_j 运行路径和时刻 t 计算,分正负
	$ElevAngle(task_i,t)$	卫星俯仰角,依据 $task_i$ 的位置、res_j 运行路径和时刻 t 计算,分正负
	$ObvAngle(task_i,res_j,t)$	观测角,可由 $task_i$ 的位置、res_j 运行路径和时刻 t 计算得到
	$ImageSize(task_i,res_j)$	图像的数据量,与使用的资源有关,以最小拍摄角度做预算
	$PreTask_{ij}$	描述对于 res_j 当前规划,按照时间逻辑上 $task_i$ 的前一个任务
	$\theta Side(task_i,res_j)$	侧运动角
	$\theta Elev(task_i,res_j)$	前运动角
	$SCHEME$	$SCHEME=\langle TW_{ij}\mid sch_{ij}\rangle$ 规划方案,因若确定了任务执行的 $[stw_{ij},etw_{ij}]$,则通过卫星位置、运行方向、目标位置易于计算俯仰角、侧摆角等规划参数

其他与卫星设备及所处状态有关的量定义在表 5-4 中,可由资源参数或通过场景函数计算获得。此外,由于随机因素,某些量取值存在一定的不精确性,如稳定时间,暂不考虑。

表 5-4　规划模型中的一些其他重要参数列表

符号	符号代表含义
$SildeAngle(res_j)$	资源 res_j 对应卫星的滑动圈时长
$vside(res_j)$	资源 res_j 的侧摆速度
$velev(res_j)$	资源 res_j 的俯仰摆动速度
$StableTime(res_j)$	资源 res_j 的稳定时间
$OpenCloseTime(res_j)$	资源 res_j 的开关机时间
$limWorkTime(res_j)$	资源 res_j 的滑动圈工作时长限制
$limWorkCount(res_j)$	资源 res_j 的滑动圈工作次数限制
$SS(res_j,t)$	资源 res_j 所在卫星在 t 时刻对应存储容量
$SSMax(res_j)$	资源 res_j 对应卫星最大存储容量

5.1.1.4　主要约束条件描述模型

卫星载荷和观测目标必须可见,可表示为式(5-2),满足观测时长要求,如式(5-3)所示。

$$\forall t \in TW_{ij}k : x_{ijk}(t), stw_{ij} \geqslant sw_{ij}^k, etw_{ij} \leqslant ew_{ij}^k \tag{5-2}$$

$$etw_{ij} - stw_{ij} \quad ExeLen(task_i) \tag{5-3}$$

在滑动圈内,载荷工作时长限制,可表示为

$$\forall t, limWorkTime(res_j) \sum_i (etw_{ij} - stw_{ij}), \quad stw_{ij} > t - SlideTime(res_j) \tag{5-4}$$

在滑动圈内,载荷开关机次数限制,可表示为

$$\forall t : limWorkTime(res_j) \geqslant \sum (1), \quad stw_{ij} > t - SlideTime(res_j) \tag{5-5}$$

卫星存储容量限制,可表示为

$$\forall t : SS(res_j,t) + ImageSizse(task_i, res_j) \leqslant SSMax(res_j) \tag{5-6}$$

满足卫星载荷定位时间要求。定位时间[与特定卫星相关,开关机与摆动包括同步和异步形式。式(5-5)为异步形式,而同步形式仅需改为取二者的最大时间]和约束如下:

$$PointTime(task_i, res_j) = \mid \theta Elev(task_i, res_j)/velev(res_j) \mid +$$
$$\mid StableTime(res_j) + OpenCloseTime(res_j)$$
$$\forall i,j : PointTime^{task_i}(res_j) \leqslant stw_{ij} - etw_{pr}$$

$$(5-7)$$

卫星载荷和观测目标必须满足用户指定的最小观测角 θObv_i 的需求,如式(5-8)所示。

$$\forall i,j,t : ObvAngle(task_i, res_j, t), t \in TW_{ij} \qquad (5-8)$$

可见光载荷必须满足太阳高度角限制,如式(5-9)所示。

$$\forall i,j,t : SunAngle(task_i, t) \geqslant \theta Sun_i, t \in TW_{ij} \qquad (5-9)$$

说明:①在上述各约束中,若未注明,则 $1 \leqslant i \leqslant n, 1 \leqslant j \leqslant r, 1 \leqslant k \leqslant wc(i,j)$;②当 $task_i$ 为本次规划中 res_j 的第一个任务时,则 $etw_{preTask_{ij}}$ 代表上一轮规划中的最后一个任务;③卫星能量对规划影响关系较为复杂,用滑动圈内最大工作时长和最大开关机次数限制替代;④式(5-9)对可见光载荷作特殊约束,而 SAR 等类型载荷有其特有约束具有类似的形式。

规划模型与卫星系统整体优化需求密切相关,下面依据任务收益和资源使用角度优化。

子目标函数 1:最大化任务收益率,即

$$taskPFR = \frac{\sum_{i=1}^{n} Priority(task_i)sch_i}{\sum_{i=1}^{n} Priority(task_i)} \qquad (5-10)$$

子目标函数 2:最大化任务完成率,即

$$taskNFR = \sum_{i=1}^{n} sch_i / n \qquad (5-11)$$

子目标函数 3:最大化资源负载均衡度,即尽可能地满足各可用载荷上负载(工作时长)的均衡,令

$$SenWorkTime_j = \sum_{i=1}^{r} (ewt_{ij} - swt_{ij}) \qquad (5-12)$$

当 $\max SenWorkTime = \max(SenWorkTime_j)$ 时,则资源负载均衡度使用下式度量:

$$resSat = \sqrt{1 - std\left(\frac{SenWorkTime_i}{\max SenWorkTime}, \frac{SenWorkTime_r}{\max SenWorkTime}\right)} \qquad (5-13)$$

优化目标:利用加权法实现上述 3 个目标

$$\max(f_1) = \alpha taskPFR + \beta taskNFR + \gamma resSat \tag{5-14}$$

式中，$\alpha + \beta + \gamma = 1$。此外，除上述目标外，依据需要可进一步加入，最大化图像质量（注：衡量要素如照相角度、太阳高度角、云层厚度等）、最大化期望限定关系等目标。

5.1.2　知识获取与任务理解技术

在分布式异构星群任务规划中，知识获取与任务理解技术扮演着核心角色。对于异构星群，由于其卫星类型、载荷性能和轨道位置的差异，如何有效获取多源信息、理解任务需求并进行科学合理的任务分配，成为实现星群高效协同的关键挑战。知识获取与任务理解技术不仅是任务规划的基础，更是确保任务执行可行性与高效性的前提。通过知识获取与任务理解，系统能够动态适应外部环境和星群内部的变化，生成优化的任务分配方案，从而提升星群的协同能力与任务执行的可靠性。

知识获取涉及从多维数据中提取有用信息，包括环境约束、卫星配置与状态、载荷性能等[20]。这些信息不仅是任务规划的基础，更是确保任务执行可行性与高效性的前提。而任务理解则通过对用户需求的解析与推理，将抽象的目标细化为具体的任务指标，形成合理的分配方案。知识获取与任务理解技术的重要性体现在以下 3 个方面：

① 提升任务规划的智能化水平：通过知识学习与推理，系统能够动态适应外部环境和星群内部的变化，生成优化的任务分配方案。智能化的任务规划不仅能够提高任务执行的效率，还能在复杂环境下做出快速决策，确保任务顺利完成。

② 增强星群的协同与灵活性：异构星群中各卫星功能互补，任务理解过程能够合理调度各类资源，最大化星群的整体效能。通过知识获取与任务理解，系统能够有效整合多源信息，实现对用户需求的快速响应和资源的最优配置，从而大幅提升异构星群任务分配的效率和成功率。

③ 保障任务执行的可靠性与实时性：准确获取和理解任务需求，有助于在复杂环境下做出快速决策，确保任务顺利完成。通过知识获取与任务理解，系统能够实时跟踪和更新卫星的状态数据，预测卫星的状态变化，确保任务分配的合理性和执行的可行性。

本节将从知识获取机制、任务理解与推理框架两大方面，详细探讨如何构建一个智能化、动态化的任务理解框架，为星群协同规划提供理论与技术支持。

5.1.2.1　知识获取机制

异构星群任务分配的核心在于对多源信息的深度挖掘与综合应用。知识获取机制作为整个任务规划流程的基础,其目标是全面获取和处理与任务相关的环境、卫星配置及载荷性能等多维信息,为后续的任务理解和分配提供可靠的数据支撑。这一过程不仅涉及数据的收集和存储,更强调数据的清洗、特征提取和建模,以确保输入系统的数据具备高质量和高时效性。

环境信息与约束条件是知识获取中最为关键的部分之一。这类信息涵盖了星群任务执行所需考虑的所有外部因素,包括空间天气、通信中断、地面资源可用性等。例如,空间天气变化剧烈时,可能会导致卫星通信链路中断,进而影响任务的执行时间和质量。因此,系统需要建立一套高效的环境监测机制,通过地面站、遥感设备和第三方数据平台等多源渠道,实时获取环境数据。与此同时,为了保证数据的可靠性,系统还需对获取的原始数据进行清洗、归一化和特征提取,将其转化为模型可用的输入参数。特征提取时,可以通过统计分析或机器学习方法提取关键特征,如空间天气的扰动指数、地面通信设施的覆盖率等,为任务分配提供量化依据。整个知识获取与任务理解技术架构如图 5-1 所示。

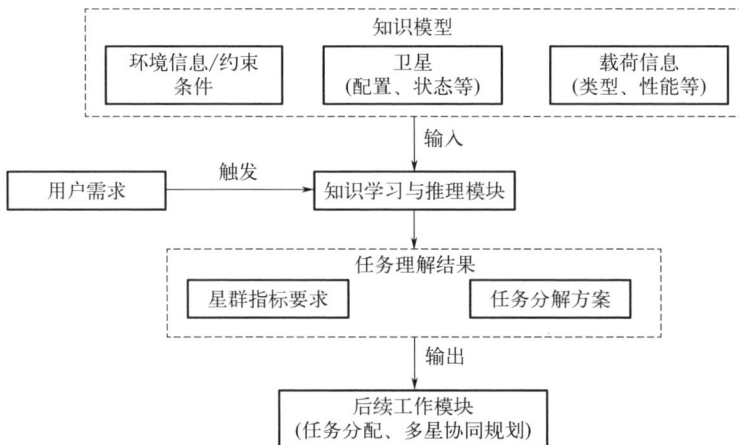

图 5-1 知识获取与任务理解技术架构

卫星配置与状态数据则是知识获取的另一核心要素。异构星群中每颗卫星的配置和状态差异巨大,例如轨道高度、通信带宽、能源储备等都可能因卫星的设计和当前状态而异。由于卫星状态具有动态性,任务分配系统需要具备一定的时序预测能力,实时跟踪和更新卫星的状态数据。例如,燃料储备会随着任务执行逐渐减少,通信设备也可能因频繁使用出现老化或故障。因此,系统需要通过构建时序模型,预测卫星的状态变化,确保任务分配的合理性和执行的可行性。这一动态建模过程通常采用卡尔曼滤波或递归神经网络等算法,以提高预测的准确性和鲁棒性。

载荷信息的获取与建模则直接决定了星群对特定任务的执行能力。不同载荷具备不同的功能和性能,例如光学相机用于成像任务,通信转发器用于数据中继。这些设备的性能参数,如分辨率、波段、功耗等,将直接影响任务的执行效果。因此,在知识获取阶段,系统不仅需要全面收集各类载荷的性能数据,还需对这些数据进行建模和特征向量化,以便输入任务分配算法。例如,在灾害监测任务中,高分辨率成像设备的优先级可能高于其他载荷,系统需要根据任务需求对载荷性能进行优先级排序和资源分配。

此外,知识获取过程中还需要处理多源数据融合和异构数据的统一建模问题。由于数据来源的多样性,系统需要具备强大的数据融合能力,将不同来源的数据统一到同一标准下,以便后续的模型调用和任务推理。例如,环境数据、卫星配置数据和载荷性能数据可能来源于不同的监测系统或数据库,数据格式和更新频率也各不相同。通过数据融合技术,可以有效消除数据之间的不一致性,确保任务分配的可靠性和高效性。

生成式大语言模型在文本理解和生成、知识获取机制方面表现出了非凡的能力,可以在异构星群任务协同领域和任务中应用。目前学者提出了许多利用大语言模型(LLM)能力的方法,并基于生成范式为信息抽取任务(Information Extraction,IE)提供可行的解决方案。这些研究包括各种学习范式、不同的 LLM架构、为单一子任务设计的专用框架,以及能够同时处理多个子任务的通用框架。由于 LLM 在文本理解、生成和概括方面具有非凡的能力,它极大地推动了自然语言处理的发展。这些方法采用 LLM 生成结构信息,而不是从纯文本中提取结构信息,与判别方法相比,这些方法在现实世界中更加实用。因为它们能有效处理包含数百万个实体的模式,而不会出现明显的性能下降。包括使用提示学习,基于特定任务的指令微调以及数据增强方式等来完成信息抽取,具体方法如图 5-2 所示。

目前,基于 LLMs 的多智能体任务规划正在成为新的研究热点,但在大规模星群任务协同规划方面相关的研究处于起步阶段。

5.1.2.2　任务理解与推理

在完成多维信息的知识获取后,任务理解成为实现智能任务分配的核心环节。任务理解不仅是对用户需求的简单转换,更是一个将用户需求与星群能力、环境约束等信息进行综合分析与推理的过程。通过知识驱动的任务理解,系统可以智能地生成符合实际需求的任务方案,实现星群资源的最优配置和协同调度。任务理解流程框架如图 5-3 所示。

任务理解的核心在于将用户需求细化为星群的具体指标。这一过程通常涉及任务指标的逐层分解和细化。例如,对于高分辨率成像任务,系统需要将需求拆解为具体的成像分辨率、覆盖范围、成像时间等技术参数。在任务指标的分解过程

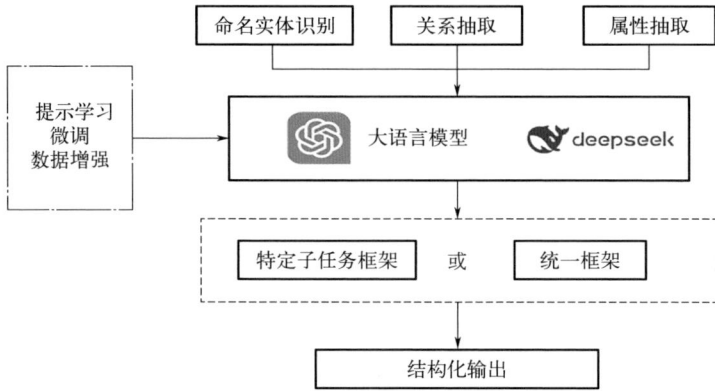

图 5-2　基于大模型做信息抽取方法示意图

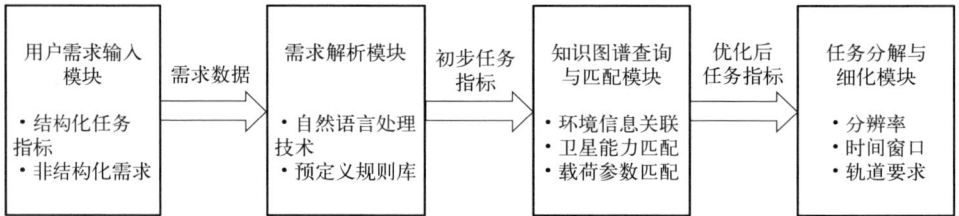

图 5-3　任务理解流程框架

中,还需要动态考虑星群内部的资源分配和协同调度。当某颗卫星因能源不足或通信中断无法执行任务时,系统需要及时调整任务分配方案,重新分配任务或调整执行时间,以确保任务的连续性和高效性。

知识图谱在任务理解中的应用尤为关键[21]。它能够将用户需求与星群能力、环境约束等多维信息进行关联建模,并通过语义推理和关系挖掘,提供任务分解和匹配的智能支撑[22]。系统可以利用知识图谱中的实体关系,将"高分辨率成像"的用户需求映射到具体的卫星和载荷组合中,并通过图谱中的时态信息,动态调整任务方案。知识图谱的引入,不仅提高了任务理解的精确度和灵活性,还能为后续的推理提供可解释性和可追溯性。

用户需求以任务目标的形式输入系统,这些目标可能是结构化的任务指标,如"获取某区域的高分辨率成像图像",也可能是非结构化的自然语言描述,如"监测某地区的洪水情况"。系统首先需要通过自然语言处理(NLP)技术或预定义的规则库,将用户需求解析为可执行的任务指标。这一需求解析过程不仅需要考虑任务本身的技术要求,还需结合环境约束和资源可用性,对需求进行适当的调整和优化。例如,对于连续监测任务,系统可能需要协调多颗卫星,确保在不同时间段的监测任务无缝衔接。

通过将 NLP 解析的需求与知识图谱中的实体和属性进行匹配,系统可以有效地识别任务所需的技术参数和资源限制。例如,"监测洪水情况"的需求可以通过知识图谱关联到具体的遥感载荷、成像频率和分辨率要求,甚至可以进一步关联到相关的环境风险模型。知识图谱中的关联关系和规则库,使得系统能够更加全面地理解和优化用户需求,并输出合理的任务指标。

特定领域知识库的开发特别强调对领域内知识的深层挖掘和准确表达,鉴于这些专业领域内的知识资料大多以非结构化形式存在,包括但不限于论文、研究材料以及网络信息。采用高效的信息抽取技术对于从自由文本中构建知识库变得至关重要。领域知识库的构建方法又可分为两大类,分别是自顶向下构建和自底向上构建[23]。

自顶向下的构建方法是从最顶层的概念开始构建顶层本体,然后细化概念和关系,形成结构良好的概念层次树。需要利用一些数据源提取本体,即本体学习。再将知识抽取得到的实体匹配填充到所构建的模式层本体中,即实体学习。自顶向下的构建流程如图 5-4 所示。

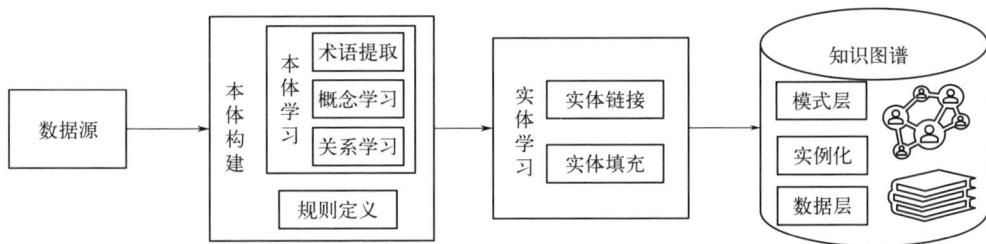

图 5-4　异构星群领域知识图谱"自顶向下"构建流程

自底向上的构建方法则是从开放链接的数据源中提取实体、属性和关系,加入知识库的数据层;然后将这些知识要素进行归纳组织,逐步往上抽象为概念,最后形成模式层。自底向上的构建流程如图 5-5 所示,其中涉及的主要技术是知识抽取,又可细分为实体抽取、属性抽取和关系抽取。

借助知识图谱,任务分解和细化过程可以更加系统化和智能化。知识图谱中存储的规则和逻辑,可以支持任务指标的自动推理和优化。当某颗卫星因状态异常无法执行任务时,系统可以通过知识图谱快速找到替代卫星,并根据历史数据和当前资源状况,推理出新的任务分配方案。此外,知识图谱还可以帮助系统识别潜在的冲突和约束条件,确保任务方案在生成时已充分考虑各类限制和风险,从而提高任务执行的可靠性和效率。

任务推理模块则在综合多源信息的基础上,生成最终的任务分配方案。推理

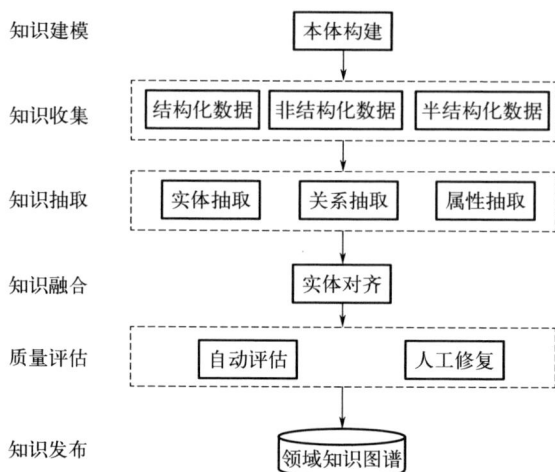

图 5-5　异构星群领域知识图谱"自底向上"构建流程

过程通常基于规则引擎、专家系统或机器学习算法。规则引擎可以通过预定义的规则库,对任务需求进行逻辑推理,生成符合需求的任务方案。专家系统则通过模拟人类专家的决策过程,结合实际数据和任务需求,生成优化的任务方案。而机器学习算法则通过对历史任务数据的学习,构建任务分配模型,实现对新任务的自动化推理和优化。

在任务生成的过程中,系统需要同时考虑任务的执行优先级、资源的可用性和任务之间的相互依赖关系。在灾害监测任务中,成像任务和数据中继任务可能需要同时执行,系统需要合理安排任务的执行顺序和资源分配,确保任务的协同与高效。在生成任务方案后,系统会将任务理解结果输入到后续工作模块,支持多星协同规划和任务执行监控。

后续工作模块的接口对接是确保任务方案顺利执行的关键环节。为了实现多星协同和任务的实时监控,系统之间的数据接口需要遵循统一的标准和协议,确保数据的准确性和实时性。任务执行模块需要实时获取卫星的状态数据和任务执行反馈,以便对任务方案进行动态调整和优化。同时,后续模块还需要具备一定的智能化水平,能够根据任务执行效果和环境变化,对任务方案进行自主调整和优化,提高任务执行的灵活性和鲁棒性。

总体而言,知识获取与任务理解是实现异构星群任务分配的基础和核心。通过全面的知识获取和智能的任务理解,系统能够有效地整合多源信息,实现对用户需求的快速响应和资源的最优配置,从而大幅提升异构星群任务分配的效率和成功率。

5.2 异构星群任务协同机制设计与实现

异构星群任务协同机制设计是保障星群高效执行任务的核心。随着星群规模的扩大,传统的集中式管理模式已无法满足复杂任务需求,因而需要灵活的分布式协同机制来支持星群内外的资源调度和任务分配[24]。本节将介绍几种主要的协同机制,包括集中式协同机制、自顶向下式协同机制、分布式同步协同机制和分布式异步协同机制,并分析它们在不同场景下的适用性及优缺点。每种机制在信息交互和任务分配中的角色各有不同,集中式机制强调统一调度,而分布式机制则强调任务和资源的自治性与灵活性。为了确保任务执行的稳定性和灵活性,本节还将讨论异构星群的协同交互信息,即星群成员之间如何共享任务信息、环境态势和资源状态;以及自主协同流程,即如何通过自主决策与协同执行,使得星群能够在复杂和动态的环境中高效完成任务。通过这些技术的结合,异构星群能够在执行复杂任务时保持高效和可靠的协同作业。

当前航天任务中的协同机制,大多为地面参与的协同,没有体现在轨自主的特性。本书所描述的在轨异构星群协同,是在卫星的自主决策能力基础上开展异构星群协同,以实现整体系统性能的提升。目前协同技术在多机器人系统已经得到应用,协同行为(Cooperative Behavior)的定义如下:给定预先定义的任务,如果某些内在的机制(即"协同机制")使得整个多机器人系统的效用提升,则称该系统呈现协同行为。

从任务规划的角度来说,不同类型的卫星系统在管理权限、组织方式、通信条件与运行流程等方面的差异,以及任务的多样化、用户需求的个性化存在多种类型的协同机制,主要分为集中式协同、自顶向下式协同、分布式同步协同以及分布式异步协同四种。本节为了更好地定义卫星系统协同任务规划机制,首先给出相关关键要素的定义。

协调器(Coordinator):位于各卫星系统之上的任务规划中心,具备协调多个卫星系统之间或同一卫星系统内部各资源调度软件之间任务分配能力的软件系统或者功能模块。

调度器(Scheduler):位于某一卫星系统内部,具备指定观测资源所分配的任务下,面向若干优化目标采用各类调度算法生成卫星观测与数据回传方案的功能模块。

任务(Mission):多个用户提出的,经过规范化处理的,包括对地球表面点目标、区域目标以及移动目标等的不同类型的观测需求。

　　子任务(Sub-mission)：通过对任务进行分解、合并等操作得到的任务数据，可作为调度器的输入，如区域目标分解成的成像覆盖区域数据、移动目标离散化处理后的点目标数据等。

　　外部任务(Sub-mission)：不由协调器分配，但作为调度器输入的观测任务。

　　资源(Assets)：卫星系统所管控的搭载不同类型载荷的、具备执行对地观测任务的各类卫星，包括无线电，光学、微波成像卫星等。

5.2.1　四种协同机制介绍

　　各类型协同机制业务处理流程如图 5-6 所示。

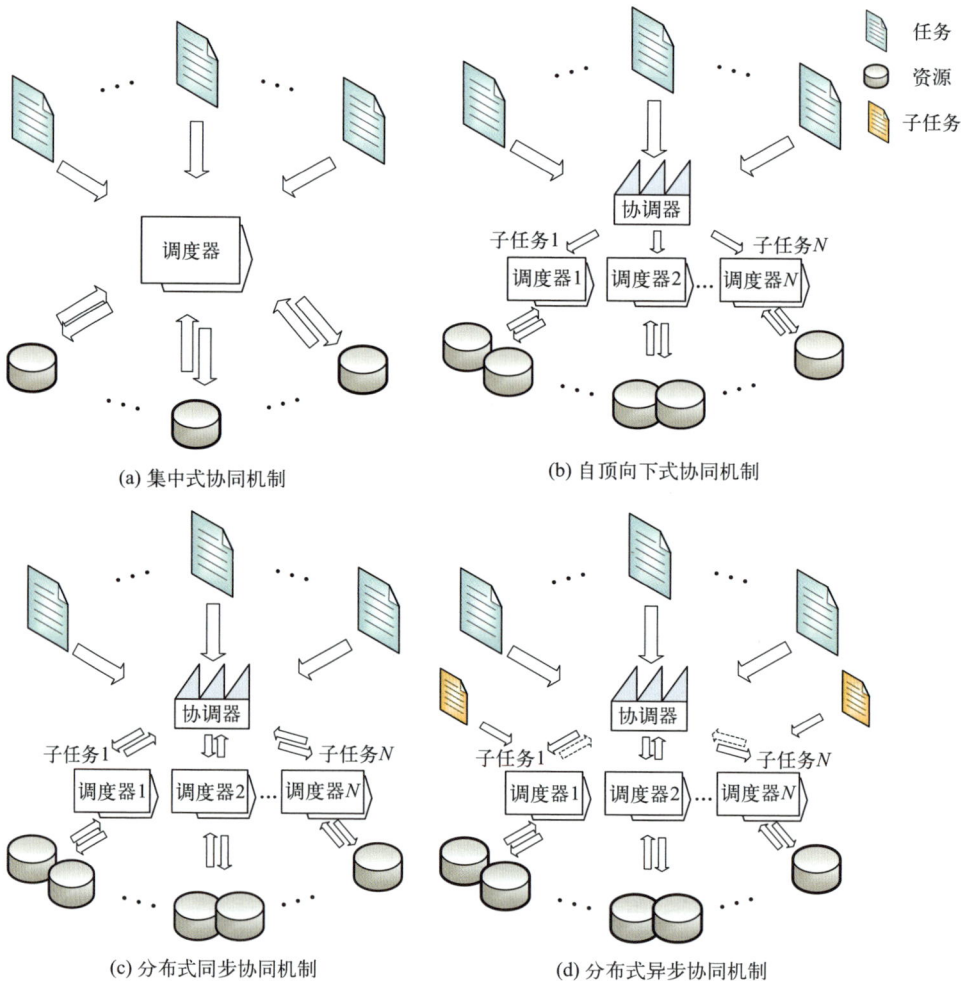

图 5-6　四种异构星群系统协同机制业务处理流程

（1）集中式协同机制

集中式协同机制（Centralized Coordination Mechanism）关键体现在集中，其通常只包含一个调度器，位于某一权限最高的管控系统内，负责接收所有用户任务，并在一个算法架构内进行优化求解，最终生成所有参与观测资源的工作方案。

采用集中式协同任务规划模式进行任务规划，能够统一生成卫星工作计划，可有效提高资源利用效率，缩短系统反应时间，并准确有效、快速及时地获取多种工作模式下不同空间分辨率和频谱分辨率的载荷数据。

（2）自顶向下式协同机制

自顶向下式协同机制（Top-down Coordination Mechanism）包含一个协调器、若干调度器及其相应的卫星资源，为分布式结构。当有任务时，协调器首先对任务进行格式检查、分解、合并、冗余剔除等预处理，然后通过一定的分配算法将子任务分配至各个调度器，再由调度器执行调度算法生成各自资源的工作方案，在整个任务规划周期内，各调度器不再向协调器反馈调度结果。自顶向下式协同任务规划机制通常适用于面向常规观测需求场景，由异构星群系统以"松耦合"组织方式来实现多资源协同，其中协调器位于一个上层的任务规划中心，该中心负责接收所有用户提出的任务需求，并负责向各执行卫星分发任务。调度器功能植入到各执行卫星中，负责执行任务调度生成观测与回传方案，当任务工作计划执行完毕后再向调度器提交具体执行结果。

这种协同机制的主要技术难点在于协调器在无调度结果在线反馈的情况下，如何能够有效地将多个观测任务分配至各个调度器，并使得各调度器所辖资源发挥最大效能。限于观测资源能力稀缺与使用约束复杂，所分配的任务一般无法保证全部完成，因此协调器所执行的任务分配问题与现有的分配问题（如生产任务分配、机器人任务分配、运输分配以及处理器计算分配等）具有很大区别。因此，以此为背景的观测任务分配问题需要进一步研究，以更好地满足"松耦合"式组织管理下的协同任务需求。

（3）分布式同步协同机制

分布式同步协同机制（Distributed Synchronous Coordination Mechanism）与自顶向下式协同机制的主要区别体现在协调器与调度器可以双向对话，即各调度器能够在线同步反馈所分配任务的调度结果，协调器可以依据调度结果进行分配方案的优化调整，经过若干次反馈迭代保证各卫星资源使用效率达到最优。该类型协同机制适用于多个异构星群系统以"紧耦合"组织方式实现多资源协同观测的情况，同时也适用于一个异构星群系统内部的多个不同类型观测资源调度。对于常规观测需求，分布式同步协同机制由于迭代优化过程的加入，任务规划效能理论上会比自顶向下式协同机制有较大提升，但需要以各卫星系统之间在任务规划时段内的实时通信作为保障。

由于协调器可以在线得到调度结果，采用一般求解组合优化问题的分配算法技术进行求解，得到分配方案的收益。然而，执行一次调度所耗费的时间对现有的搜索算法来说非常耗时，且在多个调度器"紧耦合"组织情况下，通信开销时间会有明显增加。因此，在降低协调器与调度器交互频率的前提下，保证观测任务的有效规划是关键技术之一。

（4）分布式异步协同机制

分布式异步协同机制（Distributed Asynchronous Coordination Mechanism）与分布式同步协同机制具有两点区别：一是各调度器除了接收协调器所分配任务之外还接收外部任务，二是各调度器可以在不同时间点接收协调器所分配任务。该机制适用于相对独立的各类卫星系统，各调度器在接收协调器（联合任务规划中心）分配任务之外，还有其他来源的任务需求（地面上注任务和基于星间引导生成的任务）的情况。该机制在结合分布式同步协同机制的基础上，需要增加依据已有的工作计划对观测资源剩余能力预估的方法研究，最大化体现＝观测资源能力。

综上，通过四类协同任务规划机制的特性分析可以得出以下结论：

① 集中式协同机制可作为另外三类协同机制的原子结构，即下层调度部分。该模式任务规划效率高，联合效果好，适用于独立的某类卫星系统管控或未来卫星资源整合后的地面集中管控。

② 自顶向下式、分布式同步与分布式异步三种协同机制均具有分布式的双层物理结构，包括上层协调器，负责多任务的协同分配，以及下层多个调度器，每个调度器负责各自观测资源的工作计划生成。三种协同机制的不同体现于两个层次之间的交互方式。

③ 协调器与调度器所在层次的决策者具有不同的决策目标。调度器希望最大化地利用所辖资源，以追求效能或使用效益的最大化；而协调器在追求资源使用效率目标基础上，还需兼顾各个调度器所在的卫星系统之间的公平目标。

④ 自顶向下式、分布式同步与分布式异式三种协同机制下，异构星群协同任务规划过程无法在某一个层次全部执行。整个规划过程的优化不仅依赖于调度过程中算法的性能，同时也取决于任务是否合理高效地分配。

5.2.2　异构星群协同任务规划架构

全面获取可参与规划星以及环境态势信息，是任务规划星在轨自主任务规划的前提。考虑到星地链路、星间链路、中继链路实际应用的局限性和复杂性，通过一颗高价值卫星进行所有卫星的任务规划，在高时效性、计算复杂度、传输数据量、链路可靠性等方面具有明显的劣势。因此，本书提出了分布式自主星簇系统的异构星群协同任务规划架构,在该架构下簇内采用编队方式,簇间采用组网方式,具有很强的适应性,如图 5-7 所示,主要特点如下。

星簇组成动态划分:将在轨卫星划分为若干个星簇,星簇内至少有一颗规划星,其可收集星簇内成员星的运行状态。

星簇内自主任务规划:星簇内的规划星收集星簇内及星地环境信息,在地面编排任务已上注的基础上,对实时动态簇内发现的新目标、产生的新任务、接收星簇间分发过来的跨簇任务进行自主任务规划。

星簇间任务协同:星簇内部任务规划分发后,某些重要度极高或周期性观测任务,需要有高一级的规划星执行协调,并入顶层规划功能。规划星可以是独立运行于星簇外的个体,也可以是某个星簇规划星的等级提升。

星簇内、星簇间链路:通过星间链路、中继等手段,保证星簇内成员间、星簇的规划星间的可靠通信。

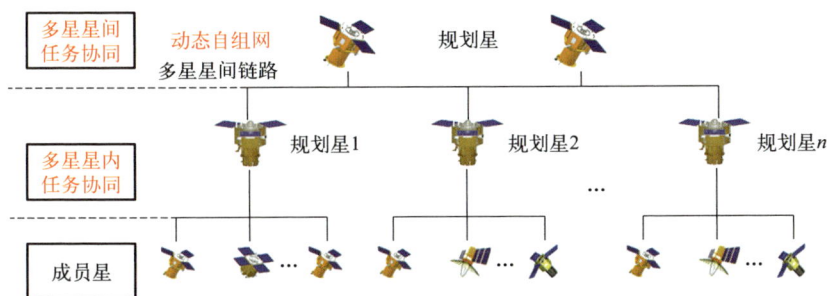

图 5-7 分布式自主星簇系统的异构星群协同任务规划架构

5.2.3 任务规划分配资源的优先原则

地面上注复杂任务后,一般出于对资源的占用尽可能少的考虑,在任务分配和规划过程中优先考虑由单星执行,其次是单个星簇,最后是分散网络,如图 5-8 所示。

如果使用单星完成,例如某个区域的多目标成像任务,若单星幅宽较宽,具备多模式姿态机动单轨大区域拼接成像能力,则对在轨卫星系统资源的占用率小,如图 5-9 所示。

如果使用单星簇完成,则星簇内规划星资源被占用,将导致该时段无法执行星簇异构星群协同的聚焦成像、连续监测成像等多类型复杂任务,资源占用率较单星任务高,如图 5-10 所示。

如果使用分散的卫星网络完成,则异构星群簇卫星资源被占用,将导致该时段多个星簇无法执行星簇间的协同任务,资源占用率较单星和单星簇执行任务更高,

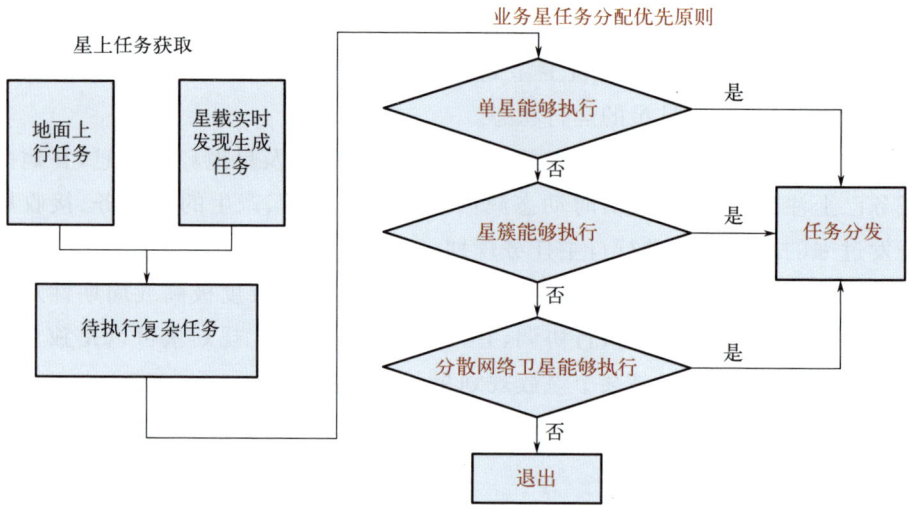

图 5-8　星上任务分配资源优先原则

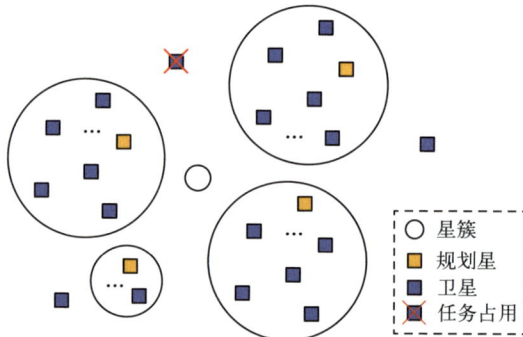

图 5-9　单星资源占用

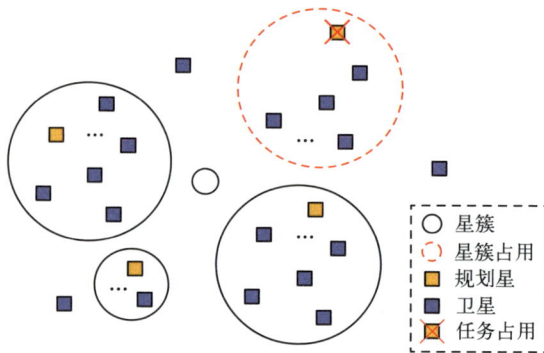

图 5-10　单星簇资源占用

如图 5-11 所示。

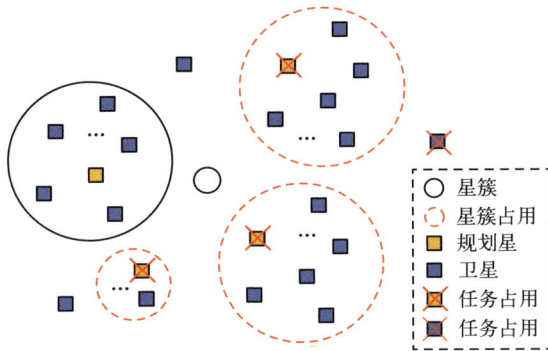

图 5-11　分散网络资源占用

5.2.4　异构星群协同交互信息

可靠的星间信息传输网络和星上任务分配性能是异构星群在轨自主任务规划系统自主运行能力、减少对地面站依赖的基础。异构星群协同自主任务规划所涉及的信息主要分为四大类:任务类、态势类、卫星类、网络资源类。

(1)任务类

星上任务主要有三大来源:地面注入、星上自生成以及星间引导生成。各类任务以表格的形式从空间域、时间域、目标域和信息域等维度进行描述。经任务分解、预处理、任务单在线筹划、异构星群协同协商,最终生成卫星所需执行的任务清单。全网动态更新的任务类信息主要包括地面注入任务清单、星上自生成任务清单、星间引导任务清单、任务清单筹划结果、任务清单筹划参数配置信息等。任务清单的信息内容及信息来源如表 5-5 所示。

表 5-5　任务清单的信息内容及信息来源

项目	内容	信息来源
地面注入任务清单	来自用户、地面的上行任务或经中继转发任务	地面上注卫星
星上自生成任务清单	常驻任务、态势驱动生成、执行失败恢复的任务等	星间传输
星间引导任务清单	无线电引导成像、普查引导详查、连续监测成像等	星间传输
任务清单筹划结果	对各类任务来源进行整合、筛选、规划出待执行的任务	星间传输

项目	内容	信息来源
任务执行过程数据	任务执行状态、任务负载、任务完成情况、单星任务计划	星间传输
任务清单筹划参数配置信息	星上执行任务单筹划解算过程的可调参数配置	地面上注卫星

（2）态势类

态势是感知能力所实现的最终结果，反映了空间中要素分布和环境的当前状态以及未来的发展变化趋势，为决策和任务规划提供支持。态势的全网更新可保证星地、星间态势的一致性。其中，态势一致性是指遂行任务的各星、各单元系统在协同计划和协同行动中所面对的相关态势信息必须保持一致，包括对相关的态势元素时空状态的感知、理解和预测。

态势类信息在卫星自主任务规划中，主要用于任务生成、任务规划、任务执行三个阶段。态势类信息内容及信息来源如表 5-6 所示。

表 5-6   态势类信息内容及信息来源

项目	内容	信息来源
目标动态信息	局部、全球分布的已知、实时发现、动态更新的静态目标、动态目标	地面上注、星上生成
部署信息	部署位置、种类等	地面上注、星上生成
目标状态信息	港口、机场、航路、航线动态信息	地面上注、星上生成
环境	云覆盖、气象、水文、太阳月相、无线电环境等	地面上注、星上生成
事件信息	基于态势信息综合的描述信息	地面上注

（3）卫星类

各类卫星是态势感知、目标连续监测成像、各类信息保障任务的直接执行单元。在自主任务规划过程中，任务的分解、匹配、规划、分发、执行、反馈等过程都涉及卫星平台、载荷及链路的各类约束。任务规划需清楚参与任务执行与协同的卫星载荷模型、姿态模型、能源模型、存储模型，需要基于卫星的任务执行动作、任务负载、能源平衡、存储剩余量、健康状况等进行统筹决策，并将以上信息在全网进行更新，以保证任务规划的实时性、准确性和任务的完成率。卫星类信息内容及信息来源如表 5-7 所示。

表 5-7 卫星类信息内容及信息来源

项目	内容	信息来源
卫星模型信息	卫星姿态机动模型、工作模式模型、链路传输模型等	地面上注
载荷模型信息	载荷安装、指向、分辨率等参数装订,数据量估计模型	地面上注
能源信息	基于实时采集、任务执行、充放电模型预估的能源可用情况	星上生成
存储信息	基于实时采集、任务执行、下传模型预估的能源存储情况	星上生成
姿态信息	对日、对地、中继指向、任务执行过程的姿态数据	星上生成
轨道信息	卫星飞行轨道根数、时戳、位置、速度等	星上生成
健康状态	载荷、数管、平台等各分系统相关的健康状态,决定卫星是否入网、是否参与任务规划	星上生成

(4)网络资源类

卫星自主任务规划包含数据传输类任务,因此星上需了解地面数据接收设备、中继星等资源模型及可用状态,如地面站、移动站、中继接收系统等属性、参数、模型等,如地理坐标、传输频点、带宽、时间特性等,获取站点当前的工作状态、接收链路与接收数据完整度状态反馈等。网络资源类信息内容及信息来源如表 5-8 所示。

表 5-8 网络资源类信息内容及信息来源

项目	内容	信息来源
测控站	地理坐标、传输频点、带宽等基础信息,及占用时段可用时段等信息	地面上注
数传站	地理坐标、传输频点、带宽等基础信息,及占用时段可用时段等信息	地面上注
中继星	轨道信息、传输频点、带宽等基础信息,及占用时段可用时段等信息	地面上注
移动站	地理坐标、区域、传输频点、带宽等,及占用时段可用时段等信息	地面上注
接收终端	地理坐标、区域、信息需求、传输频点、带宽等,占用时段可用时段等信息	地面上注

5.2.5 异构星群自主协同流程

在轨任务一般支持时间触发、地点触发的任务执行模式,通过执行星上任务规划,自主优选任务执行窗口。本小节在前面 4 小节的基础上,对异构星群协同的一般主流程进行描述,如图 5-12 所示。

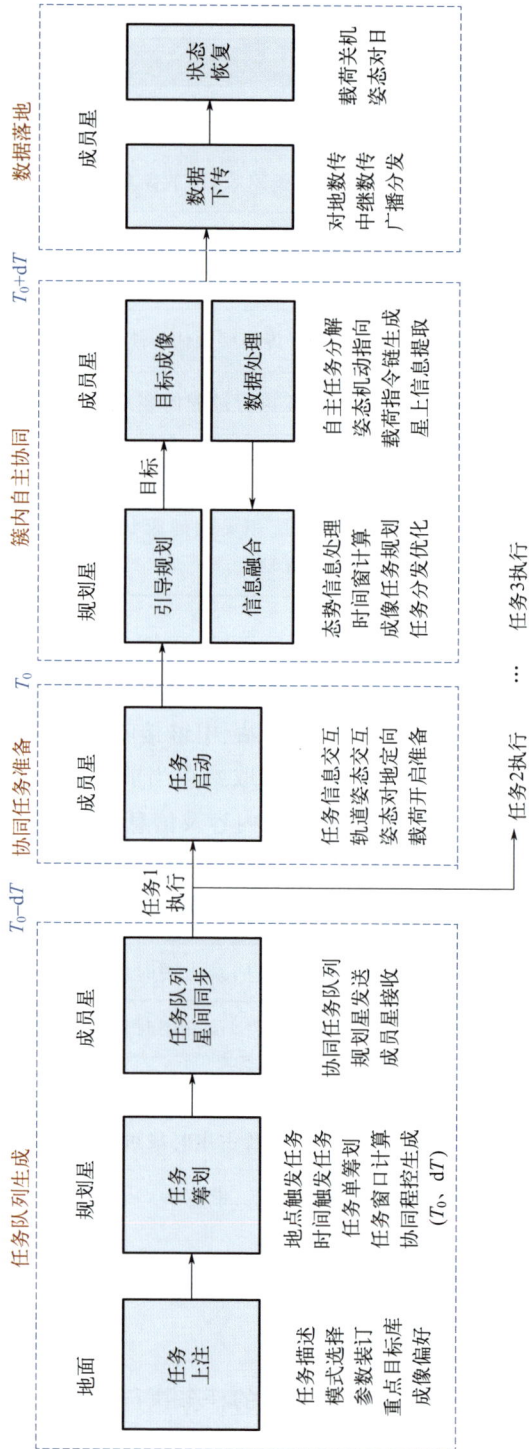

图 5-12 异构星群协同主流程

（1）地面任务上注

地面管控系统收集各级用户需求，将需求进行初步筛选、分解和地面规划，进行星簇任务计划编排，生成星簇协同任务单，经遥控或中继转发，将协同任务相关数据上注。

（2）星上任务规划

对地点触发任务、时间触发任务或指令触发任务进行统一规划，生成一段时间内待执行的协同任务单。

时间触发任务直接插入待执行任务队列，按任务优先级、时间间隔约束等进行冲突消解。地点触发任务则是当星下点对触发区域存在过顶窗口时具备对该区域协同任务启动的基本条件，确定协同任务的协同初始时刻 T_0 和协同执行时间 dT，其中触发区域可定义为任务中心点、触发半径划定的地面区域。最后，根据优先级、任务有效期、总执行次数、连续执行最小间隔、相对中心距执行多窗口的优选，如图 5-13 所示。

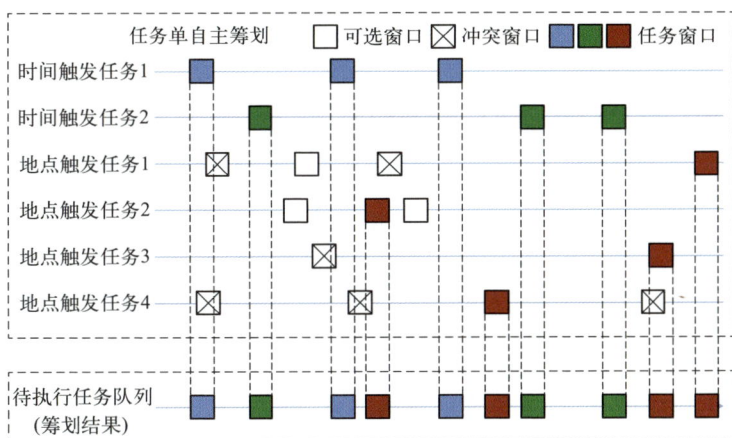

图 5-13 地点触发任务和任务自主规划示意

地点触发生成的任务不与已有地点触发任务冲突，新上注时间触发任务（应急任务）与地点触发生成的任务冲突，则新上注任务替换已存在任务。

（3）星间协同任务队列同步

规划星执行协同任务规划后，生成待执行簇内协同任务队列，将任务队列与成员星同步，可保证在协同时成员星同步启动任务。

（4）协同任务启动

协同任务由成员星根据任务同步信息自主启动。在每个任务协同开始前某一规定时间，由规划星和成员星完成信息握手，并在 T_0 前做好星簇协同准备，卫星姿态对地定向、载荷开机具备工作状态。

（5）协同任务规划与执行

协同过程在从 T_0 到 T_0+dT 时段内进行,规划星根据各类约束进行态势引导信息处理、可见时间窗计算、星上目标分配任务规划、区域任务分解等过程。基于所生成的各星任务规划结果,将成像坐标、成像模式等信息发送给成员星。成员星接收成像任务,自主规划生成姿态导引律,执行载荷开机、姿态机动、图像获取、数据处理与传输等过程。

（6）数据下传

协同观测数据通过对地数传、中继数传等方式下传,其中星间数传规划涉及点对点的任务编排,所以需要任务规划。但与中继卫星的数传涉及与非自主的中继卫星的合作,对人编排程控依赖较强,同时由于中继卫星一般需要提前数天申请,因此不需要自主规划提供的时效性。

（7）星簇状态恢复

在 T_0+dT 时刻,各星停止协同任务,执行载荷关机、姿态对日定向等状态恢复。

5.3 异构星群智能化任务协同方法

异构星群协同自主任务规划是针对用户任务需求,利用可用的异构星群资源,制订最佳任务执行计划,在满足异构星群拓扑、卫星观测和数据约束下,为星间、星内资源在时间轴上制定动作序列,如多目标、大区域的协同观测,数据的集中回传,载荷工作的起始时间、结束时间,载荷的动作参数,数传时间,天线仰角生成,等等。在自主任务规划要求下,将任务规划流程转化为多资源、多任务、多时间窗口、多目标和多约束的组合优化问题。

随着任务规划和调度的复杂性增加,异构星群的智能化任务协同方法成为解决资源分配、任务调度和执行优化的重要手段。本节将探讨基于智能算法的任务协同方法,特别是在多目标、多约束的任务环境中如何通过智能化手段实现任务的优化执行。首先,异构星群任务分配与目标聚类方法对任务进行分类,并根据任务优先级、资源需求和约束条件,将任务高效分配给适当的卫星。接着,介绍几种智能优化算法的应用,包括:基于 GA-SA 的异构星群任务规划算法,这一算法通过遗传算法和模拟退火的结合,优化任务调度与资源分配;基于 NSGA-Ⅱ 的异构星群任务规划算法,该算法通过非支配排序和多目标优化,提高任务规划的效率和质量;基于 MADDPG 的异构星群协同任务规划算法,该算法结合深度强化学习,提升了任务执行过程中的协同智能化水平。通过这些方法，异构星群能够实现更加高效的任务执行与资源利用，不仅满足复杂任务的多目标需求，还能根据环境的变化动态调整任务规划，提升系统的适应性和鲁棒性。

5.3.1　异构星群任务分配与目标聚类

单颗卫星在观测过程中，每一个任务的观测时间窗口都对应于这颗卫星。但对于异构星群多颗卫星进行观测的情况，一个任务也许会对应多个卫星可见时间窗口，此时就需要设计一定的任务分配策略，将任务分配给固定卫星中的某一轨道圈次执行观测[25]。任务分配策略是将经轨道预测等预处理后的任务分配给对应卫星或对应载荷上，为下一步任务规划做准备。一般在异构星群任务规划时考虑的分配策略可分为以下两种类型：①设计一定分配算法将异构星群多资源任务分配到固定的单一卫星上；②设计一定算法将异构星群多资源任务分配给固定载荷的卫星集合。当使用第一种方法进行任务分配时，每一颗卫星都转变为单星任务规划问题，这样异构星群任务规划复杂度有所降低。第二种分配算法相对简单，但是分配后的任务对应的还是卫星资源集合，仍属于异构星群任务规划，后期算法求解难度很高。比较这两种分配策略，第一种任务分配算法把异构星群任务规划转变成单星任务规划问题，因此分配算法的性能会对整个规划过程性能有较大影响，而第二种分配算法整体任务规划性能仍取决于后续集合中异构星群任务规划性能，受到分配算法的影响相对较小。为快速得到规划方案，采用第一种任务分配策略。在构造任务分配方案时，需要考虑观测的目标任务与时间窗对应关系，而时间窗又与固定卫星对应，因此当确定了要执行任务的时间窗，就相当于确定了任务对应的卫星。其他约束条件在后续任务聚类和任务规划时考虑。

在任务进行正式分配前，首先要对任务轨道进行预判，通过预判可以获得卫星对每一个任务的时间窗口、侧摆角等信息，而卫星本身包含优先级、所需观测时长、所需载荷类型等信息。与单星任务相比，异构星群任务分配前的时间窗口预处理有以下区别：在设计单星任务聚类和规划算法时，仅仅考虑了卫星在某一固定轨道圈次下对任务的观测情况，当卫星的运行周期较长时，会出现多个轨道圈次，可能会多次探测到同一目标。为了尽可能早地观测目标，在进行轨道预判时，先将任务在卫星运行周期内的所有可观测时间窗都进行计算，为保证任务观测的时效性，选择卫星第一次观测到任务的时间窗作为任务可见时间窗进行分析。图 5-14 所示为卫星运行过程中的轨道圈次示意图，图中矩形代表卫星运行的轨道圈次，矩形内数字代表卫星具体的运行圈次，蓝色矩形方框代表卫星在该轨道圈次内可以观测到目标任务。在图 5-14 中，卫星在第 2 轨和第 $n-1$ 轨对某一目标有可见时间窗,则为提高任务观测的时效性,选择第 2 轨的时间窗口进行后续分析。

图 5-14 卫星运行轨道圈次示意图

任务分配及聚类算法如下:

不同的任务对卫星载荷类型要求不同,本部分考虑的任务对观测载荷需求有以下几种情况:①若被观测任务需要多种载荷进行联合观测(称这类任务为复合任务),则把这类任务同时分配给各种对应载荷的卫星执行;②若被观测任务只对应一种载荷,且对应的卫星数量和可见时间窗口唯一,则把该任务直接分配给该卫星的固定时间窗口(称这类任务为单资源任务);③若被观测任务对应一种载荷,但是这种载荷对应的卫星数量或可见时间窗口不是唯一的(称这类任务为多资源任务),这种情况就需要对任务进行分配。将任务分配给这种载荷下其中一颗卫星的某一轨道圈次算法步骤如下:

Step1:将所有待观测任务按照载荷需求进行分类,若为复合任务,则各种载荷卫星都要执行;若为单资源任务,则在对应卫星的某一轨道圈次进行直接观测即可;若为多资源任务,则执行 Step2。

Step2:判断多资源任务集合是否为空,若为空,则算法结束,否则算法运行流程转到 Step3,其中算法中的任务集合为 $mutitask=\{mtask_1,mtask_2,\cdots,mtask_n\}$。

Step3:把多资源任务集合中的任务按优先级从高到低进行排序,之后依据任务优先级顺序首先分配任务 $mtask_i$,为了保证不同卫星观测均衡度,把任务优先分配给执行任务数量较少的卫星。如下述公式所示,优先把任务分配给需求度值较大的卫星。需求度的定义如下:

$$Need_i=\frac{prio_i}{TasksNumber_j},\quad j=1,2,\cdots,m \tag{5-15}$$

式中,$Need_i$ 表示任务 $mtask_i$ 待安排需求度;$prio_i$ 表示任务 $mtask_i$ 的优先级;$TasksNumber_j$ 代表第 j 颗卫星确定需要执行的任务数量,通过计算某一任务在不同卫星下的需求度,最终把任务分配给需求度值较大的卫星。

当多资源任务对应的卫星执行任务数量相同时,把该任务按照等值概率随机分配给其中一颗卫星。分配完一个任务后,从多资源任务集合 $multitask$ 中去除任务 $mtask_i$,得到新的任务集合($multitask-mtask_i$),转到 Step2。

总结以上异构星群任务分配及聚类流程如图 5-15 所示。

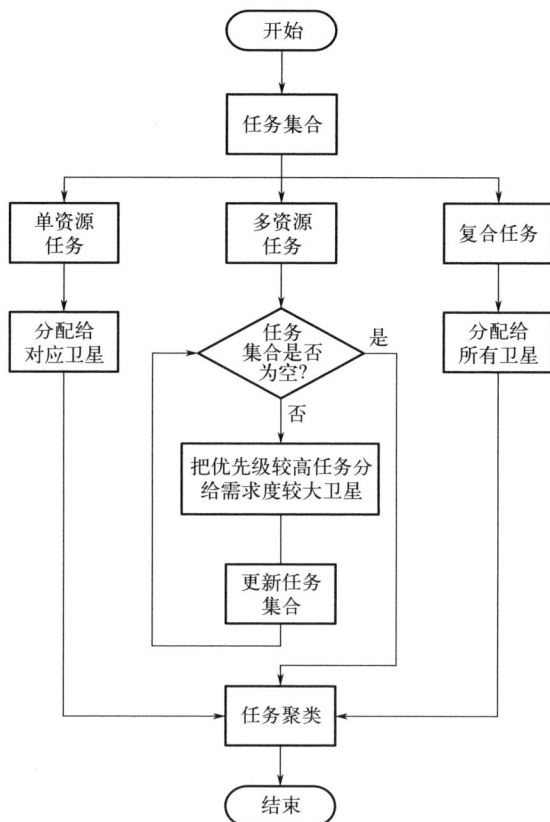

图 5-15　异构星群任务分配及聚类流程

根据上述任务分配算法,最终把所有任务都分配给对应卫星,这样就把异构星群聚类转变为单星聚类问题,在单星聚类模型基础上对各个卫星任务进行聚类并求解,就可得到各颗卫星在任务聚类之后需要观测的任务。

5.3.2　基于 GA-SA 的异构星群任务规划算法

地面生成的原始任务经任务分配算法分配给对应卫星,各颗卫星对要执行的任务进行聚类及团划分,最终得到可以合并观测的任务。这些经分配及聚类得到的任务是异构星群任务规划的数据输入,本节改进 GA-SA 求解算法,使其适用于异构星群任务规划[26]。

考虑单星任务规划模型时,下面三个约束条件只是针对一个轨道圈次,在建立异构星群任务规划模型时,需要拓展到卫星的整个任务周期,因此做以下修改:

卫星运行周期最大开机次数约束:

$$CountMax \geqslant \sum_{u=1}^{N} x_u \tag{5-16}$$

式中,将 $CountMax$ 改为卫星传感器任务周期的最大开机次数;x_u 为决策变量,当卫星执行观测任务时,$x_u=1$,否则 $x_u=0$。上式表示卫星在运行周期内所有执行观测次数不超过星上传感器最大开机次数。

能量约束:

$$\sum_{u=1}^{N} x_u eid_u + \sum_{u=1}^{N} \sum_{v=1,v\neq u}^{N} x_{uv}(s_{uv} + transT_{uv})\varepsilon_{uv} \leqslant E \tag{5-17}$$

式中,E 为卫星运行期间可用的总能量;ei 代表任务时单位时间所需耗费的能量;ε_{uv} 表示从任务 u 结束到任务 v 开始机动调整时单位时间所需要消耗的能量;x_{uv} 是决策变量,当任务 u 执行完后执行任务 v 时,值为 1,否则为 0。

星上存储容量约束:

$$\sum_{u=1}^{N} task_{iu}^{c} * ci \leqslant M \tag{5-18}$$

式中,M 为卫星运行期间可以存储的总容量;ci 表示单位观测时间所需耗费的存储容量。

对于异构星群任务规划问题,首先,根据可观测任务时间窗的开始时间,将每颗卫星的可执行任务从小到大排列。在编码过程中把每一个任务看作 GA-SA 算法的一个基因,把染色体分为多个片段,每一个片段代表一种载荷类型,如图 5-16 所示,染色体可分为 5 个片段,每一个片段代表一种载荷类型,该染色体包含 5 颗卫星编码。

图 5-16　异构星群染色体编码规则

在单星任务规划阶段,使用的编码规则为二进制编码,染色体的长度为单颗卫星在某一个轨道圈次内要执行的聚类任务数量。在异构星群任务规划染色体编码过程中,将多颗卫星要执行的聚类任务总数量作为染色体的长度,染色体中的一个片段代表一种卫星载荷任务,在染色体的每一个基因上,二进制编码的 1 代表该任务被执行,0 代表该任务没有被执行。在异构星群任务规划时,除了编码规则外,还需要对交叉操作、变异操作、选择操作、适应度计算和约束检查消除冲突任务等各方面进行调整和改进,下面介绍具体的调整与改进。

交叉操作：单星任务规划交叉操作对于异构星群编码规则也适用，在交叉时根据染色体长度，随机选取染色体长度内的一个位置互换部分基因。由于在选取交叉位置时有一定随机性，所以每颗卫星的编码区域都有交叉的概率。

变异操作：在单星任务规划阶段所采用的变异方式为按位变异，通过自适应概率判断种群中哪些个体需要变异，对需要变异的个体随机选取突变位进行二进制变异。本节针对异构星群任务编码规则，将变异位规则改变为多点变异，即若某一个体自适应概率达到变异条件，则选择多点进行变异，如图 5-17 所示，这样可以增加局部搜索能力。

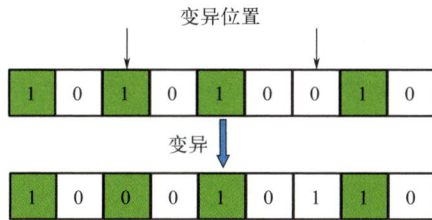

图 5-17　异构星群任务规划算法变异示意图

选择操作：与单星任务规划算法的选择操作一致。

适应度计算：异构星群任务规划个体适应度的计算与单星类似，各颗卫星的可执行任务都按一定规则编码在染色体上，如果任务可以执行，则用二进制的 1 表示，如果任务不可以执行，则用二进制的 0 表示。这样用染色体上的基因数值点乘对应任务的优先级即可得到所有卫星任务的优先级和。同样，对染色体求出所有非零基因值的个数就得到了所有卫星完成任务的数量。当计算求出完成任务的优先级之和以及任务完成数量后，就可以进一步求出个体的适应度。

异构星群约束条件检查、消除冲突任务规则：在进行任务规划时，考虑的约束条件主要包含观测时间窗口、观测任务之间不能有交叉、两次观测中间准备时间、任务成像时长约束、最长工作时间约束、最大开机次数约束、侧摆角转换约束、能量约束及星上储存容量约束。针对异构星群染色体编码规则，需要对约束检查和消除冲突任务规则进行一定更改。观测时间窗口检查、任务成像时长约束为任务自身属性，不受其他任务影响，所以约束检查和冲突消解规则不需要修改。剩余约束条件会受到其他任务的影响，例如两次任务之间的准备时间及侧摆角转换约束涉及前后观测的任务，不同卫星的单次最长工作时间、单圈次最大开机次数、能量及星上储存容量都不尽相同，所以需要根据异构星群编码规则进行相应的修改。主要修改如下：在每一次约束条件检查及冲突任务消除时，分别针对染色体上的不同载荷片段进行约束检查及消除冲突任务，如图 5-18 所示，把个体染色体按载荷类型分为多个染色体片段,针对每一个染色体片段进行约束检查及消除冲突任务,直到所有片段都执行完约束检查及消除冲突。

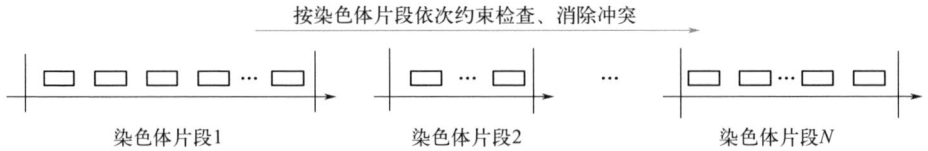

图 5-18　异构星群任务规划分段检查及消除示意图

5.3.3　基于 NSGA-Ⅱ 的异构星群任务规划算法

编队卫星系统对全球地面干涉成像能够完成测绘区域的高程图像获取,同时在一定的成像角度范围内,能够获得 GMTI 图像,因此,对于有些测绘目标区域存在观测机会能够同时获得两种图像。本小节主要介绍多目标优化算法 NSGA-Ⅱ对应急测绘策略多目标优化的求解[27],考虑 SAR 编队系统能够以一定的测绘条件同时对相同的区域完成高程测绘(Digital Elevation Map,DEM)[28]和地面动目标信息的测绘(Ground Moving Target Indicator,GMTI)[29],本小节中的多目标分别是最大化收益和最大化完成两种图像的数量,对多目标测绘进行介绍,建立测绘策略多目标优化问题的数学模型。

5.3.3.1　观测目标预处理

根据目标大小,所有的观测区域可以分为两种类型:点目标和区域目标(regional target)。点目标可以由成像条带一次测绘完成覆盖,区域目标需要多个条带成像完成覆盖,因此,在做成像调度规划前,需要对区域目标进行处理。分解思路是将区域目标分解成多个元任务(点目标),根据卫星星下点轨迹以及成像条带对全球区域进行栅格化分解,分解的最小单元能够被成像条带一次成像覆盖,对于不规则的区域测绘,按照经纬度方向进行划分,分解之后的网格具有相同高的经纬度长度。

流程如下:

Step1:寻找区域最小经度、最大经度、最小纬度、最大纬度。

Step2:根据 Step1 中的 4 个值,找出包围区域的矩阵范围,如图 5-19 所示。

Step3:按照栅格大小将矩阵分块。

Step4:按照从左往右、从上往下的顺序遍历完矩阵中分块得到的栅格,计算每个栅格左下角的经纬度,并判断其是否包含于测绘目标区域中,如果是,则该栅格归为测绘点目标。

5.3.3.2　约束模型

建立多目标求解数学模型,用数学符号 $<O,A,T,C,F>$ 表示。其中,O 表

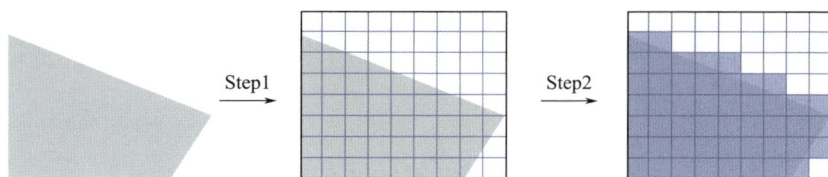

图 5-19 区域目标分解示意图

示卫星的轨道数集合，$O=\{1,2,\cdots,Num\_o\}$；A 是卫星每轨成像条带的集合，$A=\{1,2,\cdots,Num\_a\}$。为了简单起见，这里卫星每个轨道的成像条带数相同；假设在每轨前三种成像角度成像能同时完成两种图像（DEM 和 GMTI）。T 是测绘目标集合，包含了点目标和区域目标分解后的目标。$T=\{t_1,t_2,\cdots,t_m\}$，m 表示目标的总数；其中每个目标 $t_i=\{p_i,chance_i\}$，p_i 为目标的优先级（收益），为了仿真效果，p_i 为 $1\sim10$ 之间任意一个值；$chance_i=\{c_1,c_2,\cdots,c_n\}$，$n$ 为当前目标的测绘机会总数，$c_i=\{a_i,ws_i,we_i,o_i\}$，其中 a_i 为目标的成像条带，$a_i\in A$，ws_i 为目标的开始成像时间，we_i 为目标的结束成像时间，o_i 为当前测绘机会所在轨道。

目标函数：

$$F_i=\max\sum_{i=1}^{m}\sum_{k=1}^{len}p_i(x_{ik}),\quad len=length(chance_i) \tag{5-19}$$

$$F_2=\max\sum_{i=1}^{m}xn_i \tag{5-20}$$

约束条件：

① 载荷一次开机时间需要满足上下限：

$$offt_k^g-ont_k^g\leq\max\_ont \tag{5-21}$$

$$offt_k^g-ont_k^g\geq\min\_ont \tag{5-22}$$

② 单轨卫星雷达载荷最大成像总时间限制和开关机次数有限：

$$n^g\leq g\_onum \tag{5-23}$$

$$\sum_{k=1}^{n_g}(offt_k^g-ont_k^g)\leq g\_maxt \tag{5-24}$$

③ 载荷成像角度切换时间间隔约束：

$$ws_j\geq we_i+bt+t\_sta,\quad y_{ij}=1,\quad a_i\neq a_j \tag{5-25}$$

④ 载荷关机重启时间间隔约束：

$$ont_{k+1}^g-off_k^g\geq time_{onf} \tag{5-26}$$

$$ont_k^g\leq ws_i\leq we_i\leq offt_k^g,\quad ont_{k+1}^g\leq ws_j\leq we_j\leq offt_{k+1}^g \tag{5-27}$$

$$when \ y_{ij}=1, \quad O_i \neq O_j, \quad ws_j \geqslant we_i + time_{onf} \tag{5-28}$$

⑤ 同一时间载荷只能一个成像条带开机测绘,测绘完成的任务不需要再次测绘:

$$\sum_{k=1}^{len} x_{ik} \leqslant 1, \quad len = length(chance_i) \tag{5-29}$$

5.3.3.3　NSGA-Ⅱ算法

NSGA-Ⅱ是最流行的多目标遗传算法之一,它降低了非劣排序遗传算法的复杂性,具有运行速度快,解集的收敛性好等优点,成为其他多目标优化算法性能的基准[30]。

NSGA-Ⅱ是 NSGA 的改进版本,该算法在快速找到 Pareto 前沿和保持种群多样性方面都有很好的效果,但是该算法有一些局限性,NSGA-Ⅱ在以下方面做了改进:

① 快速的非支配排序(Fast No-dominated sorting approach);

② 引入了拥挤度概念,确保了非劣解的多样性;

③ 引入精英策略,能够防止在种群进化过程中优秀个体的流失,对父代种群和其产生子代种群一起进行非支配排序的方法,能够使得父代种群中基因较好的个体保留下来。

NSGA-Ⅱ算法的基本流程如下:

Step1:确定卫星测绘的开始时间和结束时间,通过 STK 仿真得到每个测绘目标的观测机会。

Step2:确定仿真参数,种群大小 N_pop,终止计算代数 N_top,交叉概率,变异概率。

Step3:随机生成初始种群 P_0。

Step4:调整初始解集,使其满足约束;计算初始种群中每个解的适应度值,计算拥挤度,并进行非支配排序;排序后的种群第一代种群为 P_1,种群计算代数 N_gen 等于1,记录种群 P_1。

Step5:通过对种群 P_1 执行交叉算子和变异算子生成子代种群 Q_1,并调整子代解集,使其满足约束,计算子代种群中每个解的适应度值。

Step6:合并父代种群 P_1 和种群 Q_1,并进行快速非支配排序,同时对处在每个非支配层中的所有个体进行拥挤度计算。

Step7:依据个体之间的非支配关系和个体拥挤度的大小,选择合适的个体形成新的父代种群 P_2。

Step8:$P_1=P_2$,$N\_gen=N\_gen+1$,记录第 N_gen 代种群 P_1。

Step9:判断 N_gen 是否小于 N_top,如果是转至 Step5,否则终止,结束算法。

算法流程如图 5-20 所示。

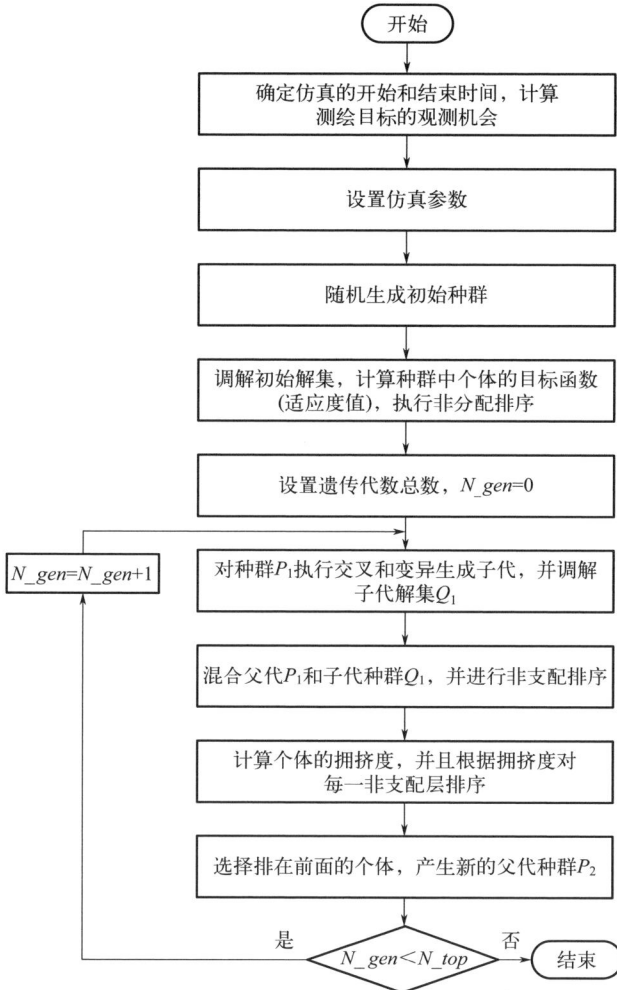

图 5-20　算法流程

NSGA-Ⅱ是应用遗传算法的思想多目标求解方法,使用遗传算法首先需要进行编码设计,编码的设计方法会对遗传算法的交叉和变异算子的结果有相对重要的影响,遗传算法的效率也受到编码方法的制约。目前比较常用的编码方式主要有:①二进制编码,染色体结构每个基因位都是一个二进制数,即 0 或 1;②整数编码,每一个基因取一定范围内(如从 0 到 n)的整数;③浮点数编码,类似于整数编码,不同的是基因值是范围内的实数。

采用整数编码,每一个基因代表一个测绘目标,取值为 $0 \sim n$ 之间的整数,n 表示测绘目标的观测机会数目,如果基因值取 0,表示对应的测绘目标没有被完成测绘;如图 5-21 所示,测绘目标 1 和 140 没有完成测绘覆盖。

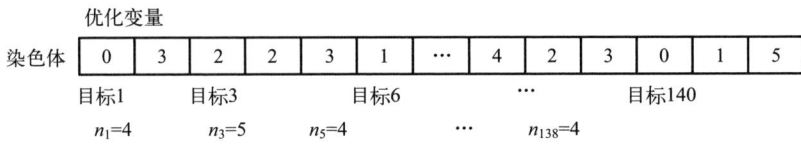

图 5-21   染色体结构

自然界中,新个体的产生通常是由父代染色体进行交叉变异获得的。在遗传算法中也是通过交叉算子产生新的个体,交叉算子是设计确定两个染色体哪些基因在何位置进行交叉,好的交叉算子还会视子代个体继承到父代个体优秀的基因。使用均匀交叉方法,通过二元竞标赛法从父代种群中选择两个个体,先随机产生一个与父代个体具有同样长度的二进制串,其中 0 表示当前位置基因不交换,1 代表进行交换。二进制串交叉模板如图 5-22 所示,根据模板对两个父代个体进行交叉,得到新个体。

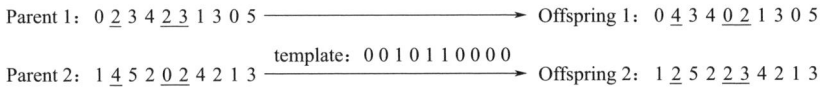

图 5-22   二进制串交叉模板

子代的生成步骤如下:

Step1:通过二元竞标赛法选取父代染色体 $xg_i^{(1,l)}$ 和 $xg_i^{(2,l)}$。

Step2:随机生成 $r[0\sim1]$;如果 r 小于交叉概率,则转至 step3,否则不发生交叉,子代个体为父代个体复制。

Step3:随机生成等长二进制串,进行上述交叉算法,生成子代染色体 $xg_i^{(1,l+1)}$ 和 $xg_i^{(2,l+2)}$。

交叉算法在全局的角度上找到了一些较优的个体,能够接近问题的最优解,但交叉算子在局部细节搜索方面还达不到要求,这样会造成算法的较早收敛,即早熟现象。变异算子可以改善交叉算子的局部搜索能力,经过交叉和变异算子后能够维持种群的多样性,防止个体在形成最优解过程中过早收敛。这里设计了均匀变异算子,以较小的概率替换个体中基因的原有基因值。

5.3.4   基于 MADDPG 的异构星群协同任务规划算法

多智能体深度决策梯度策略算法(Multi-Agent Deep Deterministic Policy Gradient,MADDPG)[31]中,多智能体的环境状态是由多个 agent 的行为共同决定的,本身具有不稳定性(non-stationarity),Q-learning 算法很难训练,policy gradient 算法的方差会随着智能体数目的增加变得更大。MADDPG 算法是"基于演员-评论家多智能体强化学习"方法的变体,对每个 agent 的强化学习都考虑其他 agent 的动作策略,进行中心化训练和非中心化执行,基于一种策略集成的训练方法,可以取得更稳健的多智能体协同任务执行效果,如图 5-23 所示。

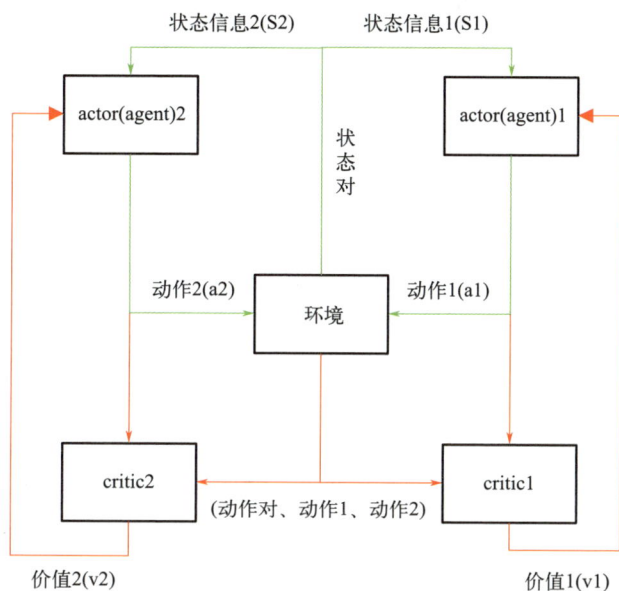

图 5-23　MADDPG 算法示意

传统强化学习方法很难用在 multi-agent 环境上,一个主要原因是每个 agent 的策略在训练过程中都是不断变化的,这导致对每个 agent 个体来说,环境都是不稳定的。从某种程度上来说,一个 agent 根据这种不稳定的环境状态来优化策略是毫无意义的,当前状态的优化策略在下一个变化的环境状态中可能又无效了。这就导致不能直接使用经验回放(experience replay)的方法进行训练,这也是 Q-learning 失效的原因。对于 policy gradient 方法来说,随着 agent 数量增加,环境复杂度也增加,这就导致通过采样来估计梯度的优化方式,方差急剧增加。

MADDPG 算法采用中心化的训练和非中心化的执行[32]。即在训练时,引入可以观察全局的 critic 来指导 actor 训练,而测试时只使用有局部观测的 actor 采取行动。算法的思想基础是 DDPG:各 agent 之间没有交互,不知道队友或者对手会采取什么策略,则只能根据自己的情况来选择动作,但是实际环境中存在多个 agent,环境状态的改变是多 agent 全部动作的结果,对单一 agent 来说,因为缺乏其他 agent 的动作信息,造成"动作→状态改变"的错误认识,故不能取得好的协作结果。

以两个 agent 的协作为例说明 MADDPG 算法的具体过程,如图 5-23 所示。

在训练过程中,评论家 1 和评论家 2 可以获得环境的全部信息状态,同时还能获得两个智能体 agent 采取的策略动作 a1、a2,组成状态/动作对(Sall,a1,a2)作为每个 agent 训练模型的输入,输出状态/动作对的价值 v 来评估当前动作的好坏,并帮助智能体改进策略。当模型训练好后,只需要两个智能体与环境交互,即绿色的循环。这里区别于单个智能体的情况,每个智能体的输入状态是不一样的。环境输出下一个全信息状态 Sall 后,每个智能体只能获取自己能够观测到的部分状态信息 S1、S2。也就是说,每个智能体虽然不能看到全部信息,也不知道其他智能体的策略,但是经过训练后的智能体都有一个上帝视角的导师,这个导师可以观测到所有信息,并指导对应的智能体优化策略。

MADDPG 算法就是在一个需要多个智能体协作完成多项任务的情景中,首先在训练阶段采用中心化的训练方法,即每个智能体根据全部的环境状态信息选择一个动作,得到改变了的全部环境状态信息,并且也可以知道对环境状态改变造成影响的其他智能体动作,根据改变后的环境状态进行评估,智能体根据评估结果判断自己采取动作的好坏。这一训练过程不仅让各智能体学习到在什么环境状态下采取何种动作得到好的收益,而且也学习到相互协作的其他智能体的"习性",即在某种环境状态下,其他智能体知道如何动作会取得最优的协作结果。

在实际使用阶段,MADDPG 算法采用去中心化方法,即各智能体只能知道局部的环境状态信息及状态改变,不能知道协作体中其他智能体处在何种局部环境中、会采取何种动作。但是经历了中心化的训练过程,各智能体之间对彼此的能力、习性有了充分的了解,在实际测试环境下,基于对彼此的认识和信任,基于MADDPG 算法的多智能体协作能够取得很好的协同作业效果。

这很符合人类个体协作的过程,在平时训练时经历各种模拟场景,彼此基于环境信息采取解决措施,环境状态会改变,态势评估会评判各个体的动作效用,在反复演练过程中,个体之间对彼此的能力、脾性有了充分了解,然后在真实事件发生时,个体之间基于历史配合模式各自做出动作选择,取得最好的协作结果。将MADDPG 算法应用于异构星群协同任务规划问题中有很好的可行性[33]。虽然MADDPG 算法采用的中心化训练方法在大规模多智能体环境中的可扩展性较差,但是在太空中运行的卫星数目有限,能够协同作业的卫星数量也没有很多,远称不上"大规模"问题;另外,该算法中每个智能体都拥有自己独立的 critic network以及 actor network,并且每个智能体都拥有自己独立的回报函数,这样算法可以同时解决协作环境、竞争环境以及混合环境下的多智能体问题,并且拥有一定的对抗环境非平稳能力。

5.4　本章小结

本章围绕分布式异构星群任务协同规划的理论模型、机制设计及智能化方法展开,系统性地探讨了异构星群在复杂任务环境中的资源优化利用和任务协同执行问题。通过分析异构星群的任务特性及技术需求,提出了任务协同规划模型,并深入探讨了知识获取与任务理解技术的关键作用。同时,本章对星群协同机制的设计方法、协同交互信息的结构化表达以及自主协同流程的实现进行了详细阐述,为后续研究奠定了基础。

本章重点介绍了几种基于智能优化算法和人工智能技术的任务规划方法,包括基于 GA-SA、NSGA-Ⅱ 及 MADDPG 等算法的协同优化策略。通过这些技术,星群系统能够在多目标、多约束环境下实现高效的任务分配与动态调整,显著提升了系统的自主性与鲁棒性。研究表明,智能化的异构星群协同方法不仅能够满足复杂任务的执行需求,还为资源高效利用和任务全局最优提供了有效解决方案。

参 考 文 献

[1]　刘晔伟,周庆瑞,黄昊. 分布式卫星系统动态任务协同规划算法研究[J]. 空间控制技术与应用,2022,48(04):46-53.

[2]　陈占胜,朱维各. 异构巨型星座开放式敏捷架构设计[J]. 上海航天(中英文),2024,41(03):95-102.

[3]　白保存. 考虑任务合成的成像卫星调度模型与优化算法研究[D]. 长沙:国防科学技术大学,2008.

[4]　白国庆,白保存,徐一帆,等. 多星协同对区域目标观测的动态划分方法[J]. 测绘科学,2010,35(6):32-34.

[5]　付伟达,汪忠辉,苏晨光,等. 基于群体智能的微纳卫星集群自主控制系统研究[J]. 航天器工程,2023,32(02):23-30.

[6]　徐龙威. 集群对地观测卫星协同任务规划研究[D]. 哈尔滨:哈尔滨工业大学,2022.

[7]　Habet D,Vasquez M,Vimont Y. Bounding the optimum for the problem of scheduling the photographs of an agile earth observing satellite[J]. Computational Optimization and Applications,2010,47:307-333.

[8]　Tangpattanakul P,Jozefowiez N,Lopez P. Multi-objective optimization for selecting and scheduling observations by agile earth observing satellites[C]//Parallel Problem Solving

from Nature-PPSN Ⅻ: 12th International Conference. Taormina, Italy, 2012: 112-121.

[9] 刘付成, 韩飞, 韩宇, 等. 分布式协同微纳遥感集群的智能控制系统关键技术[J]. 上海航天(中英文), 2022, 39(4): 1-24.

[10] 尚希杰, 冯阳, 林晓勇, 等. 面向成像卫星组网的群任务规划方法探讨[J]. 数字技术与应用, 2023, 41(11): 87-90.

[11] 朱光熙, 王港, 张超, 等. 基于多模态观测需求信息的遥感星群任务智能规划机制[J]. 天地一体化信息网络, 2022, 3(03): 23-29.

[12] Tharmarasa R, Kirubarajan T, Berger J, et al. Mixed open-and-closed loop satellite task planning[C]//2019 22th International Conference on Information Fusion (FUSION). IEEE, 2019: 1-8.

[13] LemaiTre M, Verfaillie G, Jouhaud F, et al. Selecting and scheduling observations of agile satellites[J]. Aerospace Science & Technology, 2002, 6(5): 367-381.

[14] Soldi G, Gaglione D, Forti N, et al. Space-based global maritime surveillance. part i: Satellite technologies[J]. IEEE Aerospace and Electronic Systems Magazine, 2021, 36(9): 8-28.

[15] 王朝辉, 徐瑞, 李朝玉, 等. 加权负载均衡合同网大规模星座任务分配方法[J]. 航天控制, 2023, 41(04): 59-66.

[16] 向鹏. 李德仁院士: 天地互联网的智能遥感卫星[J]. 高科技与产业化, 2023, 29(09): 12-15.

[17] 彭双, 伍江江, 陈浩, 等. 基于卷积注意力网络的卫星观测任务序贯决策方法[J]. 郑州大学学报(理学版), 2023, 55(05): 47-52.

[18] Chu X, Chen Y, Tan Y. An anytime branch and bound algorithm for agile earth observation satellite onboard scheduling [J]. Advances in Space Research, 2017, 60(9): 2077-2090.

[19] Shen D, Sheaff C, Chen G, et al. Game theoretic synthetic data generation for machine learning based satellite behavior detection[C]//The Advanced Maui Optical and Space Surveillance Technologies (AMOS) Conference. 2020.

[20] 李爱华, 徐以则, 迟钰雪. 本体构建及应用综述[J]. 情报理论与实践, 2023, 46(11): 189-195.

[21] 王亚儒, 张勇, 邸江芬. 基于知识图谱的战法知识库构建技术[J]. 火力与指挥控制, 2022, 47(6): 158-161, 170.

[22] Wang Y, Wang X, Feng Y, et al. Strategic response for ease of doing business using case-based reasoning[J]. Expert Systems with Applications, 2022, 210: 118514.

[23] 慈颖, 秦留洋, 韩惠婕. 基于航天装备数据的知识图谱体系研究[J]. 计算机测量与控制, 2023, 31(05): 249-254.

[24] 王海蛟. 基于强化学习的卫星规模化在线调度方法研究[D]. 北京: 中国科学院大学(中国科学院国家空间科学中心), 2019.

［25］ 陆召严,姬聪云,付碧红,等 . 遥感卫星多载荷普查观测自主任务方法［J］. 北京理工大学学报,2024,44(12):1241-1252.

［26］ Zheng Z,Guo J,Gill E. Swarm satellite mission scheduling & planning using hybrid dynamic mutation genetic algorithm［J］. Acta Astronautica,2017,137:243-253.

［27］ 刘涵,刘泽伟,郭辉,等 . 基于改进的 NSGA-Ⅱ算法的低轨星座设计［J］. 航天电子对抗,2024 ,40(03):26-32,38.

［28］ 朱育宽 . 基于 DEM 的高分辨率实时 SAR 图像生成技术研究［D］. 成都:电子科技大学,2023.

［29］ 许华健 . 分布式卫星雷达复杂地理杂波抑制和运动目标检测方法研究［D］. 西安:西安电子科技大学,2018.

［30］ 顾清华,莫明慧,卢才武,等 . 求解约束高维多目标问题的分解约束支配 NSGA-Ⅱ优化算法［J］. 控制与决策,2020,35(10):2466-2474.

［31］ Wang L,Jiao H. Multi-Agent Reinforcement Learning-Based Computation Offloading for Unmanned Aerial Vehicle Post-Disaster Rescue［J］. Sensors,2024,24(24):8014-8014.

［32］ Li B,Wang J,Song C,et al. Multi-UAV roundup strategy method based on deep reinforcement learning CEL-MADDPG algorithm［J］. Expert Systems With Applications,2024,245:123018.

［33］ 王桢朗,何慧群,周军,等 . 基于多智能体深度强化学习的多星观测任务分配方法［J］. 上海航天(中英文),2024,41(01):108-115.

第 6 章

分布式异构星群协同控制方法

在当代航天工程领域,异构星群协同控制技术因其高度复杂性和广阔的应用前景,已成为推动航天任务智能化和高效化的重要方向。异构星群由多种功能各异的卫星组成,这些卫星在轨道上的协作不仅需要维持特定的构型稳定性,还需要实现动态的任务分配与资源优化,以最大限度地发挥整个星群的性能。然而,传统的单星控制方法已难以满足现代任务对灵活性、高精度及多目标适应性的要求。因此,如何构建一种能够适应复杂动态环境的协同控制方法,成了当前航天领域亟待解决的关键问题。

本章将深入探讨异构星群在构型保持与重构控制、基于数据驱动的高精度姿态与轨道一体化控制、智能化规避策略以及多约束条件下的安全性能保障等方面的核心挑战与解决方案。首先,在构型保持与重构控制方面,提出一种基于自适应控制理论的方法,该方法能够在复杂的动态环境中自动调整各卫星的姿态和轨道参数,以确保整个星群的构型稳定。其次,针对高精度姿轨一体化控制的需求,研究人员引入先进的优化算法和机器学习技术,开发出一套高效的控制策略,实现对姿态和轨道的精确控制,从而大幅提升星群的整体性能。此外,为了应对潜在的空间碎片和其他航天器带来的碰撞风险,本章还将详细讨论一种基于深度强化学习的智能化规避策略,该策略能够在实时监测环境变化的基础上,做出快速而准确的决策,有效避免碰撞事件的发生。最后,为确保星群在多约束条件下的安全运行,本章提出一套全面的安全性能保障方案,涵盖从故障检测与诊断到应急响应等多个环节,从而为星群的长期稳定运行提供坚实的保障。

通过上述研究,不仅揭示了异构星群协同控制所面临的诸多挑战,而且提出了一系列创新性的解决方案。这些研究成果不仅有助于提升现有航天任务的执行效率和可靠性,也为未来更复杂的航天任务奠定了坚实的基础。

6.1 星群自组织构型保持控制

星群构型控制是实现星群构型稳定,确保星群性能满足任务需求的重要保证。星群是由运行在空间的多颗卫星组成的大型系统,系统存在大量的不确定性和不确知性[1]。与单颗卫星的轨道控制相比,星群构型控制状态变量的数目也大大增强,同时星群是作为一个整体来为目标区域提供可靠的稳定的服务,因此,星群构型控制具有一些典型的特点[2]。星群是作为一个整体来完成航天任务的,因此星群中的卫星控制对星群服务性能也将产生影响,从而导致星群中同时控制的卫星数目得到限制。星群中的所有卫星必须在不同时刻按照一定的序列来完成星群构型控制[3]。

6.1.1 星群构型控制的任务分类

根据任务目标的不同,星群构型控制可以分为构型保持控制和构型重构控制两类[4,5]。

(1)构型保持控制

构型保持控制通过轨道调整,将偏离标称轨道的卫星恢复到期望位置,克服外部摄动(如地球非球形引力、第三体引力等)和内部扰动(如控制误差)的累积影响,从而确保星群的长期稳定性和连续性。在保持构型过程中,需要优化推进剂的使用,均衡各卫星的燃料消耗,延长星群整体的使用寿命。轨道调整过程中,应优先修正对整体性能影响最大的卫星,避免在故障发生后才进行关键卫星的调整,以防止性能进一步下降。

(2)构型重构控制

当任务需求或卫星状态发生变化时,构型重构控制通过调整星群构型参数(如构型尺寸或轨道相位),完成任务需求的适配或性能恢复。例如,在失效卫星需要离网的情况下,构型重构控制可以重新分布剩余卫星的位置,确保服务性能的延续。同时,重构控制还可以根据任务需求调整星群覆盖范围或服务区域,提升任务的适应性和灵活性。

6.1.2 星群构型控制的优化策略

在星群构型控制中,为了降低燃料消耗和减少对星群性能的影响,需要综合考虑以下优化策略:

(1)燃料消耗的均衡性与最小化

在星群构型保持和重构任务中,均衡分配各卫星的燃料消耗至关重要。如果某些卫星频繁执行机动操作,可能导致其燃料过早耗尽,进而缩短整个星群的有效寿命。因此,制定合理的控制策略,确保各卫星的燃料消耗速率大致相同,有助于延长星群的整体寿命。此外,优化轨道修正策略,尽量减少推进剂的使用量,也是降低燃料消耗的关键。例如,采用最优控制理论,设计燃料最小化的轨道机动路径,或利用自然摄动效应(如地球非球形引力场、太阳辐射压等)进行无燃料或低燃料的轨道调整。

(2)控制任务的序列化规划

在规划星群控制任务时,应优先选择对整体性能影响最小的卫星进行调整。这需要综合考虑各卫星的任务重要性、当前状态以及对服务区域的覆盖情况。特别是在关键任务区域,构型控制应尽量避免服务中断,确保至少满足最低的服务性能要求[6]。为此,可以采用任务优先级排序的方法,先调整对任务完成至关重要的卫星,或在服务需求较低的时段进行机动操作。此外,利用多目标优化算法,平衡燃料消耗、服务性能和任务优先级之间的关系,制定最优的控制序列[7]。

(3)对破坏最严重卫星的优先修正

在外部摄动(如大气阻力、地球引力场不均匀性等)导致星群构型稳定性受到破坏时,应优先修正位置漂移速率最大的卫星[8-10]。这种策略能够最大限度减缓构型稳定性恶化速度,同时降低整体燃料消耗。具体而言,可以通过监测各卫星的轨道参数变化,识别出受摄动影响最严重的卫星,并优先对其进行轨道修正。此外,利用卡尔曼滤波等估计方法,预测未来的轨道漂移趋势,提前制订修正计划,避免因轨道偏差过大而导致的高燃料消耗。

通过综合应用上述策略,星群构型控制可以在降低燃料消耗的同时,确保星群性能满足任务需求,延长星群的有效服务寿命。

6.1.3　星群构型控制系统的实现

星群构型控制系统的实现采用结合绝对位置控制与相对位置控制的混合策略,以平衡精度、频率与燃料消耗之间的关系。

(1)绝对位置控制

绝对位置控制以保持卫星在标称轨道上的精确位置为目标,适用于需要高精度任务执行的场景。例如,在导航星群或成像任务中,绝对位置的偏离直接影响任务的精度和服务质量。绝对位置控制能够保证卫星轨迹的精确性,但这需要推进器具备较高的推力和性能,同时对控制系统的响应速度和频率提出了较高要求。频繁的轨道修正导致燃料快速消耗,因此绝对位置控制更适合对精度要求极高的短期任务[11]。

(2)相对位置控制

相对位置控制通过调整卫星之间的相对位置关系来维持星群的构型稳定性。这种方法更加适合对轨迹偏差容忍度较高的场景,如通信或监测任务[12]。相对位置控制的一个关键优势是它能够显著降低控制频率和燃料消耗,从而延长卫星的使用寿命。这种策略允许星群在保持整体稳定性的同时[13,14],降低单颗卫星的控制负担,特别是在大规模星群中能够实现更高效的管理。

(3)混合策略的优势

通过结合绝对位置控制与相对位置控制,星群构型控制系统可以灵活适配不同的任务需求[15]。例如,在任务初始阶段或关键任务区域,可以优先采用绝对位置控制以确保高精度;而在任务间隙或次要区域,则可以采用相对位置控制以减少资源消耗。这样的混合策略能够在保证任务精度的同时,优化星群的燃料使用和控制效率。

此外,星群构型控制系统采用顶层规划与底层反馈控制相结合的架构。这种分层控制体系能够在复杂任务中实现全局优化,并提升异构星群系统的响应灵活性。

顶层控制规划器主要负责根据当前星群的整体状态、任务需求以及构型约束条件,生成机动序列和目标状态。具体来说,规划器会:

① 评估星群的服务性能、燃料分布及轨道偏差;

② 制订调整计划,包括优先修正的卫星、调整时间及轨迹优化路径;

③ 确保机动序列能够最大限度减少对任务服务的干扰,并优化燃料使用;

④ 顶层规划器通常依赖于全局优化算法,如模型预测控制(MPC)或多目标优化算法,以平衡精度、燃料和任务优先级之间的冲突。

(4)底层反馈控制器

底层反馈控制器基于顶层规划器生成的指令,通过具体的执行机制完成卫星轨迹的调整任务。反馈控制器的主要功能包括:

① 根据规划的目标状态生成推力控制指令;

② 动态修正机动过程中受到的摄动或误差;

③ 通过闭环反馈机制确保卫星能够精确到达目标位置。

底层控制器采用鲁棒控制、LQR 控制或基于卡尔曼滤波的估计算法,能够实时响应外界扰动并调整轨迹修正策略,以确保控制的稳定性和精度。

(5)分层架构的优势

顶层规划与底层反馈控制的分层架构不仅能够实现构型控制的全局优化,还能大幅提升任务执行的灵活性。顶层规划器注重系统的全局性和任务优先级,适合处理复杂的星群协调与任务分配问题;而底层反馈控制器则专注于局部精度与实时响应,适合解决执行中的动态调整与扰动补偿问题。这种架构能够在保持系统整体性能的同时,快速响应任务需求的变化,提高星群控制的效率和鲁棒性。

6.1.4 星群构型控制的重要目标

星群构型控制的主要目标在于通过优化控制策略,确保星群的长期稳定性和服务性能,同时满足复杂任务环境中的多重需求。星群构型控制的核心要求有以下几个方面:

(1)服务性能的稳定性与鲁棒性

星群构型控制必须在动态环境下保证系统的服务性能稳定性和鲁棒性[16]。星群运行过程中常会受到外部摄动(地球非球形引力场、第三体引力、太阳辐射压等)和内部扰动(控制误差、卫星设备故障等)的影响。这些因素导致轨道偏差、服务中断甚至任务失败。因此,构型控制须具备以下特性:

① 动态响应能力：控制系统应实时监测星群的状态参数，如轨道偏差、燃料使用情况、通信链路状态等，在发生扰动或故障时迅速调整控制策略，确保服务区域的覆盖质量不受显著影响[17]。

② 故障容错性：星群构型控制需通过任务分布的灵活调整，以及对故障卫星的离网处理，维持星群的整体功能。例如，在部分卫星无法正常工作时，构型重构任务应能快速重新分配剩余卫星的位置和功能，确保任务完成。

③ 长期稳定性：为了满足长期任务需求，构型控制需通过优化燃料消耗、分配控制任务等手段，避免系统性能随着时间退化，从而保持服务的持续性。

（2）燃料消耗的均衡分配

燃料消耗的均衡性是影响星群整体寿命和任务经济性的重要因素[18]。星群中的每颗卫星具有有限的燃料储备，如果控制任务分配不合理，部分卫星可能因燃料耗尽而过早退役，导致星群功能下降。因此，构型控制需要：

① 均匀分配控制任务：通过调度算法，合理规划轨道调整任务，确保每颗卫星的燃料消耗速度接近一致[19]。这样可以延长星群整体寿命，并避免个别卫星因燃料枯竭而影响整个星群性能。

② 优化燃料使用策略：采用最优控制算法（模型预测控制、动态规划等），降低推进剂消耗[20]。例如，通过利用自然摄动效应（太阳辐射压或引力摄动）辅助调整轨道，减少对推进器的依赖，实现低燃料的轨道修正。

③ 燃料消耗的全寿命管理：燃料的消耗应贯穿卫星的全生命周期，通过长期的任务规划确保燃料的使用效率。在任务初期对燃料消耗进行严格限制，为后续更复杂的任务留出资源。

（3）对任务服务的最小干扰

轨道调整期间，控制任务会对星群的服务性能造成一定干扰，尤其是在重点服务区域或关键任务阶段。因此，构型控制需尽量降低对任务服务的影响，包括以下几个方面：

① 优先避免关键区域的服务中断：在执行轨道调整时，需优先考虑对重点目标区域的影响。通过合理安排控制时间窗口和调整路径，确保关键任务区域的服务性能不低于最低降阶服务标准。例如，导航星群在轨道修正期间需要提前测控并刷新导航数据，避免因服务中断而影响用户体验。

② 机动卫星的合理分配：控制任务应尽量减少同时参与调整的卫星数量，以保证星群的服务性能不因控制行为大幅下降。在大多数情况下，优先安排一颗卫星进行构型保持，而其余卫星继续提供服务。

③ 动态调度与优化：在服务性能允许的情况下，将轨道调整安排在非高峰时段或服务需求较低的区域进行，以进一步降低对用户的影响。

星群构型控制的核心目标是通过精准的控制策略,在确保长期稳定性的同时优化燃料使用,并尽量降低对任务服务的干扰。这需要控制系统在动态环境中具备高度的灵活性、鲁棒性和智能性,同时通过合理的任务规划和资源分配,实现星群整体性能的最大化。未来,随着任务复杂性的提升,星群构型控制将在智能算法和协同优化的支撑下,为多任务执行提供更高效、更可靠的解决方案。

6.2　基于学习的星群姿轨一体化高精度控制

不同于常规环境下的其他多智能体系统(无人车、无人机等),处于太空环境下的异构星群会面临航天器姿态和轨道的动力学问题,传统的控制框架会将其解耦为两个独立的三自由度运动——平移和旋转,然后分别设计。但是当面临高精度、高复杂度的空间任务时,由于航天器姿态和平移运动的强耦合性和非线性特性,分而治之的处理方法无能为力,进而影响控制效果。因此,首先通过 Lie 群 SE(3)描述方法一体化建立刚体航天器在三维 Euclidean 空间上转动和平动等一般性空间运动的数学表达是必要的;然后,在 Lie 代数运算框架内通过 Lie 群与 Lie 代数间的指数映射得到指数坐标,一体化描述考虑航天器姿轨耦合效应的相对跟踪误差;最后,考虑到自身模型不确定性和空间环境干扰等因素,构建适用于姿轨一体化跟踪控制器设计的姿轨耦合相对动力学模型[18-23]。

6.2.1　SE(3)上的航天器非质心点相对动力学模型

为了建立航天器姿轨一体化动力学模型,要实现表示姿态和轨道两种运动的参数和模型形式的统一。首先,考虑两个参考系,惯性坐标系 F_I 和航天器本体坐标系 F_B,则用方向余弦矩阵描述的姿态运动学方程可以表示为

$$\dot{\boldsymbol{C}}_B^I = \boldsymbol{C}_B^I (\boldsymbol{\omega}^B)^\times \tag{6-1}$$

式中,$\boldsymbol{C}_B^I$ 为本体系到惯性系的姿态转换矩阵;$\boldsymbol{\omega}^B$ 为航天器本体系相对于惯性系的角速度在本体系上的投影。

记航天器的位置矢量在惯性系下的坐标为 $\boldsymbol{R}^I$,在本体系下的速度为 $\boldsymbol{v}^B$,则可以得到航天器的轨道运动学方程

$$\dot{\boldsymbol{R}}^I = \boldsymbol{C}_B^I \boldsymbol{v}^B \tag{6-2}$$

航天器的轨道和姿态动力学方程,则建立在航天器本体系下,具体表达式为

$$\begin{cases} \boldsymbol{J}\dot{\boldsymbol{\omega}}^B + (\boldsymbol{\omega}^B)^\times \boldsymbol{J}\boldsymbol{\omega}^B = \boldsymbol{\tau}_c + \boldsymbol{\tau}_d \\ m\dot{\boldsymbol{v}}^B + m(\boldsymbol{\omega}^B)^\times \boldsymbol{v}^B = -\left(\dfrac{m\mu}{\boldsymbol{R}^{I3}}\right)\boldsymbol{R}_b + \boldsymbol{u}_c + \boldsymbol{u}_d \end{cases} \tag{6-3}$$

在航天器空间近距离操作任务中,轨道动力学模型中的姿轨耦合项$(\boldsymbol{\omega}^B)^\times \boldsymbol{v}^B$以及航天器所受的干扰力$\boldsymbol{u}_d$和干扰力矩$\boldsymbol{\tau}_d$不可以忽略,而对于航天器的远距离运动来说,则可以忽略角速度以及干扰力和力矩对轨道动力学的影响。干扰力及干扰力矩具有如下表达式:

$$\boldsymbol{\tau}_d = \boldsymbol{M}_g + \Delta \boldsymbol{d}_\tau$$
$$\boldsymbol{u}_d = \boldsymbol{f}_g + \Delta \boldsymbol{d}_f \tag{6-4}$$

接下来,根据上述式子引入 Lie 群 SE(3)这一数学工具,一体化描述航天器的轨道和姿态动力学方程。Lie 群 SE(3)可以用来表示航天器的整个构型(转动和平移)。航天器的构型通过$(\boldsymbol{R}^I, \boldsymbol{C}_B^I)$来描述,Lie 群 SE(3)的定义如下:

$$\text{SE}(3) = \{(\boldsymbol{R}^I, \boldsymbol{C}_B^I): \boldsymbol{R}^I \in \mathbb{R}^3, \boldsymbol{C}_B^I \in \mathbb{R}^{3\times3}, \boldsymbol{C}_B^I \in \text{SO}(3)\} = \mathbb{R}^3 \propto \text{SO}(3) \tag{6-5}$$

相应的李代数为$se(3) = so(3) \times \mathbb{R}^3 \in \mathbb{R}^{4\times4}$,与$\mathbb{R}^6$同构。式中,$so(3) = \{\boldsymbol{S} \in \boldsymbol{R}^{3\times3} \mid \boldsymbol{S}^T = -\boldsymbol{S}\}$为 SO(3)的李代数,与$\mathbb{R}^6$同构。

使用 SE(3)的齐次形式来表示航天器的位姿构型:

$$\boldsymbol{g} = \begin{bmatrix} \boldsymbol{C}_B^I & \boldsymbol{R}^I \\ \boldsymbol{0}_{1\times3} & 1 \end{bmatrix} \in \text{SE}(3) \in \boldsymbol{R}^{4\times4} \tag{6-6}$$

$\boldsymbol{\xi} = [(\boldsymbol{\omega}^B)^T, (\boldsymbol{v}^B)^T]^T \in \boldsymbol{R}^6$,相应的李代数为$\boldsymbol{\xi}^\vee = ((\boldsymbol{\omega}^B)^\times, \boldsymbol{v}^B) \in so(3) \times \boldsymbol{R}^3$,其齐次形式表达式为

$$\boldsymbol{\xi}^\vee = \begin{bmatrix} 0 & (\boldsymbol{\omega}^B)^\times \boldsymbol{v}^B \\ \boldsymbol{0}_{1\times3} & 0 \end{bmatrix} \in se(3) \in \boldsymbol{R}^{4\times4} \tag{6-7}$$

基于此,则航天器的轨道和姿态运动学模型可以一体化表示为

$$\dot{\boldsymbol{g}} = \boldsymbol{g}\boldsymbol{\xi}^\vee$$
$$\boldsymbol{\Xi}\dot{\boldsymbol{\zeta}} = ad_\xi^* \boldsymbol{\Xi}\boldsymbol{\xi} + f(\boldsymbol{\Xi}) + \boldsymbol{\Gamma}_c + \boldsymbol{\Gamma}_d \tag{6-8}$$

6.2.2 基于数据驱动的航天器参数建模

由于太空环境的特殊性和大规模星座协同控制的高精度需求,航天器会遭受外界干扰,且外部干扰复杂多变,难以提前应对。同时航天器自身也存在转动惯量等参数不确定、内部传感器数据噪声等问题,导致航天器模型参数缺失,状态信息无法完全获得。多种不确定性耦合导致传统参数辨识方法和抗干扰算法难以应对,传统方法可调参数多,泛化能力弱。机器学习方法是近年来人工智能领域的重要突破之一,其强大的数据处理和模式识别能力使其在各个领域展现出了巨大的

潜力。与传统方法相比,机器学习能够通过海量数据的训练自动提取特征并构建模型,从而实现对复杂系统的精准建模和预测。尤其是在处理非线性关系、多维数据以及不确定性较高的系统时,机器学习展现出了极高的灵活性和适应性。通过深度学习、强化学习等先进技术,机器学习不仅能够应对传统方法难以解决的挑战,还能够不断自我优化和提升性能,推动了自动化、智能化技术的飞跃发展。机器学习在动力学方程不确定参数建模中的应用以及传统的参数辨识方法的比较如下。

(1)基于机器学习的数据驱动方法

在机器学习的帮助下,数据驱动方法能够通过学习大量的实验或仿真数据来发现系统的内在规律,尤其适用于那些传统方法难以建模或计算复杂的系统。对于动力学方程中不确定参数的建模,机器学习技术能够提供新的思路,尤其是在处理系统中的非线性、不确定性及高维度特征时,具有显著优势。

常见的机器学习技术:

① 神经网络(ANN):用于构建复杂的非线性映射关系,尤其是在高维度数据情况下能够捕捉到系统的潜在动态。深度神经网络(DNN)或者卷积神经网络(CNN)等模型在面对数据不足或高不确定性的情况下也能提供有效的估计。

② 支持向量机(SVM):SVM 在分类和回归问题中表现良好,特别是在不确定参数的估计中,可以通过训练模型来识别不同条件下的系统输出,进而反推出未知参数。

③ 随机森林(RF)和梯度提升树(GBT):这类集成学习方法通过多个决策树的组合来逼近未知函数关系,适用于处理复杂的非线性、噪声较大的数据。在动力学建模中,能够通过学习数据中的潜在模式来改进参数估计。

④ 生成对抗网络(GAN):对于不确定参数的建模,GANs 可以生成更加准确的训练数据集,并通过对抗训练机制逼近系统的潜在状态空间,从而实现动态模型的改进。

⑤ 贝叶斯网络:贝叶斯方法在建模不确定性时具有优势,能够基于数据估计出系统参数的后验分布,这对于动力学方程中的不确定性建模非常有效。

这些方法都能够实现:

① 参数估计:使用训练数据来推断动力学系统中的未知参数,通过优化模型使得系统输出尽可能接近实际观测数据。

② 系统辨识:通过对模型与实际数据的拟合,学习数据中的规律,将不确定的系统参数转化为可量化的学习任务。

③ 回归分析:通过回归模型来估计不确定参数或动态变化的系统参数,适用于多维输入和输出的系统。

（2）传统参数辨识方法

传统的参数辨识方法通常基于物理模型和数学方程,通过最小二乘法、卡尔曼滤波、贝叶斯推断等技术来估计系统中的不确定参数。这些方法多依赖于对系统的先验了解和已知的动力学模型。

常见方法:

① 最小二乘法(LS):通过最小化预测值与实际观测值之间的误差来估计模型参数,适用于线性和某些非线性系统。

② 卡尔曼滤波(Kalman Filtering):一种递推估计方法,通过对状态变量进行估计和更新来推断系统参数,常用于动态系统中的实时估计,适用于线性系统及其扩展,如扩展卡尔曼滤波(EKF),可以处理非线性系统。

③ 递推最小二乘法(RLS):一种适应性方法,通过逐步更新参数估计值,适用于动态系统中的实时参数辨识。

④ 贝叶斯推断:通过贝叶斯公式来估计系统参数的后验分布,能够在存在噪声和不确定性的情况下提供较为稳健的参数估计。

⑤ 遗传算法(GA)和粒子群优化(PSO):这类优化算法适用于不容易解析的复杂系统,能够在大范围内搜索最优参数组合。

然而传统的参数辨识方法却有着两大明显缺点:

① 模型依赖性强:依赖于系统模型的准确性,若系统模型不完全或不准确,参数估计可能会受到较大影响。

② 不适用于复杂非线性系统:对于复杂的非线性系统,传统方法可能需要更复杂的数学工具或数值求解,计算负担较重。

因此,基于机器学习的方法拥有传统的参数辨识方法无法比拟的强大优势:

① 无需精确的物理模型:传统方法需要明确的动力学模型,而机器学习方法通过大量数据驱动建模,减少了对物理规律的依赖。

② 能够处理复杂和不确定的系统:对于非线性、高维、噪声大的系统,机器学习能够提供比传统方法更精确的参数估计。

③ 灵活性:可以适应不同类型的数据和模型,且不需要对所有细节进行建模。

考虑到太空环境的复杂性,诸如辐射、微重力、极端温度变化以及电磁干扰等因素,都可能对航天器的性能和控制系统产生显著影响。这些环境因素不仅增加了系统的不确定性,还使得传统的基于物理建模的方法难以应对实际应用中的各种变动。太空任务的高风险和高成本也要求在设计和操作过程中采取更加灵活和智能的策略,以确保系统在不同条件下的可靠性与稳定性。因此,面对这一复杂性,传统的模型识别和控制方法往往难以在未知和动态变化的环境中提供精准的参数估计和优化控制。因此,本书采用基于概率的在线数据驱动的机器学习算法,这种方法能够在不完全的环境模型下,通过实时学习和自适应调整,精准地捕捉系统的动态变化,从而提高系统的鲁棒性和应对复杂环境的能力。

本书采用基于高斯过程回归(Gaussian Process Regression,GPR)的数据驱动机器学习技术,以应对高不确定性条件下的参数估计与预测任务。高斯过程回归通过对输入输出数据进行建模,能够精准地预测复杂系统的函数值。作为一种非参数模型,高斯过程(GP)不仅能有效捕捉数据中的潜在结构,还能够自适应地处理观测噪声的影响,从而显著提高模型在不完全观测和动态变化条件下的表现。与传统的参数化模型不同,高斯过程回归通过引入内在的协方差结构,使得系统在高维度、小样本数据以及非线性复杂函数建模的场景下,仍能保持较高的灵活性和预测精度。这种方法尤其适合在缺乏足够先验知识或数据不完全的情况下,提供对系统行为的精确推断,同时避免了过拟合与不确定性积累的问题,为高维动态系统的建模和优化提供了强有力的工具。

未知干扰和参数不确定函数可以建模为

$$d(x)=\begin{cases} d_1 \sim GP(0,\kappa_1(\ \cdot\ ,\ \cdot\ )) \\ \qquad\qquad \vdots \\ d_m \sim GP(0,\kappa_m(\ \cdot\ ,\ \cdot\ )) \end{cases} \qquad (6\text{-}9)$$

利用先验的高斯过程(GP)模型,结合在 T 时刻由异构星群各星上收集的观测数据集 D,可以在新的输入条件下推断系统不确定性的概率分布,从而为未来的状态提供精确的预测和风险评估。由于高斯过程的非参数特性,它能够自然地处理观测数据中的噪声与不确定性,并为系统提供一种贝叶斯框架下的推理方式,进而获得对未知领域的高效预测。然而,随着样本量的逐步增大,系统的维度也会相应扩展,从而导致计算复杂度呈指数级上升,尤其是在高维和大规模数据集的情境下,传统的高斯过程回归方法变得不切实际。为了解决这一问题,本书引入了在线稀疏高斯过程回归(Sparse Gaussian Process Regression,SGPR)算法,通过选择具有代表性的核心数据点进行建模和预测,大大降低计算资源的消耗。在此框架下,稀疏化技术通过引入有效的独立性指标来控制模型的复杂度,保留了重要结构信息的同时有效抑制了冗余数据的影响。这不仅提高了模型的计算效率,还保证了在增量数据环境下,预测精度与计算速度之间的平衡,使得高维度和大规模问题的处理变得更加可行和高效。其基本原理是给出一个独立性指标:

$$\gamma_{n+1}(\xi_{n+1})=k_*(\xi_{n+1})-(k_n(\xi_{n+1}))^{\mathrm{T}}K_n^{-1}k_n(\xi_{n+1}) \qquad (6\text{-}10)$$

判断 T 时刻量测获得数据与数据集 D 中的相关性,并为独立性指标设置阈值,只有满足条件才将其添加到训练数据集中,若数据集 D 样本数量超过预设值,根据独立性指标删除独立性最弱的样本数据,以容纳新数据。由于异构星群的姿轨耦合动力学模型是时变非线性特性,因此进一步引入时间相关的遗忘率函数改进独立性指标,可根据数据的时空关系进行数据删除,保证了 GP 的预测结果能够描述未知函数的时变特征。与经典的系统识别方法相比,高斯过程在自适应模型控制中展现出了显著的优势。其非参数化特性为处理高度非线性的系统提供了极大的灵活性。随着数据量的增长,高斯过程能够逐渐适应并纳入更多的数据信息,避免了提前设定模型特性的需求。这种自适应性确保了模型随数据的丰富而逐渐提高精度,且不会受到预定系统参数形式的限制。通过应用高斯过程回归(GPR)这一先进的机器学习方法,航天器能够有效应对太空环境中的不确定性和复杂性。这样的能力使得航天器在动态且不确定的太空环境中,能够准确地识别并调节关键参数,从而实现系统的高效运行与安全保障。通过持续学习和自适应优化,GPR不仅提高了航天器对外部环境变化的适应能力,还确保了在极端条件下任务的精确执行与稳定性。

6.2.3　基于机器学习的航天器最优控制策略

在航天器姿轨一体化高精度控制过程中,最优控制策略的需求源于任务执行的高精度要求以及复杂动态环境的挑战。尤其是异构星座的协同高精度控制需要精准性、最优性,这些因素共同决定了航天器运行的复杂性和精度需求。为了确保航天器能够以最小的能耗、时间成本和最大安全性完成任务,必须制定最优的控制策略。这不仅要求航天器在多变的环境中保持精确的姿态和轨迹,还要求其在复杂情况下能够做出最优的决策,从而达到预定的目标。最优控制策略的挑战不仅在于精确建模和控制,还涉及如何在动态、不确定的环境中实时调整决策,避免出现控制信号的滞后或失稳。在这种背景下,传统的基于物理模型或经典控制理论的方法常常面临着系统模型不完全、环境变化难以预测等问题,难以实现高效和高精度的控制。因此,最优控制成为航天器姿轨控制系统设计的核心,它能够在保证稳定性的同时,最大化控制系统的效能。

基于强化学习中的 Actor-Critic 网络架构是目前应用广泛的一类方法,该方法结合了价值函数方法和策略优化方法的优势,能够在高维度和复杂动态环境中表现出优异的性能。这种架构的核心理念是通过两个独立但协作的网络模块(即执行网络和评价网络)来进行策略学习和优化。其中,执行网络(Actor)负责生成策略,选择在当前状态下的最优动作;评价网络(Critic)则通过估计动作的价值函数,如状态-动作价值函数 $Q(s,a)$ 来指导执行网络的更新。

Actor-Critic 架构尤其适用于高维连续状态空间和动作空间的复杂任务,因为它避免了纯策略方法中可能出现的高方差问题,也克服了基于价值方法中无法直接处理连续动作的问题。此外,该架构还具有以下显著特点:

① 稳定性与收敛性:通过引入基于目标网络和经验回放机制的技术,Actor-Critic 方法可以在不牺牲灵活性的前提下,提高策略更新的稳定性和收敛速度。

② 适应复杂的动态系统:通过结合数据驱动技术,该架构可以利用在线或离线数据样本对复杂动力学环境进行建模,从而提升对未见任务或未见状态的泛化能力。

③ 多目标优化能力:得益于评价网络的多维价值函数估计,Actor-Critic 方法能够在多目标约束下进行策略优化,例如在优化任务性能的同时尽量降低燃料消耗或能量开销。

因此,基于 Actor-Critic 架构的强化学习方法不仅具备强大的表达能力和适应能力,而且能够与数据驱动技术深度融合,提供近似最优的性能指标策略,是解决复杂动态系统控制问题的一种高效、灵活的工具。

对于 Actor-Critic 网络,其关键思想在于同时学习状态价值函数 V 和策略函数 π,分别使用参数 w 和 θ 的深度神经网络来表示策略评价网络和运动执行网络。其中,运动执行网络用来更新策略,对应 AC 框架中的 Actor;策略评判网络用来逼近状态动作对的值函数,并提供梯度信息,对应 AC 框架中的 Critic。其具体设计如下。

(1)Actor-Critic 框架中的网络设计

运动执行网络(Actor):运动执行网络以状态 s 为输入,输出当前动作 a 的概率分布 $\pi_\theta(a\,|\,s)$,其中,参数 θ 是通过策略梯度更新的。Actor 的目标是最大化策略在长期累计回报上的表现,通过最大化下式来实现:

$$J(\boldsymbol{\theta}) = E_{s \sim \rho^\pi, a \sim \pi_\theta}\big[Q(s,a)\big] \tag{6-11}$$

式中,$Q(s,a)$ 是状态-动作值函数,表示在状态 s 执行动作 a 后的预期回报。

Actor 的参数更新基于策略梯度方法:

$$\nabla_{\boldsymbol{\theta}} J(\boldsymbol{\theta}) = E_{s \sim \rho^\pi, a \sim \pi_\theta}\big[\nabla_{\boldsymbol{\theta}} \log \pi_\theta(a\,|\,s) Q(s,a)\big] \tag{6-12}$$

策略评判网络(Critic):策略评判网络通过逼近状态价值函数 $V_w(s)$ 或状态-动作值函数 $Q_w(s,a)$,为 Actor 的策略改进提供指导,使用时间差分(Temporal-Difference,TD)方法更新 Critic 的参数 w,对于状态价值函数 $V_w(s)$,TD 更新规则为

$$
\begin{aligned}
&\delta = r + \gamma V_w(s') - V_w(s) \\
&w \leftarrow w + \alpha \delta \nabla_w V_w(s)
\end{aligned}
\tag{6-13}
$$

式中，r 是当前状态 s 下的即时奖励；γ 是折扣因子；δ 为时间差分误差，用于量化当前值函数估计与目标的偏差。

综合更新公式：

Actor 的参数更新结合了 Critic 的反馈：

$$\vec{\theta} \leftarrow \theta + \alpha_\theta \nabla_\theta \log \pi_\theta(a \mid s)\delta \tag{6-14}$$

Critic 的参数更新基于误差 δ：

$$w \leftarrow w + \alpha\delta \nabla_w V_w(s) \tag{6-15}$$

（2）Actor-Critic 的联合优化流程

① 初始化参数 θ 和 w。

② 在环境中采样一个初始状态 s_0。

③ 对于每个时间步 t，执行以下步骤：

a. 根据 Actor 的策略 $\pi_\theta(a \mid s_t)$，选取动作 a_t；

b. 在环境中执行 a_t，获得奖励 r_t 和下一个状态 s_{t+1}；

c. 计算时间差分误差：

$$\delta_t = r_t + \gamma V_w(s_{t+1}) - V_w(s_t) \tag{6-16}$$

d. 使用 δ_t 更新 Critic 网络的参数 w：

$$w \leftarrow w + \alpha_w \delta_t \nabla_w V_w(s_t) \tag{6-17}$$

e. 使用 δ_t 更新 Actor 网络的参数 θ：

$$\theta \leftarrow \theta + \alpha_\theta \nabla_\theta \log \pi_\theta(a_t \mid s_t)\delta_t \tag{6-18}$$

f. 重复上述步骤，直到策略收敛或达到停止条件。

航天器的控制策略需要考虑到实时性需求，无模型强化学习依赖于专家系统，因此基于模仿学习的技术并不适用于星群。采用可微分 MPC 控制器作为控制模块核心，将在线重新规划功能同先验知识、系统动力学结合，相较于无模型强化学习有着显著优势，灵活性、探索性更高。引入可微分 MPC 嵌入到 Actor 网络的可微分层，使得 MPC 能够对梯度进行采样，代价函数的梯度可以利用 MPC 进行解析和传播。此外，提出神经代价图代替传统的代价函数，将最终任务直接编码为奖励函数，然后使用 PPO 训练方案进行端到端训练。神经代价图的输出为可学习参数 Q、P：

$$Q(s_k) = \text{diag}(Q(s_k)_{x_1}, \cdots, R(s_k)_{u_1}, \cdots)$$
$$p(s_k) = [p(s_k)_{x_1}, \cdots, p(s_k)_{u_1}, \cdots], \quad \forall k \in 0, \cdots, T \tag{6-19}$$

式中，x，u 分别为系统状态和输入，是神经网络到优化阶段的接口。这种训练体系的优势在于 Actor 网络的最后一层是基于模型的 MPC 控制器，确保了输入指令对于系统的动态总是可行的，保持了通用性，如图 6-1 所示。

$$u_k \sim N\{diffMPC(x_k, Q(s_k), p(s_k)), \Sigma\}\tag{6-20}$$

　　因此,利用 MPC 的短期预测优化能力以及 RL 的探索性和端到端训练特性,由此产生的策略通过基于 MPC 的 Actor 网络有效地管理短期决策,并通过 Critic 网络有效地管理长期预测,统一了基于模型的控制和端到端学习的好处,并得到了近似最优控制策略。

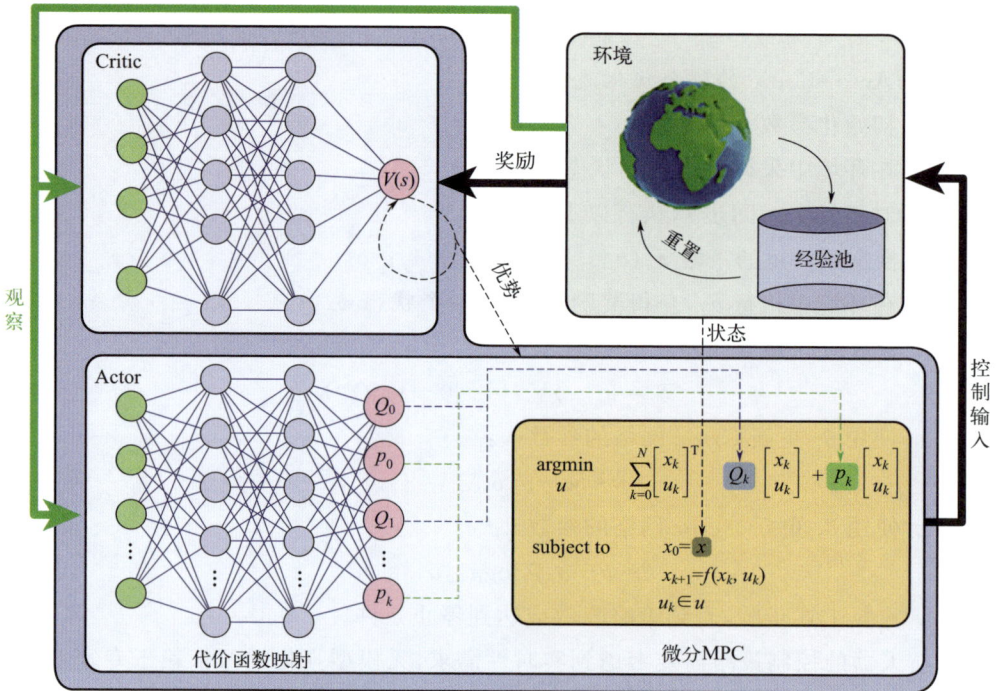

图 6-1　基于 MPC 的 Actor 网络

6.3　星群构型防撞策略

　　星群构型防撞策略是确保星群在轨安全运行和任务顺利完成的关键措施,由于星群成员星之间距离较近(在几十米到几百米范围内),且在轨运行受地球非球形引力、大气阻力、太阳辐射压力等摄动力的影响,各成员星轨迹容易出现偏差,即使轨道之间无交叉点,也可能因相对距离过小而导致碰撞风险。星群的自主运行和任务执行要求其成员星在复杂轨道环境中保持高精度的相对位置,而碰撞风险的存在不仅威胁星群的稳定性,还可能导致任务失败和经济损失。通过精准的风险评估、实时预警与规避控制,星群构型防撞策略能够在保障成员星间安全距离的同时,优化推进剂使用,延长星群寿命,提升星群的自主智能化运行能力,为实现多任务高效协同提供可靠的技术保障。因此,星群构型防撞策略是星群管理中不可或缺的一部分,其设计与实施直接决定了星群系统的稳定性、鲁棒性与任务成功率。根据星群构型的特点和成员星间的碰撞风险,可以将星群构型防撞策略分为三大方面:碰撞风险评估与建模、碰撞预警与监测、规避机动策略优化[21-23]。

6.3.1 碰撞风险评估与建模

协方差矩阵描述:在轨道确定性分析中,协方差矩阵是描述成员星位置和速度误差的重要工具。它不仅能够量化轨道确定性,还能提供误差椭球的尺度和方向信息,为评估碰撞风险提供了关键依据。通过协方差矩阵,可以直观地了解到成员星轨道参数的不确定性范围,从而更准确地判断潜在的碰撞风险。例如,在分析两颗成员星的相对运动时,协方差矩阵可以帮助确定它们的误差椭球是否存在重叠区域,进而评估碰撞的可能性。

三维高斯分布建模:假设误差服从三维高斯分布,利用其概率密度函数来描述成员星在空间中的位置不确定性,这一建模方式极大地简化了复杂的误差传播过程。在实际应用中,可以通过对大量历史数据的统计分析,确定高斯分布的参数,从而准确地描述成员星的位置不确定性。这种方法不仅便于计算碰撞概率,还能为后续的预警和规避策略提供可靠的理论支持。

Chan 方法:Chan 方法通过计算成员星在统一坐标系下的误差协方差矩阵,并叠加误差来估算碰撞概率。该方法充分考虑了两颗卫星的相对运动和误差分布,利用线性化的相对运动方程,精确计算最小距离和碰撞概率。在实际操作中,Chan 方法需要对成员星的轨道参数进行精确测量和实时更新,以确保计算结果的准确性。同时,它还可以与其他方法相结合,进一步提高碰撞风险评估的精度。

(1)动态碰撞概率模型

Patera 方法:基于非线性运动模型,Patera 方法利用数值碰撞概率计算工具(NCPT)来计算复杂几何形状物体的碰撞概率[24]。在星群中,成员星的形状和结构各不相同,Patera 方法能够充分考虑这些因素,为星群成员星提供更精确的碰撞概率估计[25]。例如,对于具有复杂天线结构的卫星,Patera 方法可以通过对其几何形状进行精确建模,准确计算其与其他成员星的碰撞概率。此外,该方法还可以考虑非线性相对运动对碰撞概率的影响,进一步提高评估的准确性[26]。

Campbell 方法:引入等概率椭球体,Campbell 方法建立了合理的碰撞预测模型[27]。通过分析误差椭球体的交集,评估碰撞风险,为星群构型调整提供了重要参考。在实际应用中,Campbell方法可以根据星群的任务需求和安全标准,灵活调整等概率椭球体的参数,以满足不同的风险评估要求。同时,它还可以与其他方法相结合,形成更完善的碰撞风险评估体系。

(2)数据驱动的碰撞评估

蒙特卡罗模拟:蒙特卡罗模拟通过对成员星的轨道参数和相对运动特性进行大量随机采样,生成多组经验距离数据。这种方法全面考虑了轨道确定性和不确定性因素,如摄动效应、控制误差和测量噪声,为成员星相对运动提供了全面的描述。在实际应用中,蒙特卡罗模拟需要进行大量的计算,以确保模拟结果的可靠性。同时,它还可以与其他方法相结合,如极值统计理论,进一步提高碰撞风险评估的精度。

极值统计理论应用:在高动态环境下,碰撞事件通常属于极端事件。通过将蒙特卡罗模拟生成的相对距离数据应用于极值统计理论[28],可以拟合出碰撞概率的分布模型。这有助于预测在给定时间段内发生碰撞的可能性,为风险评估提供可靠依据。在实际操作中,极值统计理论需要对大量的历史数据进行分析和处理,以确定合适的分布模型。同时,它还可以与其他方法相结合,如机器学习算法,进一步提高碰撞风险预测的准确性。

机器学习与大数据分析:随着星群规模的不断扩大和运行时间的延长,积累了大量的轨道数据和历史碰撞事件记录。利用机器学习算法,如支持向量机、神经网络和决策树,可以从这些数据中提取特征,建立碰撞风险预测模型。这些模型能够实时更新,适应动态变化的轨道环境,显著提高碰撞预警的准确性。在实际应用中,机器学习算法需要大量的训练数据和高效的计算资源,以确保模型的准确性和实时性。同时,它还可以与其他方法相结合,如贝叶斯统计方法,进一步提高碰撞风险评估的精度。

贝叶斯统计方法:通过将先验知识与观测数据相结合,贝叶斯统计方法可以更新碰撞概率的估计[29,30]。例如,考虑到成员星的历史轨迹、控制策略和环境因素,贝叶斯统计方法能够提供更精确的碰撞风险评估,为决策制定提供有力支持。在实际操作中,贝叶斯统计方法需要准确确定先验概率和似然函数,以确保评估结果的可靠性。同时,它还可以与其他方法相结合,如蒙特卡罗模拟,进一步提高碰撞风险评估的精度。

高性能计算的应用:数据驱动的碰撞评估通常需要处理大量数据和复杂计算。借助高性能计算平台,可以加速蒙特卡罗模拟和机器学习模型的训练过程,实现实时或近实时的碰撞风险评估,满足星群运行的高效性要求。在实际应用中,高性能计算平台需要具备强大的计算能力和高效的数据处理能力,以确保碰撞风险评估的实时性和准确性。同时,它还可以与其他技术相结合,如云计算,进一步提高计算效率和资源利用率。

6.3.2　碰撞预警与监测

（1）预警阈值设计

漏报警概率引入:通过引入漏报警概率,定义报警阈值,确保碰撞风险在设定范围内被捕捉。设定一个可接受的漏报警概率水平,根据该水平确定碰撞概率的报警阈值,以平衡漏报和误报的风险。在实际应用中,漏报警概率的设定需要综合考虑星群的任务需求、安全标准和成本效益等因素。例如,对于高价值的星群任务,可能需要将漏报警概率设置得较低,以确保及时发现潜在的碰撞风险;而对于一些低风险的任务,可以适当提高漏报警概率,以减少误报带来的不必要的资源浪费。

动态阈值调整:分析预警阈值与导航误差、包络半径的关系,动态调整阈值以适应成员星轨迹的时间演化特性。在导航误差增大的情况下,适当降低报警阈值,以提高预警的敏感性;反之,则可提高阈值,减少误报率。在实际操作中,动态阈值调整需要实时监测导航误差和包络半径的变化,并根据预设的算法进行阈值调整。同时,还需要考虑其他因素,如星群的任务需求和环境变化,以确保预警阈值的合理性。

多因素综合考虑:在设定预警阈值时,需综合考虑成员星的轨道类型、相对速度、相对位置以及环境因素(空间碎片密度、太阳活动等),以制定合理的预警策略。不同的轨道类型和相对运动状态会导致碰撞风险的差异,而环境因素的变化也会对星群的运行安全产生影响。因此,在设定预警阈值时,需要全面考虑这些因素,以确保预警策略的科学性和有效性。

（2）实时监测技术

高精度轨迹测量与状态估计:采用高精度的轨迹测量设备(如激光测距仪、雷达等)和先进的状态估计方法(如扩展卡尔曼滤波、无迹卡尔曼滤波),实时更新成员星的位置和速度状态,提高轨迹预测的准确性。在实际应用中,高精度轨迹测量设备需要具备高分辨率、高精度和高可靠性的特点,以确保对成员星位置和速度的精确测量。同时,先进的状态估计方法需要能够有效处理测量噪声和系统不确定性,以提高轨迹预测的精度[31]。

动态碰撞区域判定算法:引入动态碰撞区域判定算法,结合实时轨迹数据,判断成员星是否进入高风险区域。该算法考虑了成员星的相对运动特性、误差椭球的形状和大小,以及预设的安全距离,确保在碰撞风险增加时及时触发预警。在实际操作中,动态碰撞区域判定算法需要实时更新成员星的轨迹数据,并根据预设的算法进行风险评估。同时,还需要考虑其他因素,如星群的任务需求和环境变化,以确保预警的及时性和准确性。

数据融合与异常检测:通过融合多源数据(如地面测控数据、星间测量数据),提高状态估计的可靠性。采用异常检测算法,识别轨迹中的异常变化,及时发现潜在的碰撞风险。在实际应用中,数据融合需要充分考虑不同数据源的特点和误差特性,以确保融合结果的准确性和可靠性。同时,异常检测算法需要能够有效识别各种异常情况,如轨道突变、速度异常等,以提高预警的敏感性。

(3)多级预警机制

风险分级:设定碰撞概率的分级阈值,例如低风险(碰撞概率低于10^{-6})、中风险($10^{-6}\sim10^{-4}$)、高风险(高于10^{-4}),针对不同风险等级采取相应措施。风险分级的设定需要综合考虑星群的任务需求、安全标准和成本效益等因素,以确保分级的合理性和有效性。

(4)分级响应策略

低风险:持续监测,无须立即采取行动,但需保持警惕。在低风险状态下,虽然碰撞概率较低,但仍需密切关注星群的运行状态,及时发现潜在的风险变化。

中风险:加强监测频率,评估可能的规避策略,准备在必要时执行。在中风险状态下,需要增加监测的频率和精度,对可能的规避策略进行评估和准备,以应对潜在的碰撞风险。

高风险:立即触发规避策略,通知相关控制中心,确保成员星安全。

资源优化:通过多级预警机制,合理分配监测和计算资源,避免对低风险事件过度反应,确保高风险事件得到及时处理,提高预警系统的整体效率。在实际应用中,资源优化需要根据不同风险等级的需求,合理分配监测设备、计算资源和人力资源,以提高预警系统的运行效率和可靠性。

6.3.3 规避机动策略优化

(1)规避机动的动力学建模

线性相对运动模型:在近距离情况下,成员星的相对运动可采用线性化模型进行描述,如 Hill-Clohessy-Wiltshire(HCW)方程。该模型假设主星在圆轨道上运动,适用于描述相对位置和速度的变化,便于分析和控制设计。在实际应用中,线性相对运动模型需要满足一定的条件,如相对距离较小、轨道偏差较小等。同时,它还可以与其他模型相结合,如非线性相对运动模型,以提高对复杂轨道情况的描述能力[32]。

非线性相对运动模型:对于更复杂的轨道或较大相对距离,需考虑非线性效应,采用更精确的相对运动模型,如 Tschauner-Hempel(TH)方程。该模型考虑了椭圆轨道的影响,能够更准确地描述相对运动特性。在实际操作中,非线性相对运动模型需要处理更复杂的数学计算和参数估计,以确保模型的准确性和可靠性。同时,它还可以与其他方法相结合,如基于 Lyapunov 直接法的控制律设计,以提高规避机动的效果。

其余方法:基于 Lyapunov 直接法,设计距离反馈控制律,通过调节分离距离和相对速度,确保碰撞规避的有效性。该方法利用 Lyapunov 函数构造稳定性证明,设计控制律,使得相对距离满足安全要求,同时控制输入最小化。在实际应用中,基于 Lyapunov 直接法的控制律设计需要准确确定 Lyapunov 函数和控制参数,以确保控制律的稳定性和有效性。同时,它还可以与其他方法相结合,如轨迹优化算法,以进一步提高规避机动的性能。

(2)规避路径优化

燃料最优策略:利用线性二次型调节器(LQR)或模型预测控制(MPC)优化规避路径,减少推进剂消耗。LQR 方法通过求解黎卡提方程,获得最优反馈增益,实现状态和控制输入的权衡。MPC 方法则通过滚动优化,考虑未来时域内的轨迹和约束,实时更新控制策略,适应动态变化。在实际操作中,燃料最优策略需要准确确定系统模型和约束条件,以确保优化结果的可行性和有效性。同时,它还可以与其他方法相结合,如多目标优化算法,以综合考虑其他因素,如规避效果和任务完成度。

梯度方向规避法:假设包络椭球体的概率密度沿梯度方向变化最快,通过沿梯度负方向的机动减小碰撞风险。该方法计算碰撞概率对控制输入的梯度,沿梯度下降方向调整机动策略,快速降低碰撞风险。在实际应用中,梯度方向规避法需要准确计算碰撞概率对控制输入的梯度,并根据梯度信息实时调整机动策略。同时,它还可以与其他方法相结合,如燃料最优策略,以综合考虑燃料消耗和规避效果。

多目标优化:在规避路径优化中,需同时考虑燃料消耗、规避效果和任务完成度等多个目标。采用多目标优化算法,如粒子群优化(PSO)或遗传算法(GA),在目标之间进行权衡,获得 Pareto 最优解集,为决策提供参考。在实际操作中,多目标优化需要准确确定各个目标的权重和约束条件,以确保优化结果的合理性和有效性。同时,它还可以与其他方法相结合,如机器学习算法,以提高优化的效率和准确性。

(3)规避后的轨迹恢复

轨迹恢复策略设计:在完成规避后,确保成员星能够及时返回标称轨道以维持星群构型稳定性。设计轨迹恢复策略时,需考虑规避机动引起的轨道偏差,制定最优的返回路径,减少对任务的影响[33]。在实际应用中,轨迹恢复策略需要准确计算规避机动后的轨道偏差,并根据偏差信息设计合理的返回路径。同时,它还需要考虑其他因素,如燃料消耗和时间约束,以确保轨迹恢复的高效性和可靠性。

规避与恢复的协同优化:将规避机动和轨迹恢复视为一个整体优化问题,综合考虑两者的燃料消耗和时间约束。通过协同优化,避免出现多余的推进剂消耗和轨迹偏差,提高整体效率。在实际操作中,规避与恢复的协同优化需要建立统一的优化模型,同时考虑规避机动和轨迹恢复的目标和约束条件。同时,它还可以与其他方法相结合,如多目标优化算法,以进一步提高优化的效果。

鲁棒性分析:在轨迹恢复过程中,需考虑模型不确定性和外界扰动的影响,进行鲁棒性分析。设计鲁棒控制策略,确保在不确定性存在的情况下,轨迹恢复仍能满足精度要求,维持星群构型的稳定性[34]。在实际应用中,鲁棒性分析需要准确评估模型不确定性和外界扰动的范围和影响程度,并根据评估结果设计相应的鲁棒控制策略。同时,它还可以与其他方法相结合,如自适应控制算法,以提高系统的鲁棒性和适应性。

综上所述,星群构型防撞策略是一个复杂而系统的工程,涵盖了碰撞风险评估与建模、碰撞预警与监测、规避机动策略优化等多个方面。通过不断优化和完善这些策略,能够更准确地量化碰撞风险,及时预警潜在的碰撞危险,并设计出燃料最优、效果最佳的规避机动策略,从而确保星群在复杂的轨道环境中安全、稳定、高效地运行,为实现多任务高效协同提供坚实的技术保障。随着航天技术的不断发展,星群构型防撞策略也将不断创新和完善,为未来的航天探索和应用开辟更加广阔的前景。

6.4　多任务约束下的异构星群控制性能保证

与传统的航天器编队模式相比,面向动态多任务的异构星群具有三大显著特性:长期性、动态化和协调性。这三大特性决定了星群在任务执行过程中需要具备更高的资源管理能力,更强的任务应变能力和协调能力。不同于以往单一任务驱动的点对点航天器操作,异构星群的任务通常涵盖更广泛的领域,且任务间存在动态变化,因此必须考虑到星群的生存能量作为关键约束条件,确保在长期、多任务的执行中,系统的性能和资源能够得到有效平衡,任务执行更有鲁棒性。

6.4.1　基于事件触发策略的资源管理

在面对长期多任务执行时,星群的星上资源能力成为至关重要的考虑因素。具体来说,星上带宽、计算能力及星际通信资源是有限的,尤其是在星群规模扩大后,资源的分配与调度愈加紧张。随着时间的推移,用于控制、数据存储及计算的资源将逐渐被压缩,导致星群的任务执行效率和智能化水平面临严峻考验。为了应对这一挑战,必须优化资源的使用,确保系统能够在有限资源的条件下继续高效运行。

传统的航天器资源管理方式往往采用周期性采样控制,即按照固定的时间间隔对系统状态进行监测和控制更新。这种方式虽然简单直接,但在实际应用中存在诸多弊端。例如,在系统状态相对稳定时,周期性的控制更新会造成大量不必要的资源浪费,因为此时系统并不需要频繁的调整。而在系统状态发生急剧变化时,固定的时间间隔又可能导致控制响应不及时,无法满足任务的实时性要求。

为此,采用动态事件触发机制成为解决问题的一种有效方法。与传统的周期性采样控制方法相比,动态事件触发机制通过实时感知系统的动态变化,依据系统的实际需求触发控制更新,而不是按照固定的时间间隔进行周期性控制。这种方法有效减少了不必要的带宽占用,同时在系统状态发生重要变化时,能够及时响应并做出适当的控制调整,从而大大节省了星群的通信和计算资源。通过动态事件触发机制,星群能够更灵活地应对多任务、长期执行过程中的资源压力,提升任务执行的效率和系统智能化能力[29-34]。

考虑到系统的计算资源主要分布在执行器、状态传感器和星间通信通道三个关键子系统中,为了最大化资源利用效率并提升系统整体性能,动态事件触发机制应当在这三个子系统中进行合理布局。具体而言,动态事件触发机制通过对各个子系统的状态和资源消耗进行实时监测与调节,实现按需更新控制信号,避免无效的计算和通信负担。

首先,在执行器部分,触发机制可以根据控制命令的变化情况、执行误差以及任务的动态需求,决定何时进行控制信号的传递与更新。通过设定误差阈值,只有在执行器的输出变化达到一定程度时,控制信号才会被重新计算并发送,这样有效减少了不必要的计算与执行负荷。例如,在卫星姿态调整任务中,当卫星姿态稳定在一定精度范围内时,执行器不需要频繁接收新的控制信号,只有当姿态偏差超过设定的阈值时,才会触发新的控制信号,从而节省了大量的计算资源和能源消耗。

其次,在状态传感器部分,动态事件触发机制可以依据状态估计误差和传感器测量的变化,动态调整测量频率。当系统的状态变化较为平稳时,传感器可以适当延迟数据采集或减少更新频率,从而降低数据处理和传输的负担;只有当状态变化显著时,传感器才会以较高频率进行数据更新,确保控制系统能够获得实时的精确信息。以星群的轨道监测为例,在卫星轨道相对稳定时,传感器可以降低测量频率,而当卫星接近轨道调整点或受到其他天体引力干扰时,传感器则会提高测量频率,及时反馈轨道状态的变化。

最后,在星间通信通道中,动态事件触发机制的布局至关重要。通过引入带宽优化策略,当任务的优先级较低或系统的误差变化较小时,星间通信通道的传输频率可以适当降低,以减少网络资源的占用。而在关键时刻,当系统状态或误差达到预定的触发阈值时,通信通道将根据需要进行数据传输,确保必要的信息及时传递,避免频繁的通信更新导致网络拥堵和延迟。例如,在星群进行常规的数据收集任务时,通信带宽可以合理分配,降低传输频率;但在执行紧急任务或应对突发情况时,通信通道能够迅速响应,保障关键信息的及时传输。

动态事件触发的一般形式如下:

$$v_i(t) = v_i(t_k^i), \qquad \forall t \in [t_k^i, t_{k+1}^i]$$

$$t_{k+1}^i = \begin{cases} \inf\{t > t_k^i \quad |\rho_i(t)| \geqslant \varpi_{i,2}\}, & |v_i(t)| > E_i \\ \inf\{t > t_k^i \quad |\rho_i(t)| \geqslant \delta_i |v_i(t)| + \varpi_{i,1}\}, & |v_i(t)| \leqslant E_i \end{cases} \tag{6-21}$$

为了在控制精度与资源利用率之间实现合理的平衡,本方法通过构建基于误差的动态事件触发策略,并设定适当的触发阈值来优化资源管理。在每个时间间隔内,当系统的动态输出误差、跟踪误差等变量保持在设定的阈值范围内时,系统将不会触发任何控制更新事件,维持当前控制策略直到下一次更新时间。这种方式有效减少了不必要的控制信号传递,从而避免了资源浪费。当误差超过设定的阈值,满足更新条件时,系统将触发相应的控制调整,确保及时响应动态变化。这一机制有效地节省了通信带宽和计算资源,降低了对传输信道的占用,确保了系统在长期执行过程中的高效性。

此外,为了避免因过度节省资源而导致控制性能的下降,引入了切换阈值触发条件。该条件保证了在控制目标尚未达到之前,系统可以灵活调整响应速度,既确保了任务的快速响应,又能够有效释放冗余资源。通过切换阈值的设计,系统可以在控制精度和资源消耗之间保持动态平衡,避免过度频繁的更新造成计算和传输资源的浪费,同时又能在关键时刻及时做出反应。

在实际应用中,动态事件触发机制还面临着一些挑战。例如,如何准确地设定触发阈值,以适应不同的任务场景和系统状态。阈值设置过低,可能导致控制更新过于频繁,无法达到节省资源的目的;阈值设置过高,则可能影响控制精度和系统的稳定性。针对这一问题,可以采用自适应阈值调整方法,根据系统的实时运行状态和任务需求,动态地调整触发阈值。例如,通过机器学习算法对系统的历史数据进行分析,预测系统未来的状态变化趋势,从而自动调整触发阈值,以实现最优的资源管理和控制性能。

另外,动态事件触发机制在分布式星群系统中的一致性问题也是一个研究热点。由于星群中的各颗卫星可能处于不同的运行环境和任务状态,如何确保所有卫星的动态事件触发机制能够协同工作,实现全局的资源优化和任务执行,是需要进一步解决的问题。一种可行的方法是引入分布式一致性算法,通过星间通信协调各颗卫星的触发条件和控制策略,使得整个星群能够在统一的框架下高效运行。动态事件触发机制的硬件实现也是一个重要方面。需要开发专门的硬件设备来支持实时的系统状态监测和触发条件判断,同时要保证硬件的可靠性和低功耗。随着微电子技术和传感器技术的不断发展,新型的低功耗、高性能传感器和微处理器为动态事件触发机制的硬件实现提供了更好的基础。例如,采用纳米传感器可以实现对系统状态的高精度、低功耗监测,而新型的多核微处理器则能够快速处理复杂的触发条件判断和控制信号计算。

采用动态事件触发机制具备以下显著优点:

按需传递控制信号:在满足期望控制系统性能的前提下,系统能够动态地调整控制信号的传递频率,避免不必要的带宽占用,降低网络负担。

灵活的动态阈值调整:所引入的动态阈值机制使得触发条件能够根据实际需求非单调地进行调整,增强了系统对环境变化的适应能力,并提升了控制系统的鲁棒性,确保了在各种工作环境下的高效稳定运行。

这种动态事件触发机制不仅优化了系统资源利用,还保证了高效和精确的任务执行,使得航天器在执行复杂的长期任务时能够保持优秀的性能和适应性。未来,随着相关技术的不断发展和完善,动态事件触发机制有望在更多的航天领域得到广泛应用,为异构星群的发展提供更强大的支持。

6.4.2　星群系统的物理安全保证

决定异构星群生存能力的另一大关键约束是系统的安全约束。在异构星群执行任务时,尤其是进行复杂机动操作(如编队控制、轨道调整等),除了面临计算资源和通信资源的约束外,还必须严格遵循多种安全约束条件。首先,物理安全约束不可忽视,异构星群的推进系统、状态变量、姿态角等都会受到实际物理限制,尤其是在长时间的任务执行过程中,推力限制、速度变化范围、姿态稳定性等因素都会直接影响系统的安全性。任何超过这些物理约束的操作都可能导致航天器失控,进而导致任务失败。

以推力限制为例,航天器的推进系统在设计时就确定了其最大推力值。在轨道调整任务中,如果需要的推力超过了推进系统的最大能力,航天器将无法按照预定的轨道变化进行调整,可能会导致轨道偏离预期,影响后续任务的执行。同时,速度变化范围也对航天器的安全运行至关重要。如果航天器在短时间内速度变化过大,可能会对其结构造成过大的应力,甚至导致结构损坏。姿态稳定性则关系到航天器的观测、通信等功能的正常实现。例如,在对地观测任务中,如果航天器的姿态不稳定,将无法准确地指向观测目标,导致观测数据的质量下降。

此外,在星群之间进行编队和任务协作时,几何安全约束同样至关重要。在执行编队任务时,星群间必须维持一定的距离,以避免碰撞或过度聚集,而在执行任务过程中,这些距离保持约束也会因任务需求、星群动态变化等因素而发生时变。这些时变的几何约束进一步增加了控制系统的复杂性,不仅要求控制器具备高度的精确度,还要求它能够动态调整操作策略,以应对可能的约束冲突。若系统未能遵循这些约束,可能会导致星群之间发生碰撞,或在紧急情况下无法进行安全的机动,从而直接影响任务的完成和星群的生存能力。

例如,如前文所述,在卫星星座进行通信任务时,各卫星之间需要保持一定的相对位置关系,以确保通信链路的稳定。如果其中一颗卫星由于轨道摄动等原因偏离了预定位置,可能会导致与其他卫星的通信中断,甚至发生碰撞危险。在进行空间目标探测任务时,星群需要根据目标的动态变化调整编队构型,此时几何约束的动态变化要求星群的控制系统能够快速准确地做出响应,保证各卫星之间的安全距离和相对位置。

随着异构星群系统自主智能性的不断提升,如何确保控制系统在复杂的动态环境下能够始终保持安全性,成为系统设计中的关键问题。传统的安全性设计方法往往难以应对复杂的时变约束和非线性动态特性,因此,控制障碍函数(Control Barrier Functions,CBF)作为一种新的思路,已经被证明在保证系统安全性方面具有极大的潜力。控制障碍函数通过为系统的安全约束引入一个显式的安全函数,将物理和几何安全性要求转化为约束条件,并与控制策略相结合,在系统执行过程中实时判断是否满足安全约束,从而确保系统不会违反安全限制。CBF 可以有效地在系统的控制输入中嵌入安全约束,确保星群在执行任务时始终保持在安全区域内,同时能够处理时变、非线性和高维度的复杂安全要求。这种方法不仅提升了异构星群任务执行的安全性,也为自主控制系统的设计提供了新的保障手段,使得星群在自主智能化控制的同时,能够确保任务的成功完成和系统的长期稳定性。

首先,针对系统所需的安全约束,通过使用李雅普诺夫条件构造一组基于控制量的安全势垒函数,从而使一组集合的交集前向不变,即意味着原始约束的满足。其一般形式如下:

$$K_{\mathrm{cbf}}(x) = \{u \in U : L_f h(x) + L_g h(x)u + \alpha(h(x)) \geq 0\} \quad (6\text{-}22)$$

势垒函数 h 通过集合 C 刻画,需要满足以下性质:

$$C = \{x \in \mathbf{R}^n : h(x) \geqslant 0\}$$

$$\mathrm{Int}(C) = \{x \in \mathbf{R}^n : h(x) > 0\} \tag{6-23}$$

$$\partial C = \{x \in \mathbf{R}^n : h(x) = 0\}$$

具体而言,核心作用在于实时监测系统的状态是否处于安全区域,如图 6-2 所示。其基本思想是通过构造一个势垒函数 $h(x)$,来定义系统的安全集合 C,并分析如何确保该安全集合的前向不变性。集合 C 被定义为系统的"安全集合",即当系统的状态 $x(t)$ 始终处于该集合内时,系统就被认为是处于安全状态,能够执行任务而不会违反任何安全约束。势垒函数 $h(x)$ 是一个标量函数,其值通常反映了系统状态与安全集合 C 的距离。如果 $h(x)$ 为正,则表示系统处于安全区域;而如果 $h(x)$ 为负,则意味着系统的状态已经离开安全区域。为了确保系统始终处于安全区域,势垒函数的设计需要满足一个前向不变性条件,即系统在时间发展过程中必须保持 $h(x) \geqslant 0$,或者说,势垒函数 $h(x)$ 的值不能越过零值界限进入负值区间。通过控制障碍函数,系统能够动态地调整控制输入,确保状态始终保持在安全集合 C 内。例如,在航天器姿轨一体化控制中,控制障碍函数可以用来确保星群间的距离保持在安全范围内,防止碰撞或其他潜在的安全风险。同时,它也能应对时变约束,适应系统动态变化,保证在复杂、非线性的环境中,系统能够安全、高效地执行任务。

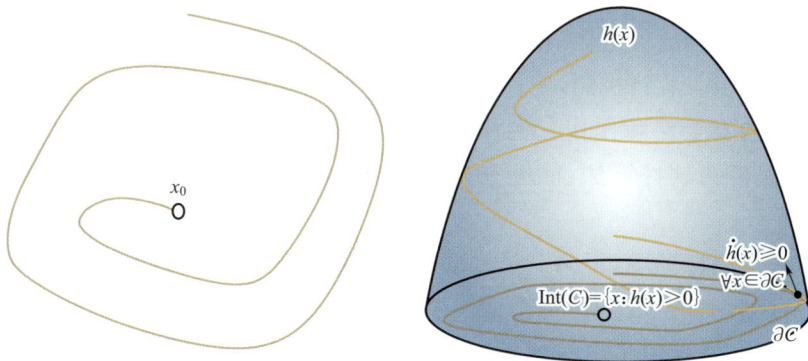

图 6-2　状态轨迹图

由于星群的动力学系统为二阶动力学系统,其状态变量包括位置和速度,而控制输入为推力和控制力矩。为保证星群在执行任务过程中始终遵守物理安全约束(如推力限制、位置或速度限制、姿态角约束等),传统的控制障碍函数(CBF)方法可能无法直接处理这些二阶动力学系统中的时变安全约束。因此,高阶控制障碍函数(High-Order CBF,HOCBF)被引入,以便更好地应对星群系统的复杂动态约束。为实现高效的求解,所有的控制约束和优化目标可以被统一转化为一个二次规划问题(Quadratic Programming,QP)。在这种框架下,控制系统的优化目标是最小化控制输入的能量或推力,同时满足每个高阶控制障碍函数的约束条件。

在这种框架下,控制系统的优化目标是最小化控制输入的能量或推力,同时满足每个高阶控制障碍函数的约束条件。具体形式如下:

$$u^* = \arg\min \| u - u_{nom} \|^2$$

$$\text{st.} \, L_f b(x) + L_g b(x) u + \alpha(b(x)) \geq 0$$

$$u_{\min} \leq u \leq u_{\max}$$

(6-24)

在 CBF-QP 架构中,标称反馈控制律作为输入,通过 CBF-QP 架构过滤掉违反安全约束的控制输入,求解出在前向不变集内最靠近标称反馈控制律的控制输入。

在实际应用中,将控制障碍函数应用于异构星群系统还需要考虑一些实际问题。例如,如何准确地构建势垒函数,使其能够真实地反映系统的安全约束。不同的任务场景和系统特性可能需要不同形式的势垒函数,这需要对系统进行深入的分析和建模。同时,在求解二次规划问题时,计算复杂度也是一个需要关注的问题。随着星群规模的增大和约束条件的增多,QP 问题的求解时间可能会显著增加,影响系统的实时性。针对这一问题,可以采用一些高效的优化算法和并行计算技术来加速求解过程。

另外,考虑到空间环境的复杂性,如空间辐射、微流星体撞击等因素可能会对星群系统的硬件和软件造成损害,从而影响控制障碍函数的正常运行。因此,需要在系统设计中引入容错机制,确保在硬件或软件出现故障时,控制障碍函数仍然能够发挥一定的安全保障作用。例如,可以采用冗余设计,增加关键硬件设备的备份,同时开发容错软件算法,能够在软件出现错误时进行自我修复或切换到备用程序。

在多星协同任务中,不同卫星之间的控制障碍函数需要进行协调和统一。例如,在星群进行编队飞行时,每颗卫星的控制障碍函数不仅要考虑自身的安全约束,还要考虑与其他卫星之间的相对位置和运动关系。这就需要建立一种分布式的控制障碍函数协调机制,通过星间通信实现信息共享和协同控制,确保整个星群在安全的前提下高效完成任务。CBF-QP 架构通过将稳定性与优化有效地统一起来,极大地增强了航天器路径规划和轨迹控制的效用。该架构不仅确保了系统始终满足物理和几何安全约束,而且能够在保证安全性的前提下,优化控制输入,使得航天器在执行任务时更加高效。这种触发机制的优势在于,它能够动态调整安全约束的激活条件,从而在航天器执行任务时,既保证了系统的安全性,又避免了过度频繁的约束更新带来的计算和通信负担。这种"按需触发"方式使得控制系统既能够应对突发的安全威胁,又能够在平稳状态下保持较低的控制负担,避免无谓的资源浪费。进一步地,CBF-QP 架构能够在不违反安全约束的情况下,确保系统始终按照最优控制轨迹运行。这是因为该架构通过逐点最优控制律的优化,考虑了控制输入的最小化,优化了航天器的轨迹规划,同时保障了在复杂环境下,航天器能够灵活应对动态变化的任务需求和安全约束。总之,CBF-QP 架构为星群任务执行提供了一个高效、鲁棒且灵活的控制方法,能够在动态、多约束的任务环境下,既保证航天器的安全性,又实现了控制效能的最大化,极大提升了系统在复杂长时间任务中的表现。

6.4.3　基于时序逻辑的星群动态路径规划

传统的运动规划方案都是基于给定任务指令后,完成从初始点到达目标的点到点准静态的简单规划任务,如驱动单星或多星进行非合作目标跟踪,或合作目标交会等。当面临异构星群进行协同地面观测、非合作目标动态合围与驱离等多动态任务时,表现却不尽人意,原因在于采用启发式算法难以灵活表达具有时间序列关系的复杂任务事件,如:异构星群在进行对地或者空间观测时,部分星可能会先后执行多个任务点;进行非合作目标驱离时,星群可能面临目标切换等事件。上述事件呈现明显的序列性(到达目标区域 A,然后到达区域 B,最后到达区域 C),持续监视与合围(合围或驱离目标区域 A、B 和 C),以及更复杂的逻辑组合。

因此,针对异构星群的复杂动态多任务的路径规划过程,可将其分解为多个有时序关联的分段子任务,并建立各段任务中多目标的时序逻辑关系模型,并针对星群变构路径设计多任务分布式优化方法。

基于高层时序逻辑框架的算法,即形式化方法,是研究和解决复杂时序任务下动态路径规划的有力手段。形式化方法包括线性时序逻辑(LTL)、计算树逻辑(CTL)和信号时序逻辑(STL)等,其中,信号时序逻辑提供了对高层复杂任务的丰富描述,在连续域中表达异构星群系统的定性和定量需求,提供了一种自然而紧凑的方法来推断异构星群在不断发展的时空环境中的运动。针对异构星群(多智能体)特定领域,其形式化方法研究应该包括下述内容:

① 形式化描述——如何规范地描述异构星群期望或不期望的行为,建立异构星群的形式化模型与时序逻辑。

② 形式化合成——给定形式化描述,嵌入满足描述的规划算法,在满足时序逻辑的前提下生成路径。

首先，基于 STL 形式化语句对异构星群时序逻辑任务进行描述，建立 STL 任务规范化框架：

$$\varphi = T\,|\,\mu\,|\,\neg\,\varphi\,|\,G_{[a,b]}\varphi\,|\,F_{[a,b]}\varphi\,|\,\varphi_1 U_{[a,b]}\varphi_2\,|\,\varphi_1 \wedge \varphi_2 \qquad (6\text{-}25)$$

式中，φ_1 和 φ_2 是描述星群系统时序逻辑任务的 STL 形式化语句，表示单个或者多个星协同的任务是否被满足；$G_{[a,b]}$，$F_{[a,b]}$，$U_{[a,b]}$，为三个时序逻辑运算子和对应时间约束区间，将其统一组合起来表示为 global，finally，until 运算符，即分别是在时间区间内约束始终被满足、至少有一次满足和至少有一次满足且在约束 φ_2 被满足前 φ_1 始终被满足。μ 是谓词逻辑，用来判断星群的实际轨迹是否满足 STL 任务要求的时空范围内。

此外，在 STL 框架下，典型动态环境中的多任务语言有：

监测：无线循环遍历三个区域，$P_3 \square \lozenge P_2 \wedge \square \lozenge P_1 \wedge \square \lozenge P_3$；

顺序完成：先到一个区域，再到另一个区域，$\lozenge P_2 \wedge \lozenge P_2$；

避障：不能去某个区域，$\square \neg P_2$。

再者，将异构星群进行抽象建模，转化成 STL 语言下易于接受的形式。异构星群的形式化模型表达为 $Q = \{S, t_0, \Delta, AP, L\}$，$S$ 为异构星群的状态；t_0 为异构星群的初始状态；Δ 为转移函数，表示异构星群在当前状态采取某个行动后能够到达的下一个状态；AP 为用于表征星群在某些状态所具有的属性的一系列原子命题；L 为标记函数。基于形式化建模，可以将异构星群转换为时序逻辑框架下的属性语言，包含完整准确状态信息、非歧义的描述模型，进而实现异构星群的数学表示，进行后续的行为表达。

因此，STL 框架能够形式化描述异构星群的各种自身或外界行为，并且数学化表现出时间约束、序列约束、效率准则以及动态的环境变化（如避障）等，将上述时序逻辑任务规范化后进一步用于后续的路径规划算法。

考虑到异构星群在执行不同任务，如部分星群会形成固定编队构型进行对地观测或非合作目标监视的情形下，存在星与星之间的碰撞，或星群遭遇空间碎片威胁等严重影响任务路径的变化环境，在基于 STL 框架下，引入一种坚韧度满足机制，来计算异构星群的 STL 鲁棒性，可以用来衡量 STL 规范下的异构星群约束违反情况。其原理是在 STL 任务规范框架中定义好星与星、星与空间碎片的安全距离，实时计算每颗星与安全距离的临近程度，进而确定每颗星的 STL 鲁棒性和坚韧度。

最后，基于上述 STL 框架，进行多任务下的异构星群路径规划。

此外，传统的路径规划算法大多只考虑到单对单的单一规划优化问题，如 RRT* 算法会计算从根节点到树中每个其他节点的最短路径，并通过添加有助于降低路径成本的新边来重新连接顶点。在面向多任务序列中,异构星群不仅需要进行完整轨迹的设计,还需要结合异构星群的其他限制或者偏好程度,如部分卫星在对地观测时需要专门访问某一区域,或者与某些目标保持特定距离。基于 RRT* 算法,构建成本函数如下,全局成本为异构星群的总和。

$$C(s_k^{k+1}) = \sum_{i=1}^{N} C(s_{ik}^{k+1}) \tag{6-26}$$

为了在路径规划时考虑到约束及任务序列,将 STL 鲁棒性引入

$$Robustness_{cost} = \max(e^{-\beta\rho(\theta, s_k^{k+1})}, 1) \tag{6-27}$$

进一步,完成 STL 鲁棒性度量整合到 RRT* 算法的成本函数中,以用来影响路径选择。

$$C(s_k^{k+1}, \theta) = C(s_k^{k+1}) \times \max(e^{-\beta\rho(\theta, s_k^{k+1})}, 1) \tag{6-28}$$

值得注意的是,β 是一个调整因子,它定义了尊重 STL 规范的重要性。β 越高,成本就越高。当 β 较低时,STL 约束对运动规划的影响较小。因此它衡量了任务约束和路径成本的平衡关系。可以根据异构星群的不同任务需求进行动态调整。

在异构星群面向多对多任务的要求下,采用 MA-RRT* 算法同时规划多个星的任务运动轨迹。其基本计算流程可以描述为:首先,需要初始化必要变量和参数,包括 STL 规范的必要约束;由于 STL 对成本函数的影响,通过随机和有偏采样选择新节点,以加快找到目标区域的样本,另外由于异构星群数量较多的原因,采样方法会使得计算量激增,因此利用 K-最近邻方法减少计算量,通过 Extend 和 Rewire 函数来构建和优化树图。其中,Extend 函数包含了 STL 约束规范,以此计算连接剩余邻居到样本的边的代价,并将代价较小的边添加到 Tree 图中。Rewire 函数检查是否有可能通过新增加的边降低邻居节点的开销,如果是这样,树将被重新连接,并且更新转发节点的成本。然后进行任务检查:一旦程序达到最小迭代次数,程序检查添加的节点是否位于星群期望的目标区域。如果没有,则程序返回到采样过程,直到将位于目标区域内样本添加到 Tree。如果有更多的目标需要实现,那么这个轨迹将被添加到全局轨迹中;如果还有其他目标需要达到,则更新机器人的当前位置和新目标,MA-RRT* 使用更新后的参数重新运行,这样做直到没有更多的目标必须达到。然后保存并绘制轨迹,以及成本和计算时间。基于该算法,在尊重 STL 约束下,给出渐近最优解。

因此,面向时序多任务需求,异构星群引入时序逻辑语言将不同的时序任务约束基于时序关系统一建模,然后,对时序语言中的逻辑连接词和各个时序算子建立整数约束数学表达式,利用 STL 的鲁棒性,嵌入在 MA-RRT* 算法中进行基于

STL 任务规范下的路径规划的近似最优解，如图 6-3 所示。

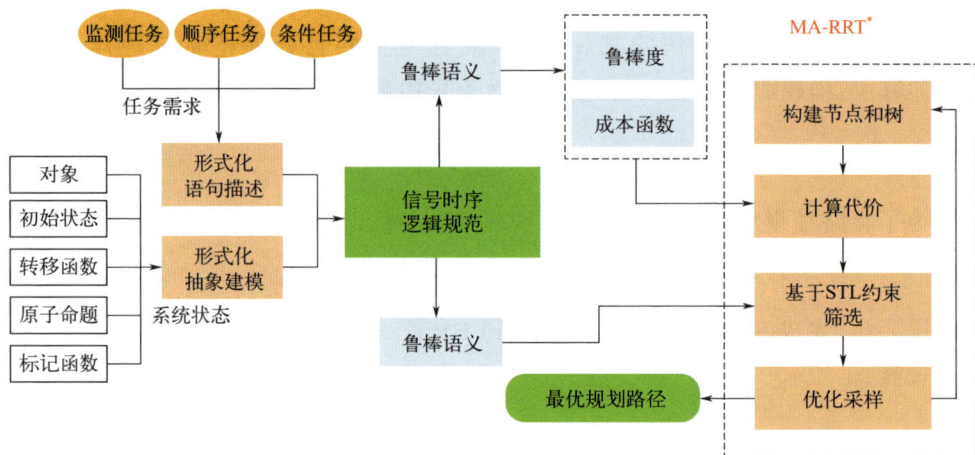

图 6-3 多任务下基于时序逻辑的星群变构路径优化方法

6.5 本章小结

本章系统性探讨了异构星群的协同控制方法，从理论基础到工程实践，全面涵盖了构型控制、姿轨一体化高精度控制、防撞策略以及安全性能保障等关键技术领域。所提出的协同控制方法不仅在理论上具有创新性，还在工程实践中提供了可行的技术解决方案。通过模拟复杂的轨道环境和任务需求，验证了所提出模型在多星协同构型调整、轨道保持与高精度姿态控制等方面的实用性与可靠性。特别是在任务冲突的动态调整、防撞策略的实时实施以及轨迹恢复的燃料优化等关键技术问题上，展现了卓越的应用价值。星群控制需要深度融合动态优化与智能化技术，以有效应对轨道环境的非线性动态特性以及多任务协同的复杂性。这一综合性研究为未来航天任务的智能化、多功能化发展提供了理论支持和技术储备，为技术落地提供了指导，也为未来更加智能化、多任务融合的航天任务奠定了坚实的基础。

参 考 文 献

[1] 张育林. 卫星星座理论与设计[M]. 北京:科学出版社,2008.

[2] 梁晓莉,陈建光,姚源,等. 国外低轨卫星互联网发展现状分析[C]//第十五届卫星通信学

术年会论文集.北京:中国通信学会,2019:19-22.

[3]　Portilloai D,Cameronbb G,Crawleyc E F. A technical comparison of three low earth orbit satellite constellation system stoprovide global broadband[J]. ActaAstronautica,2019, 159:123-135.

[4]　梁晓莉,王聪,李云."一网"星座最新发展分析[J].中国航天,2019(7):29-31.

[5]　项军华.卫星星座构形控制与设计研究[D].长沙:国防科学技术大学,2007.

[6]　Su Y,Liu Y,Zhou Y,et al. Broadband LEO satellite communications:architectures and key technologies[J]. IEEE Wireless Communications,2019,26(2):55-61.

[7]　Sanad I,Michelson D G. A Framework for heterogeneous satellite constellation design for rapid response Earth observations[C]. 2019IEEE Aerospace Conference. BigSky:IEEE, 2019:1-10.

[8]　蒋虎.LEO 卫星轨道设计中的主要摄动源影响评估[J].云南天文台台刊,2002(2): 29-34.

[9]　李恒年,李济生,焦文海.全球星摄动运动及摄动补偿运控策略研究[J].宇航学报,2010 (7):1756-1761.

[10]　陈长春,林滢,沈鸣,等.一种考虑摄动影响的星座构型稳定性设计方法[J].上海航天, 2020,37(1):33-37.

[11]　李玖阳,胡敏,王许煜,等.低轨 Walker 星座构型偏置维持控制方法分析[J].中国空间 科学技术,2021,41(2):38-47.

[12]　王许煜,胡敏,赵玉龙,等.星座备份策略研究进展[J].中国空间科学技术,2020,40(3): 43-55.

[13]　韩潮,谭田,杨宇.编队飞行卫星群构型保持及初始化[J].中国空间科学技术,2003,23 (2):54-60.

[14]　王兆魁,张育林.分布式卫星群构形初始化控制策略[J].宇航学报,2004(3):334-337.

[15]　孙俞,沈红新.基于 TLE 的低轨巨星座控制研究[J].力学与实践,2020,42(2):156-162.

[16]　李果.三颗冻结轨道卫星构成的星座轨道控制策略[J].控制工程,1994(5):49-54.

[17]　赵双,张雅声,戴桦宇.基于快速响应的导航星座重构构型设计[J].空间控制技术与应 用,2018,44(4):29-36.

[18]　李玖阳,胡敏,王许煜,等.考虑燃料消耗均衡性的低轨通信星座在轨星座构型重构方法 研究[J].中国空间科学技术,2021,41(4):95-101.

[19]　Wagnerk M,Black J T. Genetic-algorithm-based design for ride share and heterogeneous constellations[J]. Journal of Spacecraft and Rockets,2020(1):1-12.

[20]　Paek S W,Olivier D W,Smithm W. Concurrent design optimization of earth observation Satellites and reconfigurable constellations[J]. Journal of the British Interplanetary Society,2017,70(1):19-35.

[21]　Chan K. Collision Probability Analysis for Earth Orbiting Satellites[J]. Advances in the Astronautical Sciences,1997,96:1033-1048.

［22］ Vedder D J,Tabor L J. New Method for Estimating Low-Earth-Orbit Collision Probabilities［J］. Space Craft,1990,28(2):210-215.

［23］ Patera,Russell P. General Method for Calculating Satellite Collision Probability ［J］. Journal of Guidance,Control,and Dynamics,2001,24(4):716-722.

［24］ Patera R P. Satellite Collision Probability for Nonlinear Relative Motion［J］. Journal of Guidance,Control,and Dynamics,2003,26(5):728-733.

［25］ Patera R P. Calculating Collision Probability for Arbitrary Space-Vehicle Shapes via Numerical Quadrature［J］. Journal of Guidance,Control,and Dynamics,2005,28(6):1326-1328.

［26］ Patera R P. Space Vehicle Conflict-Avoidance Analysis［J］. Journal of Guidance,Control and Dynamics,2007,30(2):492-498.

［27］ Campbell M E. Collision monitoring within satellite clusters［J］. IEEE Transac-tions on Control Systems Technology,2005,13(1):42-55.

［28］ 王华,李海阳,唐国金. 飞行器碰撞概率计算的一般方法［J］. 国防科技大学学报,2006,28(4):27-31.

［29］ 王华,唐国金. 非线性相对运动的飞行器碰撞概率研究［J］. 宇航学报,2006,27(B12):160-165.

［30］ 许晓丽,熊永清. 非线性相对运动下空间碎片碰撞概率计算的研究［J］. 天文学报,2011,52(1):73-85.

［31］ Guo X,Xu X,Lin H,et al. Study on quick selection technology of low-orbit spacecraft collision-avoidance strategy ［C］//Proceedings of 2019 Chinese Intelligent Systems Conference. Beijing,2020:318-324.

［32］ 云朝明,胡敏,宋庆雷,等. 巨型低轨星座安全性研究及其规避机动策略综述［J］. 空间碎片研究,2020,20(3):17-23.

［33］ Smith B G A,Capon C J,Brown M,et al. Ionospheric drag for accelerated deorbit from upperlow earthorbit［J］. Acta Astronautica,2020,176:520-530.

［34］ 李玖阳,胡敏,王许煜,等. 基于 ALPSO 算法的低轨卫星小推力离轨最优控制方法［J］. 系统工程与电子技术,2021,43(1):199-207.

第**7**章

柔性智联卫星架构

7.1　柔性智联卫星

未来大规模分布式异构星群要联接全域全要素的空间资源,将是一个全域覆盖、跨域融合、敏捷适应、智能应用、安全可信的天基服务体系[1]。这些体系应用特征对组成星群的卫星能力也提出了新要求。分布式异构星群的成员卫星应是一种柔性智联卫星,其突破传统的"传感器""转发器"概念,由独立终端转变为智联系统中的信息节点,采用通用化、开放式架构,具备网络互联、迭代拓展和动态演进能力以及智能处理、自主运行协同能力,以更灵活地适应分布式异构星群瞬息万变、高度不确定的任务目标和环境变化[2,3]。

(1)网络化、智能化的柔性智联卫星是分布式异构星群满足多样化用户需求的关键

现有的天基遥感、通信等星座系统在时间、空间上均缺乏有效的交联与协同,很难通过空域、时域的配合实现多维信息获取与融合,难以满足未来多维度、高时效的用户要求[4];从卫星获取数据到地面信息处理,再向用户终端分发数据,整个信息处理链路比较复杂且数据的传递周期较长,天基信息服务能力难以跟上未来信息化服务的节奏。因此,分布式跨域协同要求在卫星平台间构建性能优良的基础高速网络链路,基于智能网络算法实现卫星节点间的动态连接、随时接入、功能重组、快速自组织等能力,快速调动调整各方系统,实现横向紧耦合、纵向高时效的新质天基信息服务能力。

分布式异构星群包括遥感、通信、导航等不同卫星,为完成实时信息保障、多源信息获取等任务,需要基于星上智能处理能力解决面向场景应用的联合任务调度策略问题,完成卫星任务申请、分发和协同反馈,具备为星群自主任务协同提供任务筹划能力。

传统星上载荷数据处理主要针对特定载荷定制,随着卫星平台适配能力的增加,需要处理的载荷数据包括图像、视频、语音、文字等,因此要求卫星平台具备为载荷数据提供多类型实时处理的能力。

未来分布式异构星群将包括数百乃至数千颗卫星,各卫星节点要能够实现高精度自主轨道控制和智能健康监测管理,以支撑星群在轨自主运行,提升星群的保障能力。因此卫星平台还需具备为星群自主运行提供智能管控的能力,能够适应星座/星群星间运动下的动态拓扑约束,涵盖全局自主导航、协同目标感知与运动规划、姿轨协同控制等功能,并具备针对卫星信息、电源、控制、热控、结构等分系统典型故障自主健康监控与处置的能力[5]。

（2）模块化、软件化的柔性智联卫星是开放式系统架构的必然

未来的分布式异构星群卫星将包括通信、导航、遥感等多类任务载荷，提供"快速、准确、全域"的信息支援服务。典型任务载荷包括高分视频载荷、可见/红外光学载荷、SAR 探测载荷、宽带通信载荷、导航增强载荷等。多类卫星载荷要求平台能够实现柔性化适配，必须采用模块化、易扩展、开放式的统一硬件设备架构，按"规范化、标准化、通用化"进行单机功能模块化设计，如图 7-1 所示。硬件设计符合 SpaceVPX 标准，在背板协议互通兼容的基础上，支持配置不同数量的板卡，并支持即插即用协议，实现板卡的快速扩容。采用管理、控制、数据平面网络设计覆盖千比特每秒到百千兆比特每秒的带宽区间，星内高可靠、高带宽模块级互联，实现计算、存储、接口资源扁平化，通过功能迁移和数据重定向实现网内同类功能节点高效能利用，提高系统资源使用效率和可靠性。

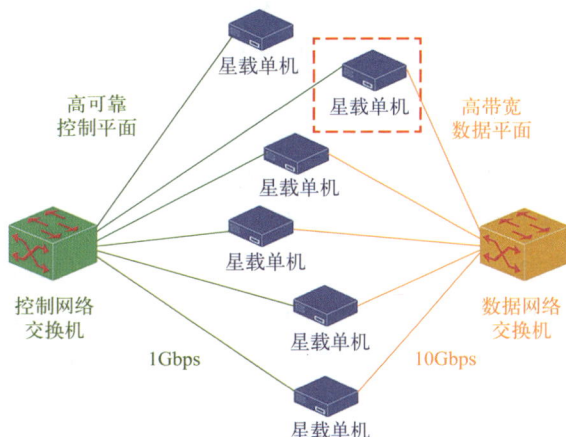

图 7-1　开放式卫星的"三平面"管理架构

为适应用户需求和应用场景的不断变化，卫星系统在硬件采用模块化开放式架构的基础上，还必须实现功能软构化，具备动态演进能力。在开放式架构的加持下，构建标准化、可重构的软件生态，以算法替代硬件产品赋能天基智能化卫星，赋予卫星更高的自主性与可升级潜能，满足信息化时代瞬息万变、高度不确定的应用需求[6,7]。

卫星功能的软构化是满足天基系统多协议兼容、功能快速演进、在线更新等需求的必由之路。多协议兼容，即卫星平台要能够支持测控、数传、中继、星间链路、广播分发等典型通信体制；功能快速演进和在线更新，即卫星平台要能够支持任务功能的在轨软件定义，并支持任务功能在轨重构。

基于模块化和软件化的通用开放式架构有利于实现分布式异构星群功能的快速迭代演进，能够以更加敏捷的方式应对不断变化的任务需求。同时，基于模块化

和软件化设计,能够充分利用商业现货资源,缩短卫星研发周期,降低卫星研制成本。

(3)批量化、低成本的柔性智联卫星是分布式异构星群建设成功的保证

通过模块化设计使卫星平台的结构、电源、信息处理等部组件形成批量货架产品,根据适配载荷需要进行选配,满足多应用场景的宽适应性[8]。

传统卫星从设计、研制到发射应用需要经历较长的周期,分布式异构星群建设若仍采用传统的研制和发射模式,受卫星数量、运载能力的影响,需要经历一个较长的周期。第一代铱星系统从提出到首颗卫星上天用了 12 年,建设周期过长导致其难以应对快速变化的移动通信市场,最终成为技术先进、商业失败的系统。因此,完成分布式异构星群的建设需要大幅提高卫星生产和发射效率,充分借鉴民用项目的批产经验,立足于模块化、标准化设计,打通设计与制造全流程的规模化生产瓶颈,着重做好批量化生产中的状态一致性问题、大批量自动测试问题,实现卫星的批量化装配、测试与发射,保证从提出建设需求到系统建成投入运营全过程的快速响应。

分布式异构星群规模大,星群建设部署需综合考虑建设成本、运载发射、时间进度等多方面约束。一网(OneWeb)星座为建设总计 648 颗星的低轨宽带星座融资近 30 亿美元,但单星成本未能控制在预期的 50 万美元,且单次发射仅能完成 34 颗发射,还需要花费大量经费在运载火箭上,在完成 74 颗卫星后即破产。因此,从成本可控、快速部署的角度,分布式异构星群的卫星必须满足低成本、轻量化的设计研制需求,可从一体化设计、产品统型、元器件选用等方面探索单星低成本、轻量化路线。针对大规模快速在轨部署与应急补网需求,综合考虑现有运载及地面发射场能力,开展面向批量化发射的卫星构型、星箭一体化设计,同时综合利用整流罩空间、运载发射能力,实现一箭多星快速发射部署,提升发射效率[9]。

7.2　通用化可重构的柔性架构设计

为适应用户需求和应用场景的不断变化,柔性智联卫星应具备在轨软件化定义和功能重构的能力。一是有效载荷要具备通过在轨软件化定义实现多种功能的能力;二是卫星平台要具备相应的支持多载荷运控管理、多应用模式调度、多用户数据传输与分发的能力;三是卫星平台要与有效载荷的接口匹配适用,并具有通用性[10]。

采用以综合电子系统作为中心管理系统的卫星设计方式作为卫星基本的构架。对于卫星平台而言,为适应在轨软件化定义的多任务综合新型需求,需要重点

解决以下三个问题[11-13]。

（1）卫星设计的软硬件解耦问题

对于卫星平台而言，随着卫星的功能越来越强、应用模式越来越多，卫星整星的信息处理、传输、控制也越来越复杂，传统依据分系统甚至单机分散处理和管理的方式难以满足软件化可重构卫星的应用需求。为了提升卫星的任务适应性、应用方式灵活性，通过分析卫星基本功能需求，将基本功能分解为相对独立的基本模块，对模块的功能和接口进行规范，各模块之间采用标准接口，便于系统部件的互联、互通和互操作，便于硬件、软件的移植和重用，也便于系统功能的增强和扩充。将卫星的管控能力以软件形式集中化，以标准化的硬件模块和可定义功能的软件模块形成系统核心。软件控制层最大化地涵盖卫星的遥测、遥控、程控、时统管理、热控管理等常规管理以及姿轨控管理、轨道递推、天线指向角度计算、单星自主任务规划、多星协同、星地协同自主任务规划、不同类型载荷间信息融合、载荷数据实时处理等相关能力。硬件执行层主要包含卫星的热控、推进、控制、供配电等分系统的相关单机和设备。

（2）多任务综合的软硬件支持问题

一是需要支持多载荷的运控管理。针对不同的载荷应用，生成载荷控制指令/数据，在测控系统协同下，完成载荷状态的调整与相关资源配置管理，以及全寿命管理载荷在轨工作状况和使用情况。其对应硬件部分主要是支撑在轨软件化定义的多功能有效载荷。

二是面向用户服务，须具备不同的数据传输和分发能力。针对不同用户、不同应用模式下不同数据传输需求，确保各类数据约束匹配、完整有效、信道通畅、应用便捷。因此其数据处理、组帧、打包、传输等需要具备多种方式，具备软件化可定义的能力。其对应硬件部分主要是支撑高速数据处理和传输以及低速数据传输等相关单机和设备。

（3）平台稳定运行的软硬件支持问题

卫星平台运行时需要大量的逻辑硬件、逻辑软件协同工作，但当前卫星平台各分系统的电路逻辑通过固化的电路实现，其软件往往采烧制于存储器件中，可更新升级的范围较小。这会造成两个问题：

一是平台运行管理逻辑僵化。当前卫星由于运行管控软件在发射时就已大部分固化，仅能针对各系统均运行正常下或可预测异常下完成信息和任务的管控，这种管控方法要求卫星在发射前对各种突防情况具备一定的认知能力，但卫星运行的环境往往较为复杂，卫星在紧急状态下发生超出认知库的异常行为，往往需要平台重新规划管理逻辑，当前卫星软件重构能力较弱，难以完成上述任务。

二是平台运行安全逻辑不完备。当前平台的逻辑硬件尤其是逻辑电路采用板式固化设计,对硬件故障的修复能力和容错能力不足。使用逻辑可编程器件一定程度上取代固化的硬件电路设计可增加卫星的安全性和容错能力。以 FedSat 卫星为例,该星是航天领域中第一颗采用可重配置计算的卫星,卫星的星载计算机采用 Xilinx 公司的耐辐射 FPGA XQR4062XL 设计,可以通过 FPGA 的重配置在轨升级和修复计算机的硬件电路,相比于传统的星载计算机,提升了卫星的可靠性和寿命。2003 年,FedSat 卫星的一个方向传感器的工作状态中出现了异常,卫星维护人员通过对计算机进行在轨的电路升级,修复故障。FedSat 卫星的设计寿命是 3 年,但在该卫星预期寿命到期后仍工作状态良好,最后由澳大利亚国防部接管继续工作了多年。

综上所述,柔性智联卫星开展架构设计需要遵循以下原则:

① 去任务化:卫星架构不针对特定载荷,为多类载荷、多型任务提供支持。

② 软标准化:对各硬件单机及其接口不做强制硬标准化要求,通过可重构、通用化的软硬件接口实现总线与单机的标准化、通用化连接。

③ 高重构化:在卫星硬件集合确定的条件下,通过软件重载、重构实现为卫星对任务和自身管理的多次优化与重定义。

④ 层次化:根据各软件与硬件的执行逻辑,科学划分层次结构,形成任务边界清晰、接口统一的卫星架构。

柔性智联卫星总体架构如图 7-2 所示。

从图 7-2 中可以看出,柔性智联卫星架构整体上呈现层次化和模块化特征。从层次化方面来看,一方面将卫星平台的架构抽象化为逻辑管理的可重构软件总成和执行实体的硬件总成,另一方面在软件总成与硬件总成中分别设置层次化功能层,底层是上层的实现基础,各层次之间具备明确的功能边界和接口关系。从模块化方面来看,将卫星实体分解为有效载荷模块、通用接口模块、卫星平台模块。将卫星可重构软件化模块和硬件总成模块分别分解为各功能实体。

硬件设计是卫星功能逻辑设计的结果,而软件部分又是卫星功能的核心,同时柔性智联卫星的多任务在轨软件化定义与重构特性重点表现在可重构软件总成部分,因此可重构软件总成是整个架构的核心。当前可重构软件总成部分主要分为三个层次。

① 任务服务可重构层:该层次设计主要针对任务服务,包含对有效载荷的软件化管控,完成载荷状态的调整与相关资源配置管理,面向不同用户需求,软件化定义数据处理、组帧、打包、传输和分发能力。通过高速总线与中心计算机等中心处理设备相连接,任务服务可重构层用于沟通中心计算机或综合电子系统与载荷和数传分系统的服务管理,作为重要的可重构层。

② 运行服务可重构层:该层次设计主要对应于卫星平台运行服务单机的管

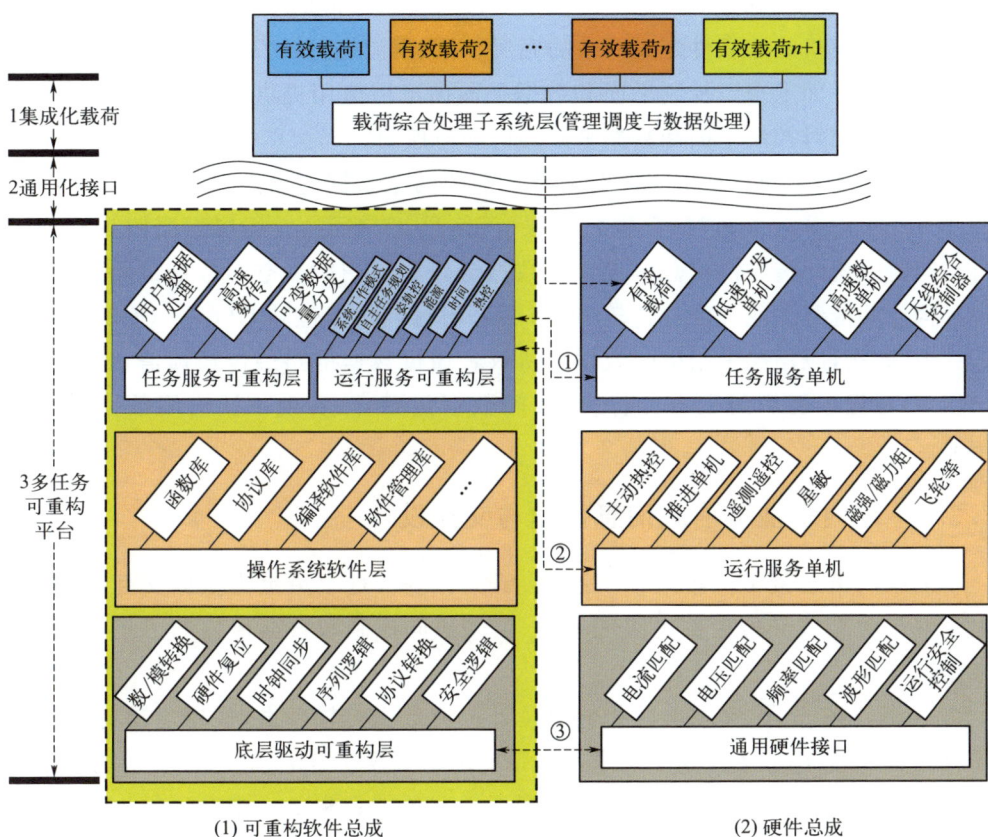

图 7-2　柔性智联卫星总体架构

理,涉及主动热控、推进、遥测与遥控、星敏、飞轮等多种单机的工作状态采集与管控。由于平台各单机的数据量往往较小,因此平台运行各分系统单机通过中低速总线与中心计算机等中心处理设备相连接。运行服务可重构层用于沟通中心计算机或综合电子系统与分系统单机的服务管理,作为重要的可重构层。

③ 操作系统软件层:用于统一管理软件资源,隔离底层驱动层与服务层,为服务层提供运行软平台,提供函数库、协议库与服务软件管理支持,具备一定的软件可重构性。

7.3　面向任务协同的网络智联架构设计

根据分布式异构星群网络中千比特每秒到百千兆比特每秒的大带宽区间数据交互需求,可对平台网络架构进行纵向划分,从管理、控制、数据三平面进行一体化设计,分别覆盖不同的带宽区间,星载单机按需接入不同的平面[14]。数据平面、控制平面的交换机处于软件定义网络的底层,对数据流进行转发处理,同时将网络状态通过管理平面上报。控制平面和数据平面向上层应用提供标准化可编程接口,实现上层应用对控制平面和数据平面的访问与控制。

针对星地、星间复杂空间链路网络之间的高效数据传输需求,融合 CCSDS 与 TCP/IP 协议,采用物理层、数据链路层、网络层、传输层、应用层五层协议模型进行空间链路统一传输协议总体设计。数据链路层采用统一空间数据链路协议,实现异构空间链路多业务混合传输,网络层采用封装数据包和 IP over CCSDS 协议承载 IP 数据,应用层采用空间数据包协议。通过数据链路层传输帧信道复用、网络层 IP 数据包复用与聚合、应用层空间数据包聚合,实现不同应用数据的融合传输。

7.3.1　星内多业务承载信息传输与交换设计

星载网络连接了卫星内各个系统、单机、模块,是卫星星内数据交互的基础,也是整个分布式异构星群中实现星地、星间协同控制和数据传输的卫星端"神经末梢"。

传统多重、分段、需求响应式链路设计形成数据传输壁垒,底层通信链路应去任务化、上层应用服务应紧贴需求。等带宽网络是规模有限、静态封闭系统的理想选择。但是星载网络具有千比特每秒到百千兆比特每秒的大带宽区间,单一等带宽网络导致资源开销不可接受[15]。根据各类星载单机数据传输带宽需求进行纵向划分,可以形成多档传输带宽水平集合,每个集合称为"平面",每个平面和平面中的每一层与其他平面都是相互独立的,每个平面具备跨越多个单机甚至跨越星间传输的关键能力,从而形成一个面向对象的星载网络体系结构,易于维护和升级。

采用高可靠管理、高精确控制、高带宽数据三平面一体化总线网络设计思路,分别覆盖不同的带宽区间,各类模块、单机按需选择不同的平面接口接入网络。三个平面均采用星型交换式、全双工连接方式,在交换机实现控制面与数据面的解耦分离,支持通道拓展。通过交换机实现同一平面内各个通信节点之间的统一寻址、互联,数据传输链路更改时无须更改任何硬件产品。通过管理、控制、数据三平面设计,横向打通传输壁垒,纵向形成带宽层次,一网到底、跨网到边,如图 7-3 所示。

管理平面高可靠设计,是可靠性保底。控制平面高精确设计,实现确定性、低延迟、多业务通信,面向任务协同。数据平面高带宽设计,满足 Gbps 以上数据流通信。

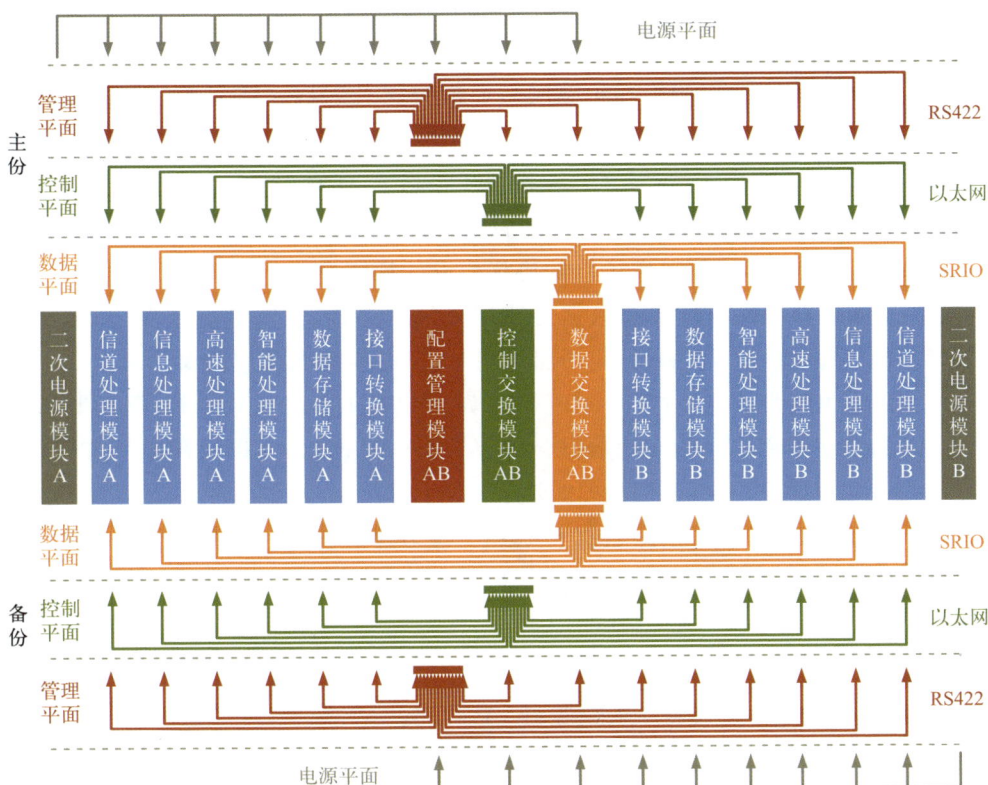

图 7-3　SpaceVPX 架构产品网络形态

　　针对互联技术演进分析，采用时间触发以太网技术，构成整星控制平面网络，替代传统 1553B、CAN、RS422 等，码速率提高至 1Gbps，时间同步精度优于 1μs、时间传输抖动小于 1μs，技术指标提高 2 个数量级，并为全网计算资源共享、应用动态迁移、任务无缝接续提供基础保证。

　　采用串行 RapidIO 技术构成整星数据平面网络，计算、存储节点通过 RapidIO 网络实现高带宽、高效率数据处理和存储，支持单通道 10Gbps 高速数据传输，替代传统 LVDS、光纤等点对点设计，满足高速、大容量载荷数据的传输和处理需求。

　　采用星型分组交换式技术，规范信息网络服务和业务，控制、数据双平面网络实现单机间、单机内模块间一体化互联，建立适用于空间环境的物理层和链路层传输体系[16]。以时间触发以太网作为控制平面，实现星内遥测、遥控、姿态、低速载荷等数据传输；采用 RapidIO 作为数据平面，实现星内高速载荷数据传输；通过计算节点实现跨平面降级备份传输，进一步提高网络可靠性[17]。

7.3.2 空间多链路承载信息一体化适配设计

星地/星间网络通信协议和星载网络通信协议是天地一体化通信的关键。虽然 CCSDS 标准协议在空间应用中比较完善,但不能直接应用于地面互联网通信,存在协议转换问题。国内外部分航天器已开展基于 TCP/IP 的空间通信协议设计和应用验证,但总体上还未形成成熟的解决方案。

星载链路子网和空间链路子网的协议栈设计具体为:

① 空间链路子网物理层和数据链路层采用 CCSDS 空间数据链路协议,网络层和传输层采用 TCP/IP 协议,应用层采用 CCSDS 空间数据包协议。

② 在星载链路子网,对于非 IP 网络,如 1553B、RS422、CAN 等,采用其特定协议体系,并在应用层采用空间数据包协议;对于 IP 网络,如以太网采用 TCP/IP 协议体系,应用层采用空间数据包协议。

③ 通过非 IP 网络的空间数据包 APID 与 IP 网络的网络层 IP 地址映射,实现星载链路子网非 IP 网络与空间链路子网、星载链路子网 IP 网络的一体化互联。

星载链路子网中的骨干网采用管理平面、控制平面、数据平面统一设计,同时兼容传统的星载 1553B、CAN、RS422、LVDS、SpaceWire 等连接形式,也是实现空间链路遥测、遥控数据接入的主要方式。

如图 7-4 所示,为实现异构星座异质链路混合组网,基于 IP 协议融合空间链路子网和星载链路子网网络层,通过统一的 IP 逻辑编址提供全局寻址和数据包传输路由服务,同时隔离网络层以下协议;基于应用层空间数据包协议融合空间链路子网和星载链路子网应用层,使各类应用程序可以使用一个通用接口在各种通信介质之间互操作;同时兼容传统的基于 SPP 协议的星载链路子网数据路由和操作接口[18]。

为实现跨链路传输协议栈兼容性、跨协议栈应用层适配开销最小化,要求协议栈层间隔离设计、不同协议栈之间隔离设计。CCSDS 一直在积极推进 IP 协议在空间领域的应用和标准化,使 IP 数据可以在现有和未来的 CCSDS 通信链路上无缝运行[19]。同时,空间数据包已广泛应用于星载链路子网的数据传输,尤其是各类星载电子设备的应用程序具有成熟的空间数据包接口。所以,将两种协议进行融合设计,既可以实现基于 IP 协议的跨网传输和基于空间数据包的应用程序接口交互,也可以适应传统的基于空间数据包的星载链路路由。

在空间链路子网一侧,不同业务数据传输采用统一的链路协议,同时与星载链路子网进行协议兼容设计,减少空间链路子网之间不同业务、星载链路子网之间不同业务、空间链路子网与星载链路子网之间的协议转换开销,如图 7-5 所示。

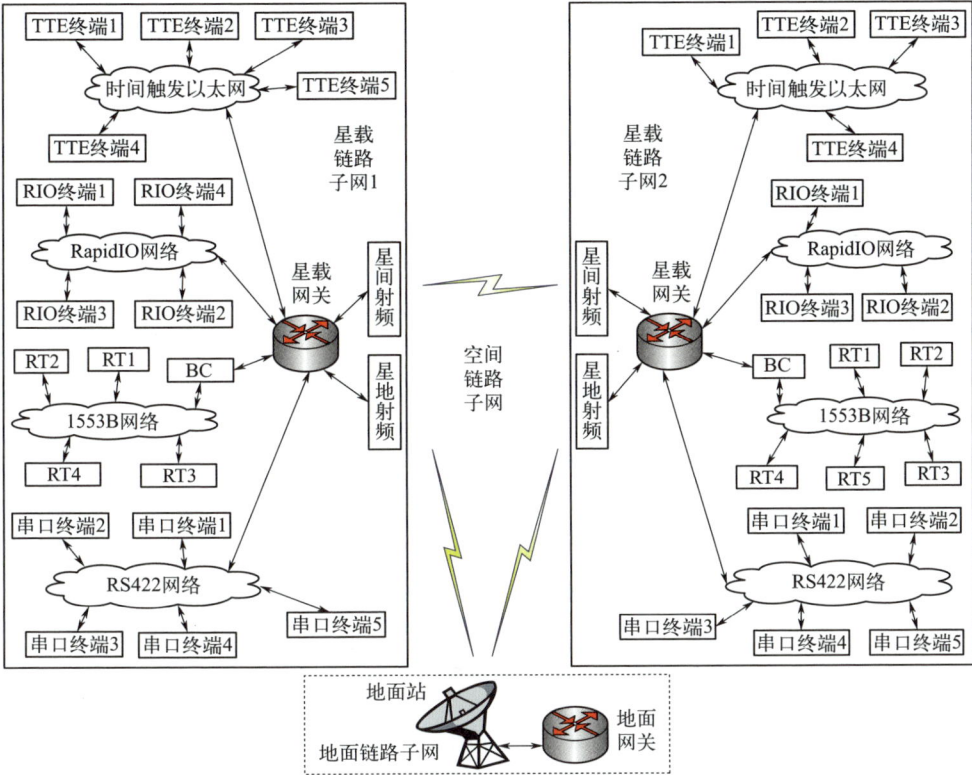

图 7-4　异构星座异质链路混合组网传输示例

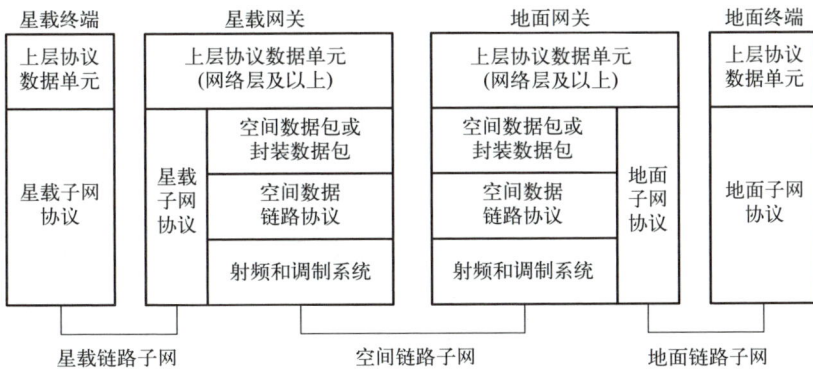

图 7-5　空间链路子网与星载链路子网协议

　　数据链路层之上,在网络层采用与地面网络相同的 IP 包转发模式,将 IP 网络置于星载网络物理层和数据层之上,为每个星载终端分配 IP 地址,并通过星载网关实现网络接入和路由,屏蔽星载网络拓扑的变化。

　　星载控制交换机负责星载网络终端的接入,也支持不同卫星之间交换机组网,支持标准以太网接口和协议。

星载网关负责星载链路子网与空间链路子网之间的空间链路数据双向传输，卫星接收到上行数据或者前向数据后，提取出 IP 数据包，并将数据推送到星载链路子网的协议栈中，或者进一步路由转发，通过空间链路子网传输至其他卫星的网关或者地面。当星载链路 IP 数据包通过 CCSDS 空间链路传至地面或其他卫星时，地面网关提取出 IP 数据包并推送至地面互联网络协议栈。

星载网关对星载网络的 IP 协议和空间链路传输协议 USLP 进行桥接，地面网关对地面网络的 IP 协议和空间链路传输协议 USLP 进行桥接，联合实现星、地面网络网关功能。网络模型如图 7-6 所示。

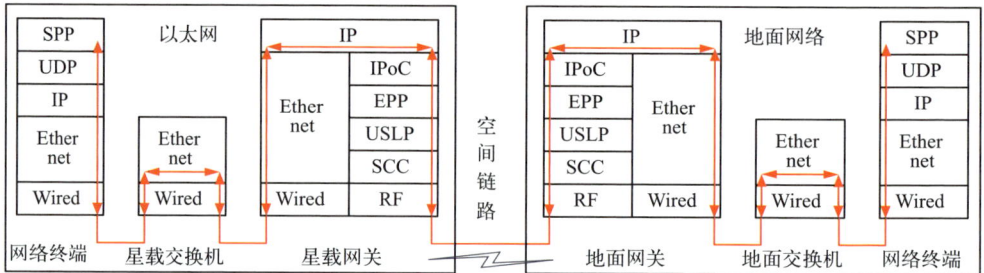

图 7-6 基于 IP 转发的星载控制平面网络模型

若空间链路子网直接接入星载非 IP 网络，可以采用基于 IP 转发的模式，在星载网关完成空间链路应用层以下的协议解析，提取出空间数据包协议后，作为应用数据在非 IP 网络传输，如图 7-7 所示。

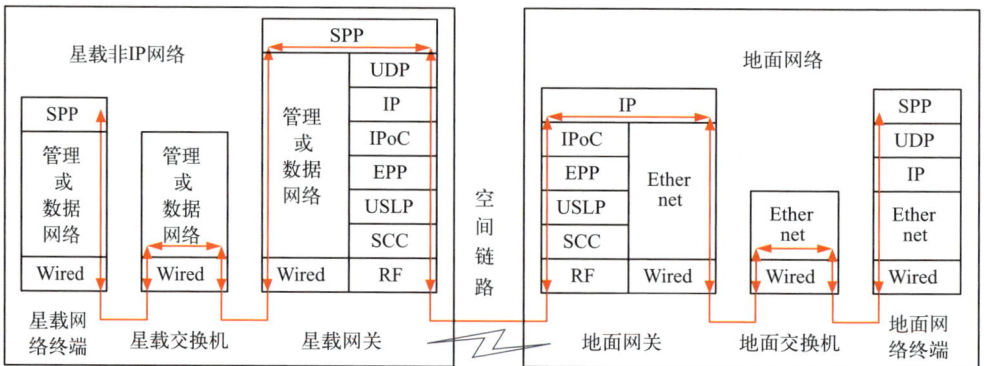

图 7-7 基于 IP 转发的星载管理、数据平面网络模型

7.3.3 星地/星间信息标准化传输协议设计

空间数据链路是星地、星间数据传输的无线通信链路。基于 USLP 和 IP 协议，构建完整的空间链路协议栈各层标准数据结构，是空间链路与星载链路数据传

输的基础[20]。USLP 可以通过星地、星间双向空间链路高效传输遥测、遥控数据，也可以用于载荷数据传输。

网络层实现异构星座异质链路统一寻址、路由转发应用数据或者上层协议数据单元的功能。数据链路层传输帧数据结构中包含的源地址和/或目的地址仅在链路层有效。卫星接收到链路层帧数据，进行帧格式解析，丢弃帧头，仅保留网络层数据。因此，网络地址是实现空间数据路由寻址的全局唯一逻辑地址。空间链路子网的网络层有两个标准接口协议：空间数据包协议和封装数据包协议。空间数据包协议的数据单元由卫星或地面端应用过程生成、发送和接收使用。作为空间数据包主导头的一部分，APID 用于确定数据包的传输路径。为了支持其他网络协议数据传输，采用封装服务将上层协议数据单元封装成 CCSDS 推荐的另一种数据类型——封装数据包。空间数据链路协议能够在封装数据包内承载 IP 协议的多个协议数据单元，IPoC 规定了 CCSDS 识别的 IP 数据包如何通过链路传输。使用 IPoC 协议，IP 数据包可以通过封装数据包在空间链路上传输。

传输层为用户提供端到端的空间通信传输服务。CCSDS 为传输层开发了 SCPS 传输协议以及 TCP、UDP 等协议。SCPS-TP 可以在封装数据包、IP 或 IPoC 上传输。TCP、UDP 生成的报文可以通过空间链路上的 IP 数据包传输。星地、星间双向传输时延大，且传输链路双向带宽不平衡，下行带宽远大于上行带宽，因此采用 TCP 协议的传输效率较低。而且星地、星间传输有效数据前，会有同步建链操作，确保信道可用，同时在数据链路层增加差错控制编码提高数据接收纠错恢复能力，以确保数据传输质量[20]。

应用层为用户提供端到端的空间通信应用服务。应用层采用空间数据包协议，以一种单一、通用的数据结构创建、存储、传输和利用可变长度的数据单元，在一个或多个空间链路之间以及多个星载网络之间进行数据包传输。

7.3.4　星载网关通用化集成设计

分布式网络化协同下的数据传输，呈现多信道、多网络、多链路的特点。不同链路之间的高效互联是实现高速、实时、安全信息共享的首要条件。星载网关是屏蔽链路差异，实现有线连接星内各种异构网络和无线连接空间各类异质传输链路之间的数据转发设备。星载网关同时是空间链路子网的一个节点和星载链路子网的一个节点，同时具备空间链路子网和星载链路子网物理地址、网络地址的识别、寻址能力，是执行卫星空间网络协议的关键设备。

星载电子系统连接关系设计，与星地、星间链路设计紧密相关。大部分卫星通过测控链路(包括星间低速链路)和数传链路(包括星间高速链路)实现星地、星间遥感数据传输、状态信息返回、控制命令上传等，因此星载电子系统连接设计以如何有效地将自身数据通过测控链路和数传链路传输至目的地作为设计出发点。

数传、测控、星间通信作为卫星平台各自独立的无线通信组件，分别承担着对地、对星通信和测控运行等关键功能。传统大量载荷数据只能通过星载通信系统下传地面处理，测控应答机作为关键部件分别采用不同架构单独设计。随着空间链路的增加，在体积、质量、功耗方面的需求急剧增加，使得传统的数传、测控与星间通信产品无法直接压缩或使用。随着软件无线电、软件定义硬件、高性能处理的逐渐成熟与应用，基于微系统技术将数传、测控、星间通信及高性能计算单元通过一体化设计为微型可重构通信微系统，实现星载通信与计算系统的硬件整合，并且通过软件定义可重构，成为未来卫星通信系统发展的必然趋势。

通过星载网关通用化集成设计，改变分立式空间链路仅面向单一链路数据传输，基于统一的数据链路层和网络层设计，构建通用化、高集成、集约化空间信道处理单元和空间路由处理单元方案，实现星载网关微型可重构综合集成，如图 7-8 所示。

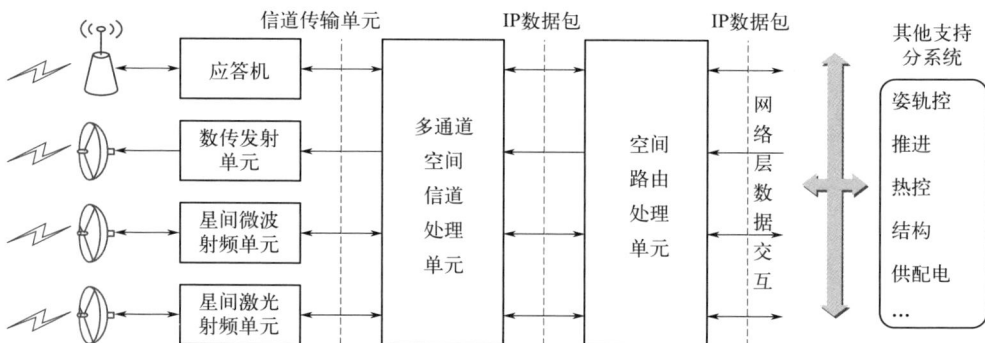

图 7-8　基于统一数据链路层和网络层的星载网关设计

7.4　通用化一体接口设计

7.4.1　接口标准化

星载计算机系统对外连接主要可以分为 3 种：

① 电源接口：综合电子系统所需的供电（接收电源系统的电源）；输出至平台部分的各单机供电（一次电源或二次电源）。

② 总线接口：平台的总线接口。

③ 数据采集和控制接口：包括 AD、DA、RS422、OC 门、LVDS 等在内的接口。

平台部分单机的选用、设计尽可能减少接口的种类，避免使用特殊接口，提高系统的扩展能力。

星载计算机系统接口标准化是实现综合电子系统通用性、可扩展性的关键。接口标准化研究将从物理层、数据链路层、系统层等三个层面进行。

物理层涉及机械、电子、定时接口，以及位于物理层之下的物理传输介质，主要针对硬件。

数据链路层可以定义为将一个原始的传输设备转换为一条逻辑的传输线路，主要针对软/硬接口，实现对硬件接口的管理。

系统层高于数据链路层，侧重于系统的应用。

现有的星载敏感器主要有星敏感器、太阳敏感器、红外地球敏感器、磁强计（低轨）、陀螺、雷达、光电组合、相机等，信号的对外接口主要采用模拟量接口、RS422接口等。

现有的星载执行机构主要有喷气、磁力矩器、反作用飞轮等，喷气的对外接口采用电流驱动对电磁阀进行控制；磁力矩器的对外接口采用恒流源进行电流驱动控制；反作用飞轮的对外接口主要采用模拟量接口、RS422 接口和频率信号接口。

对于这些星载电子设备，由于控制实时性要求较高，为便于柔性智联卫星任务扩展，拟选用 CAN 总线或 1553B 等总线进行连接，搭建如图 7-9 所示的双层数据采集和控制整体结构。

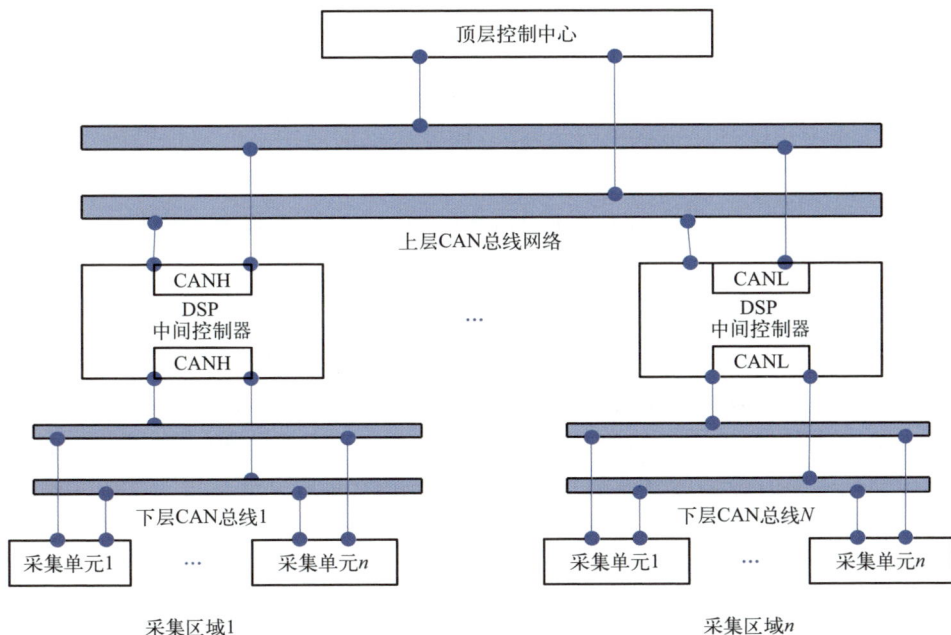

图 7-9　数据采集和控制整体结构

双层数据采集和控制系统由采集单元、DSP 中间控制器、顶层控制中心等组成。此数据采集系统可同时实现对多区域、多单元的数据采集和信息管理控制,采用分级、区域控制的优化控制思想,采用 DSP 中间控制器作为各采集区域的核心控制器,实现上下层间的数据交换。

采集单元是数据采集系统构成的基础与关键,它直接与参数采集执行机构相连接,实现对现场参数的采集,包括电压、电流、温度、转速等。采集单元自身具有微控制器和存储器,既作为系统的重要组成部分,参与系统功能的实现,也可以作为独立单元来完成数据采集功能,即在系统出现通信等故障的情况下,采集单元仍可以独立实现数据采集功能,并进行数据存储,提高了系统的可靠性。采集单元通过标准的 CAN 总线接口连接到 Bot-CAN 总线上,实现对现场数据的采集和传输。

7.4.2　高速互联总线

柔性智联卫星上有效载荷与平台之间可选用以太网或时间触发以太网进行连接,传输速率可达 1000Mbps。

以太网是一种高带宽、易扩展的网络,近些年得到飞速的发展和应用,不仅成为互联网络的解决方案,而且在工业控制领域和航空航天领域也有了改造应用的实例[21]。广泛的应用基础使得以太网有着丰富的 COTS 支持。以太网采用的是尽力传输(best effort)的通信策略,适用于大多数普通的通信场合,但是在时间关键、严格确定性或者安全关键的场合,以太网缺少相关的保障机制。时间触发以太网考虑了以太网的不足,满足了四个需求:

① 与以太网兼容,与以太网中的应用程序无缝通信。

② 在不改变已有应用程序的基础上,能够通过提高消息的通信等级来实现应用程序的升级扩展。

③ 同时支持时间关键的通信任务和尽力传输的通信任务,并且实现余度传输,在错误发现时维持正常的通信功能。

④ 可以直接使用以太网设计和监视工具。

时间触发以太网是在交换式以太网的基础上加入时间触发机制升级而来,通过交换式网络中的时间同步技术进行全局时钟同步,然后根据时刻规划发送和转发时间关键消息,保障了时间关键消息的传输,提高了网络的确定性和实时性,在时刻规划的空余时隙发送其他消息。时间触发以太网不仅继承了 IEEE 802.3 以太网的特性,并且在全局时钟同步的基础上有了其他优点:

① 利用全局时钟服务,形成时间防火墙,检测并隔离错误的设备。

② 有效的资源利用能力,能够按照时间进度来进行资源使用的规划,实现网络资源的合理使用。

③ 在全局时钟同步的基础上,可以实现节点之间的并行处理。

④ 全局时间戳服务明确了分布式事件的顺序,通过已知顺序的状态信息能够对全局进行精确的诊断。

为了保护系统,预防某个故障的发生,时间触发以太网提供一系列的网络服务,如时钟同步服务、启动服务、阈值检查、恢复服务,从而保证时间触发以太网是精确可预知的和严格可验证的。

时间触发以太网具有事件触发服务,通过以太网进行时间触发通信,此时间触发服务建立和维护一个全局时间,用于实现所有设备的本地时间的严格同步。全局时间是系统属性的基础,系统属性如时间分区、精确诊断、有效的资源利用和可组合性。

时间触发以太网定制了服务,使得时间触发通信可以在以太网之上进行通信。时间触发服务能够并行于 OSI 层。

时间触发以太网支持通过一个网路进行不同实时性和安全性要求的通信。提供三种不同的通信类型:时间触发(TT)通信、效率限制(RC)通信、最大努力(BE)通信(标准以太网通信)。消息的相应类型通过消息的以太网目的地址识别。TTE通信类型与原有标准之间的关系如图 7-10 所示。

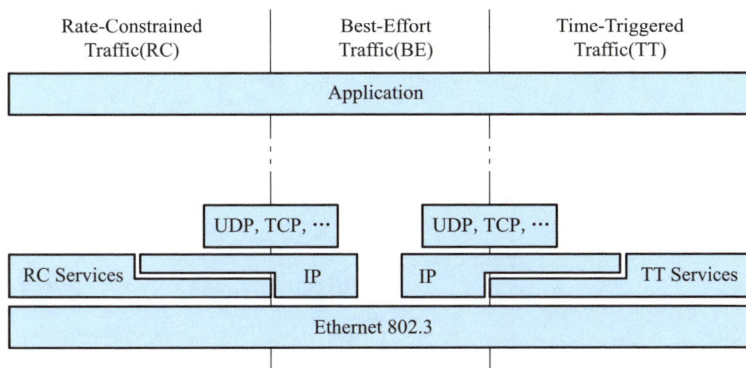

图 7-10　时间触发以太网通信类型与原有标准之间关系

总的来说,时间触发以太网传输专门的协议控制数据帧消息,用于建立整个系统范围的同步,具有传输的最高优先级别。TT 消息用于时间触发的应用,所有TT 消息按预计的周期发向网络,优先于其他所有类型通信。TT 消息允许设计和测试严格确定性分布式系统,这种分布式系统可以定制整个系统组件的行为,具有分析和测试的 μs 以下的精度。

RC 消息用于比严格时间触发使用在更低的确定性和实时性要求的应用中。RC 消息保证每个应用的带宽可预知,时间偏离有预定的限制。由于 RC 消息的发生率由网络交换机绑定一个优先级并控制，故发送的最大抖动可以离线计算，数据丢失可以预防，其具有仅次于 TT 消息的优先级。

BE 消息遵循典型的以太网方式，是没有保障的。BE 消息使用网络的剩余带宽，具有比 TT、RC 更低的优先级。

时间触发以太网在传输三种不同类型消息的时序与优先级区分如图 7-11 所示。

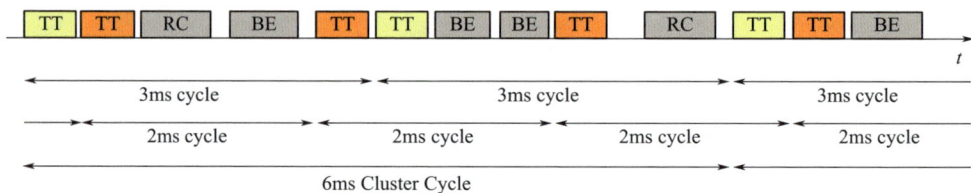

图 7-11　TTE 三种通信类型传输关系

时间触发系统中时间的发生预计周期具有 μs 精度级别。时间触发以太网总是发送时钟同步消息，用于保持端系统和交换机的时钟同步。时间触发以太网依赖于冗余分级的主从方法，既保证了故障安全操作，又保障了高质量的同步。

用于开放式平台载荷一体化综合电子系统的时间触发以太网可设计为双余度、多跳的拓扑网络结构，如图 7-12 所示，在该架构的网络系统中，所有的时间触发以太网终端设备与时间触发以太网交换机之间通过两条通信链路进行数据传

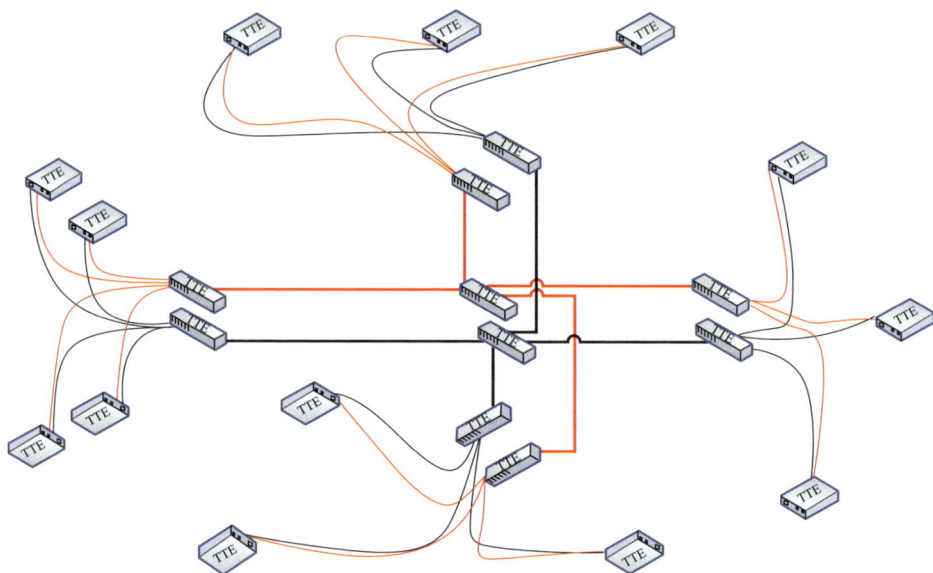

图 7-12　时间触发以太网双余度的架构示意图

输,两条通信数据链路互为热备份,在这种网络架构下,任何一条通信链路出现问题,都不会导致时间触发以太网终端设备与时间触发以太网交换机之间的通信出现中断,网络数据还能够通过另外一条通信链路进行传输。

7.4.3 星上电子设备即插即用

为便于卫星平台电子系统的扩展,做到"即插入、即识别、即控制",需要注意以下两个方面。

(1)硬件设备的即插即用识别,即从物理设备到设备虚拟化过程

为识别接入新一代高性能综合化卫星的星载电子设备,拟设计电子数据表格,记录该设备的操作特性,包括设备类型、设备 ID、控制命令等管理信息,如表 7-1 所示。

表 7-1 星载电子设备电子数据表格示例

序号	7	6	5	4	3	2	1	0	字段说明
1	基本分类码					子分类代码			分类代码
2	子分类代码		电子数据表格长度						
3	厂商 ID								设备 ID
4	版本 ID			生产序号					
5	节点 ID 地址								
6	工程遥测包包数(N)								遥测信息
7	1 号包采集周期					1 号包包长			遥测包采集周期
8	1 号包包长								
9	2 号包采集周期					2 号包包长			
10	2 号包包长								
	...					...			
2N+6	N 号包采集周期					N 号包包长			
2N+7	N 号包包长								
2N+8	支持内置自测试								自测试属性
2N+9	自测试等待时间								
2N+10	初始化时间								时间属性
2N+11	内部遥测采集周期								
2N+12	SPW 总线平均传输速率								SPW 属性
2N+13	和校验								校验码

（2）从设备虚拟化到设备的识别与控制过程，也称为软件的即插即用

为使星载电子设备能够在航天器平台系统软件的管理下正常运行，设计星载电子设备任务桩来对其进行状态维护和管理，如图 7-13 所示。星载电子设备任务桩与星载电子设备是一一对应的关系，实时反映星载电子设备的状态。

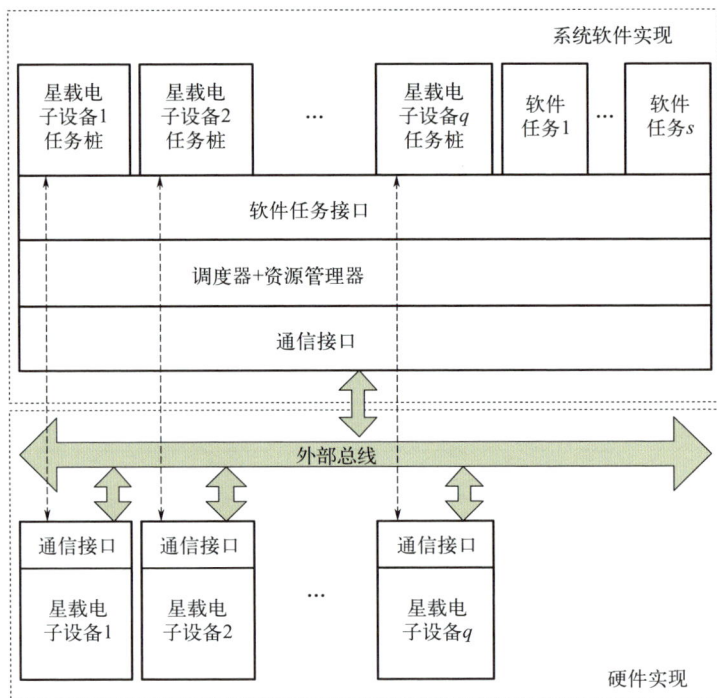

图 7-13 下位机维护管理

星载电子设备任务桩按照总线连接终端的最大数据进行设计。星载电子设备任务桩采用静态编程技术设计。当航天器平台系统开始运行时，系统根据星载电子设备识别过程中读取的电子数据表格激活相应数目的星载电子设备任务桩。星载电子设备任务桩对星载电子设备的状态实施实时维护和管理。

星智联机软件系统是支撑天基感知卫星朝着网络化、体系化方向发展，协助多星协同和自主任务规划工作完成的软件部分。该软件系统设计技术覆盖了层次化软件架构设计、微内核操作系统和多处理器的核间协同设计以及支持多核处理器的多任务调度技术[17-19]。

该部分主要解决基于卫星操作系统的软件重构网络、基于高中速路由交换的数据处理重构网络、基于中低速总线的运行服务重构网络三颗卫星运行管控的可重构问题。

7.5　星载健康管理系统设计

　　星载健康管理系统由健康信息采集模块、异常检测模块以及各分系统故障检测模型组成。其中,健康信息采集模块运行于 CPU 内,采用非侵入式方式通过卫星总线,从卫星综合信息系统中获取健康管理所需的各分系统状态信息;异常检测模块运行于卫星综合信息系统的 FPGA 内,通过调用各分系统故障检测模型,对各分系统状态信息进行分析检测,判断故障;各分系统故障检测模型运行于 GPU 内,包括信息、电源、控制、热控、结构等分系统,为轻量级模型。这些模块通过机理建模和数据建模等方式建立,通过地面系统完成模型训练、模型验证以及轻量化处理,最后通过上注的方式更新到星载健康管理系统中。

　　星载健康管理系统架构如图 7-14 所示。

7.5.1　星载关重❶部件健康感知增强技术

　　航天器系统结构复杂,各分系统耦合关联,由于尺寸、重量限制以及遥测带宽有限,航天器在轨运行的感知数据主要为用于姿态控制的参数以及关重分系统的遥测参数。遥测参数能够满足航天器在轨运行控制的需求,但对部分分系统的感知数据并不充分。具体而言,现有系统的感知数据对于故障检测以及星载自主健康管理的能力不能量化评估,部分分系统的测点在布置时缺乏科学合理的验证。而且由于星载遥测参数测量数量有限,部分地面的关键测试数据难以通过现有遥测参数反映,以上问题导致现有星载的遥测数据难以支撑航天器在轨自主的状态评估和预测等健康管理功能的数据需求。

　　针对以上问题,依据星载感知增强需求以及现实条件,设计针对现有分系统的面向故障检测的感知能力量化评估方法。在此基础上,根据评估结果,突破传感器优化配置以及虚拟传感构建等关键技术,实现现有传感器测点优化布局,以及星载遥测参数的信息拓展,以此全面提升星载感知能力,为星载自主健康管理奠定坚实的数据基础。

　　针对星载健康感知增强的方案如图 7-15 所示。

　　星载健康感知增强方案主要包括面向故障检测的感知能力评估、传感器布局优化、虚拟传感构建三个方面的内容,在健康传感能力增强基础上,针对形成闭环的星载系统,构建星座 BIT 自测试能力,实现星载系统健康快速自测试与自诊断,

---

❶　关重,指关键重要。

详细描述如下。

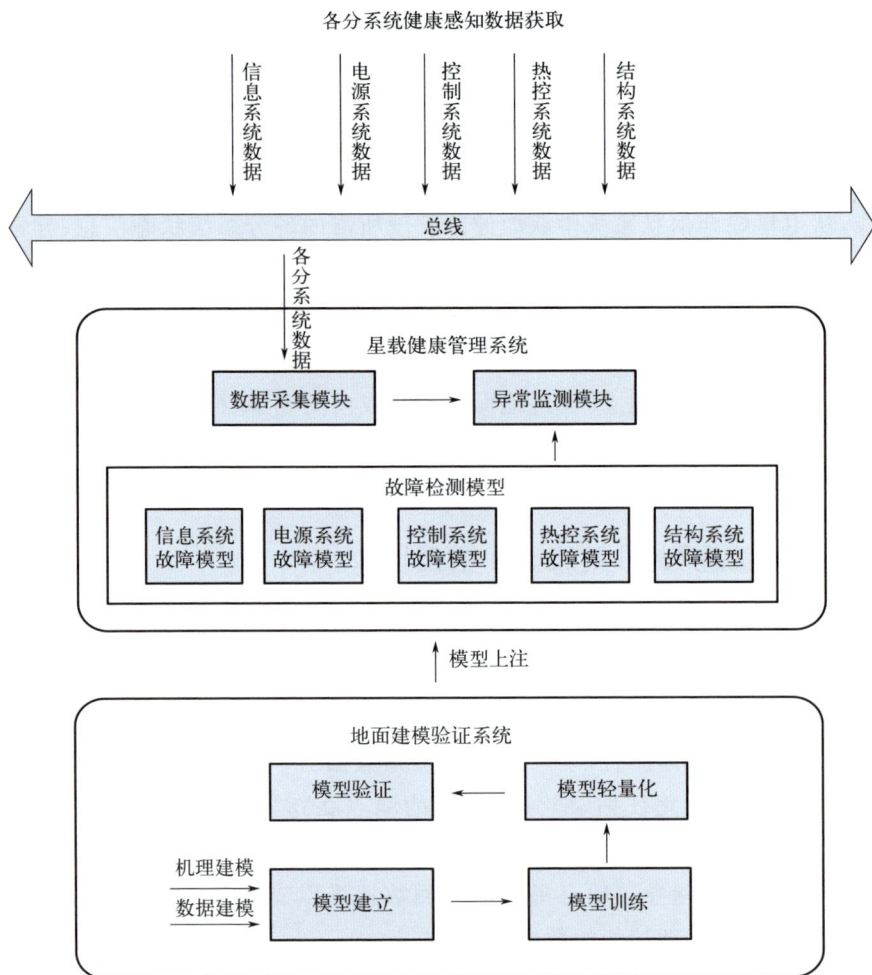

图 7-14　星载健康管理系统架构

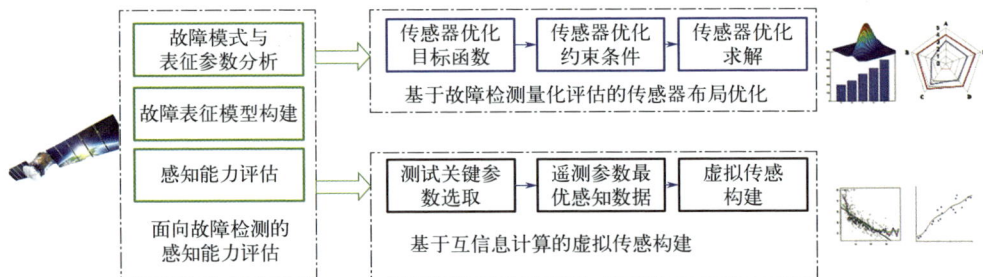

图 7-15　星载健康感知增强方案

（1）感知能力评估

目前现有遥测参数以及故障模式积累，大多根据专家经验以及遥测参数的数量多少判断感知能力，缺乏对感知能力不足的定量表征，因此很难科学客观地选择星载自主健康管理的薄弱环节，也就难以有针对性地提升相应分系统的感知能力。此类问题是增强星载感知能力的关键，通过对关键分系统的 FMECA 分析，可以确定其常见故障及严重故障，根据常见故障以及严重故障，选择故障表征参数，并结合 K-L 散度评估测试点集合对于各故障的检测能力。本部分将通过基于现有遥测参数对常见故障的可检测以及可预测性的定量评估结果，定位感知能力不足的薄弱环节，为后续的传感器布局优化以及虚拟传感构建提供合理且有效的方向。

（2）传感器布局优化

对于感知能力不足的薄弱环节，常需要安装传感器来进行测量，然而在实际工程中，由于受到传感器自身特性（信噪比、传感器失效率、灵敏度等）、故障自身特性（故障稳定性、故障分辨率、故障失效时间、故障征兆持续时间和故障检测阈值等）以及传感器-故障匹配特性等因素的影响，传感器在故障检测中存在各种不确定性，主要表现为某一测点处的传感器并不能保证百分之百地检测出故障，即使能检测出，其能够检测出的故障程度也各不相同。安装新的传感器由于尺寸、重量以及性价比等影响，论证周期较长，且需非常谨慎。因此，需要采用遗传算法等优化求解方法，以传感器故障检测能力为约束条件，对传感器优化配置问题进行求解，以实现基于现有传感器的感知能力增强。

传感器/测试点的选择应遵循以下原则：

① 所选择测试点及测试电路不应降低功能电路的可靠性。

② 所选择的测试点应具有最好的性能可控性和可观测性。

③ 应对冗余电路设置测试点，掌握冗余电路的健康信息。

④ 在满足测试要求的情况下，应对测试点进行优选。

（3）虚拟传感构建

相对于航天器在地面各测试阶段的测试数据而言，由于带宽、传感器部署等现实问题，遥测参数的数量相对不足，地面测试时系统可直接测得的参数，将很难全面且有效地反映在遥测参数中。针对此问题，对于感知薄弱环节，且难以通过传感器布局优化或者由于空间限制不适宜进行传感器布局优化的场景，需通过度量实际数据与地面重要测试参数的互信息，选择与地面重要测试参数高度相关的遥测参数组，构建重要测试参数与遥测参数组的智能模型，从而根据星载遥测参数，将其作为输入，得到实际的测试参数值，进而对星载的关重设备实现其感知增强，增强后的虚拟传感数据，可为故障检测以及健康管理提供更全面的信息支持。

（4）自测试设计

从航天器可测试性与自测试设计出发,提出了层次化的自测试系统架构,研究了自测试功能单元设计方法、自测试通信交互模式、基于结构模型与行为模型的自测试模型设计方法,分析了航天器开放系统与闭环系统的不同特点,创新性提出了开放系统闭环化、与 MBSE 相结合的自测试模型设计方法,建立了覆盖系统级、单机级、板级的自测试系统架构,具备良好的测试激励-响应的分级传递机制,通过总线快检调度,实现星载健康在轨快检。

7.5.2　星载智能故障识别与自主恢复技术

在卫星工程领域中,研究解决卫星故障定位问题时,常用的技术包括基于物理机理、基于故障知识库等机理知识的故障定位技术,该类型技术方法通过规则判断、专家系统实现,能结合卫星工作原理给出具有良好可解释性的故障定位结果。随着大数据与人工智能技术的发展应用,通过应用机器学习进行数据建模的方法,充分利用包含卫星地面测试、在轨长期运行的全生命周期海量数据,能够挖掘出隐藏的数据关系,提供一种高效的健康管理方法。从实现基于机理知识和基于深度学习的两种故障定位方法决策融合的技术途径来开展研究,可以提升故障定位的效率和准确性。在故障定位后,基于故障预案、专家知识,运用专家系统、知识图谱等技术进行处置决策与系统恢复,如图 7-16 所示。

（1）基于机理知识的星载故障识别

基于机理模型的故障定位分析,研究卫星系统物理关联关系,包括卫星平台与各分系统的关联关系、卫星各分系统与其部件的关联关系、卫星各分系统之间的关联关系、卫星部件的前后端关联关系,建立系统的因果关联模型,基于关联模型进行故障诊断,如图 7-17 所示。

（2）基于数据驱动的星载故障识别

如图 7-18 所示,基于数据驱动星载健康管理,通过健康状态交互感知单元采集卫星在轨实时数据;通过故障数据关联关系解析单元从耦合关系复杂的遥测物理量之间解析出隐含的关联关系;通过故障特征提取单元对相关遥测特征进行提取,以确保智能算法的准确运行;通过故障智能诊断单元完成卫星故障诊断及智能算法自主优化;最终的故障诊断结果通过诊断结果推送单元汇总到专家系统的知识库中进行下一步处置。

（3）知识与数据融合的混合决策

卫星故障中的知识数据融合方法是以多源信息融合相关理论为基础发展起来的,多源信息在不同层次上对信息进行抽象表示,其信息融合可以在三个阶段上进行,即信息级融合、特征级融合及决策级融合,如图 7-19 所示。

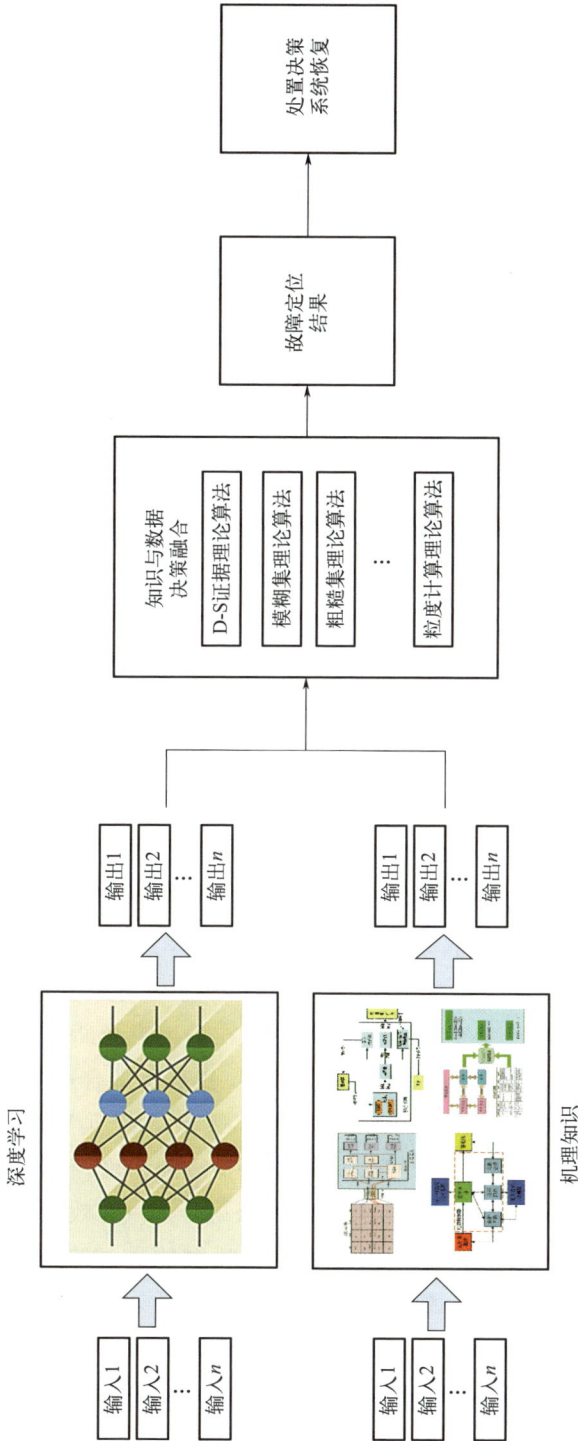

图 7-16 知识与数据融合的故障识别与自主处理

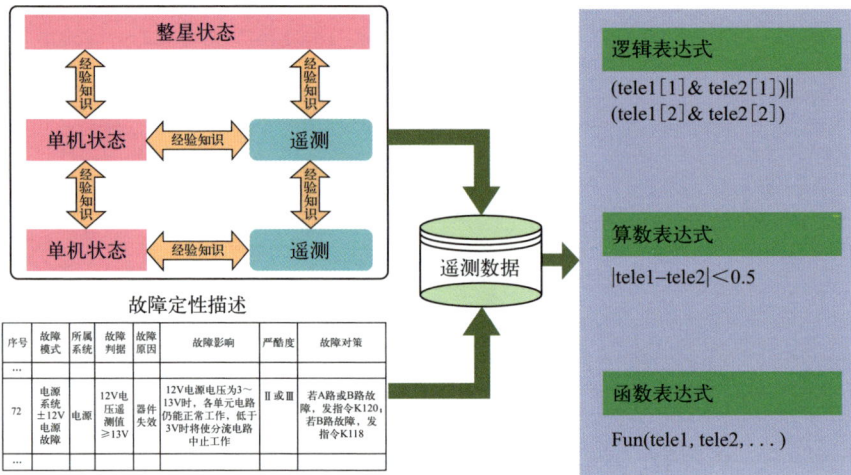

图 7-17   基于机理模型的复杂状态遥测自动判读

信息级融合:直接在原始知识数据上进行的融合,在融合层次上属于最底层的融合方法。该融合方式通过合并同一目标的多源信息,生成既包含冗余信息又包含互补信息的融合数据,融合后的数据能够对目标进行更为准确、全面和可靠的描述。相比于后两个层次的融合,信息级融合结果包含了更多的细节信息,更有利于观察者对目标进行分析和理解。信息级融合是应用最广泛的一种融合方式,也是特征级和决策级融合的基础。近十年来,国内外学者对信息级融合进行了大量研究,相关的融合理论和算法较为成熟,但仍有一些问题尚未解决。信息级融合的缺点是:在算法实施前要对所有参与融合的源数据进行精确配准,且基于数据的融合所需信息量较大,处理时间较长,对设备的要求也较高,是一种较为复杂的融合方式。

特征级融合:在融合层次上属于中间层的融合。该融合方式先从源数据中提取有用特征,再对提取到的特征进行综合分析和处理,在保证融合所需信息的前提下,对输入信息进行筛选,既实现了信息量的有效压缩,又提高了融合速度。常见的特征融合方法包括:多核学习理论 MKL、典型相关分析 CCA、深度典型相关分析 DCCA 等特征提取及融合方法。特征级融合可以增加特征检测的精度,利用融合后获得的复合特征可以提高检测性能,也能最大限度为决策级融合提供有效特征。

"核技巧"是一种将原始特征信息利用非线性映射的方式映射到更高维的空间,这个高维空间称为 Hilbert 特征空间,从而得到线性可分的高维目标特征信息。较之单核处理数据的方法,多核学习(Multi-Kernel Learning,MKL)方法有着更强的可塑性和可解释性,无须依赖具体的目标特征信息,通过将不同种类、不同参数的核函数加以组合得到一个合成核函数,用合成核函数来替换传统方法中的单核函数,从而让核函数的使用更加方便与灵活。该算法流程如图 7-20 所示。

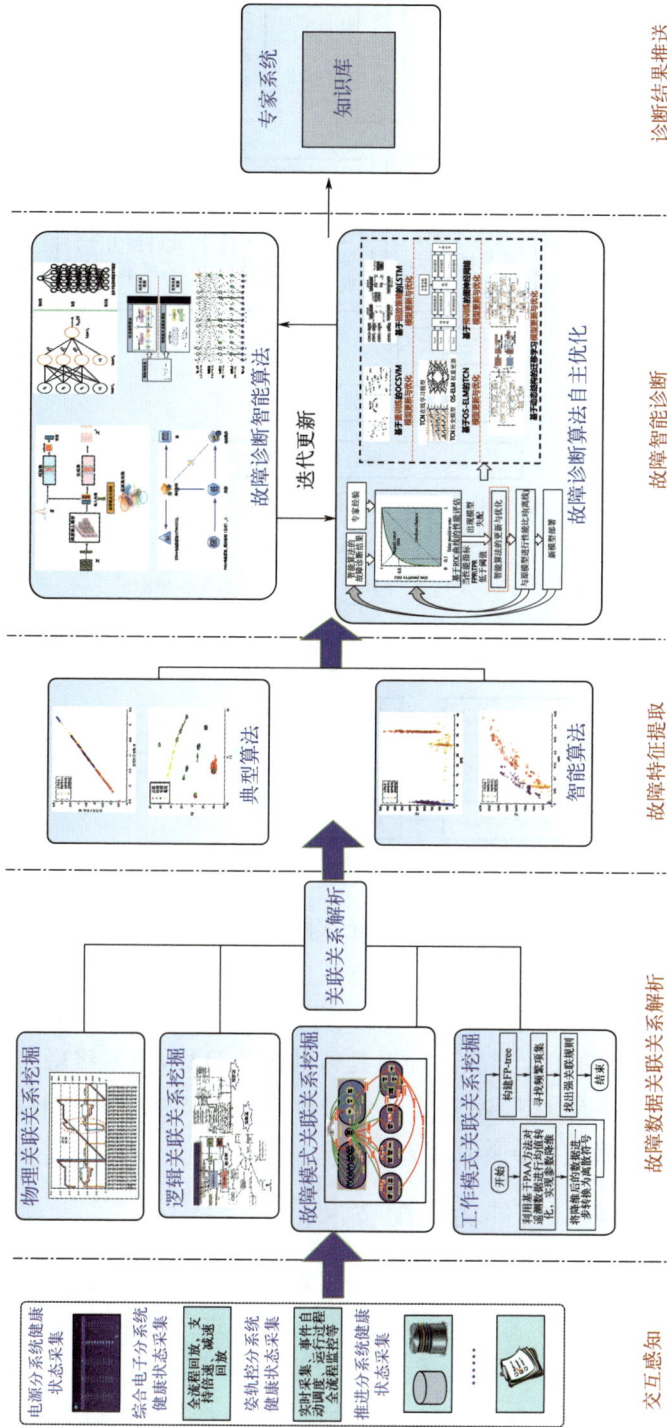

图 7-18　数据驱动的星载智能健康管理运行原理

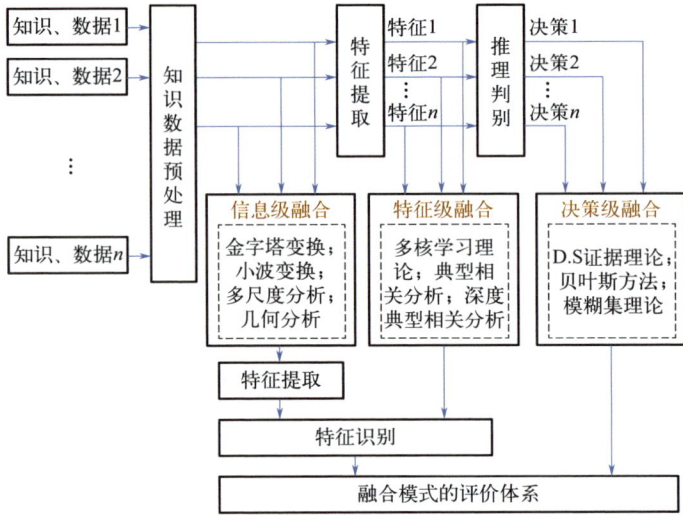

图 7-19　融合方法研究体系

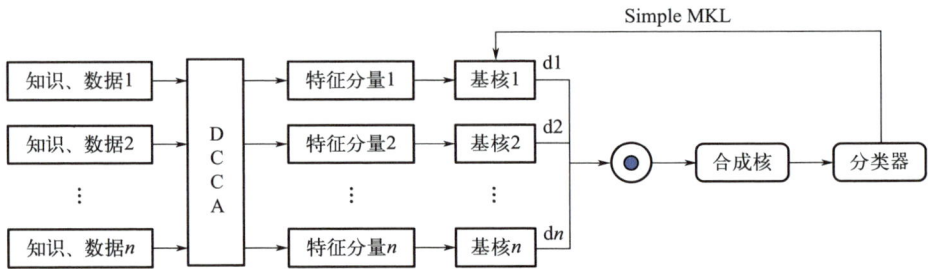

图 7-20　多核特征融合算法流程

决策级融合：在融合层次上属于最高层的融合方法。常见的决策级融合方法包括：D.S证据理论、贝叶斯方法、投票方法等。该融合方式先对源数据进行预处理及特征提取和分类，在此基础上得到对同一目标的初步判决结论，再对初步决策进行融合处理得到最终的联合判决。针对具体的决策目标，决策级融合充分利用了各数据初步决策，从本质上来说，它是一个联合决策过程，具有灵活性高、通信量小、抗干扰能力强及容错性能好等优势。

7.5.3　星载健康管理计算能力适配技术

航天器在轨执行任务时的状态评估依赖于地面对遥测数据的建模与分析，实时性不足，且在遇到紧急事件无法与地面通信时，难以进行自主的监测与调整，会面临短期失控甚至任务失效的风险。针对此问题，需要研究轻量化实时的健康状态评估方法，在无须修正航天器总体设计的条件下，不干扰姿控系统工作状态，且不消耗其计算资源，实现对关键部件和在轨状态的在线实时异常检测和趋势估计。

并通过构建高能效轻量级星载计算系统,在航天器系统能耗,体积和重量限制条件下,实现对健康状态评估方法的计算支持。

星载轻量化实时健康状态评估方法框架如图 7-21 所示。

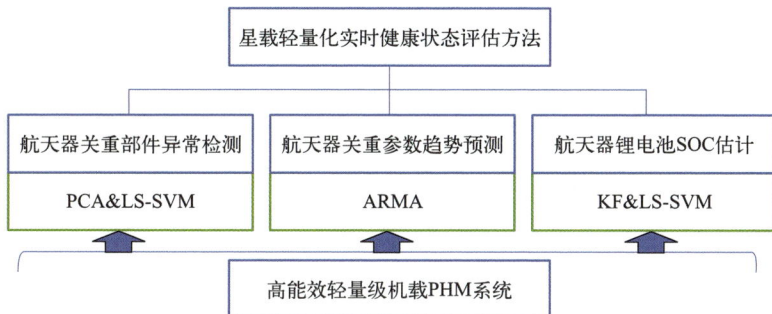

图 7-21　星载轻量化实时健康状态评估方法框架

PHM—Prognostics and Health Management,故障预测与健康管理;

SOC—State of Charge,电池荷电状态

图 7-21 中,航天器实际数据主要涵盖关重部件的数据,包括催化床、飞轮、太阳电池阵、蓄电池组等。其中,锂电池进行星载 SOC 估计,其他关重部件主要实现异常检测与参数趋势预测。

同时,针对星载实时 PHM 系统的计算需求,在航天器功耗、体积、重量严格受限的条件下,需研究基于可编程 SOC 的高能效轻量级星载 PHM 系统。通过构建高能效轻量级星载计算系统,在系统能耗,体积和重量限制条件下,实现对健康状态评估方法的计算支持。最终从数据、算法以及计算平台三个方面实现星载在线实时 PHM 系统。

星载健康管理计算能力适配技术主要涵盖四个方法,详细描述如下。

(1)轻量级实时异常检测

针对在轨运行过程中航天器的实时健康评估需求,面向姿控系统、电源系统、推进系统等分系统的关键部件,以及航天器关键遥测参数,构建了支持数据流处理的轻量级实时异常检测方法。并针对存在异常和明显退化状态的部件进行趋势估计,以满足在轨任务执行成功率为目标,进行高精度短时估计,为控制系统的任务决策提供实时信息支持。同时,对锂离子电池开展 SOC 估计工作,以监测航天器电源系统的实时健康状态。

(2)关重部件参数趋势估计

关键参数(如温度、电压、角度等)的趋势估计是航天器在线健康状态评估的重要内容之一,实时的趋势估计需要在控制周期内(毫秒级)估计参数数据流的发展趋势,掌握反映航天器性能的关键参数的退化过程,为应急处理提供决策依据。由于关键参数的数量较大,且遥测参数以数据流方式输入,进一步考虑星载 PHM 计算系统的存储能力和计算能力限制,必须采用低复杂度且支持数据流的趋势估计方法。

(3)锂离子电池 SOC 估计

提高锂离子电池 SOC 估计的准确性,从而刻画锂离子电池的性能变化以及寿命变化情况,对于提升航天器系统的安全性和可靠性至关重要,而锂离子电池作为一种高度非线性化的系统,很难建立一个锂离子电池 SOC 与其可测参数之间的关系。在航天器实际在轨工作过程中,锂离子电池的电压、电流测量均存在一定的噪声,而噪声对于 SOC 估计精度造成一定的影响。

(4)高能效轻量级星载 PHM 计算

针对星载实时 PHM 系统的计算需求,在航天器功耗、体积、重量严格受限的条件下,研究基于可编程 SOC 的高能效轻量级星载 PHM 系统,在课题组先进向量处理器研究的基础上,面向星载 PHM 所需各关键部件异常检测以及趋势估计算法,通过微码动态加载,实现对多算法的支持,并发挥向量处理器定制并行的优势,结合最新 HLS 工具定制算法计算加速器,实现星载 PHM 系统高能效运算。

7.6 本章小结

本章围绕分布式异构星群成员卫星的架构设计展开论述,提出了柔性智联卫星理念,论述了柔性智联卫星应实现网络化、智能化、通用化和软件化,并且是低成本的,可批量生产。基于该设计理念,针对平台软硬解耦和软硬件支持多任务综合运行等需求,提出了通用化可重构的柔性平台架构设计。针对星内信息传输、星地/星间网络链路一体化适配及标准化传输协议等需求提出了面向任务协同的网络智联架构设计。针对通用化平台必需的典型通用接口,提出了通用化一体接口设计,可实现平台功能扩展的"即插即用"和星群成员间的高速互联。成员卫星自主健康监测与管理是分布式异构星群保持长期稳定运行的关键,本章最后从健康感知、故障识别与恢复以及健康管理计算三方面提出了星载健康智能化管理的设计方案。

参 考 文 献

[1] 杨芳,刘思远,赵键,等. 新型智能遥感卫星技术展望[J]. 航天器工程,2017,26(5):74-81.
[2] 自然资源部. 2019 年卫星遥感应用报告[R]. 自然资源部科技发展司,2020.

［3］　Feng M，Xu H. MSNET-Blockchain. A new framework for securing mobile satellite communication network［C］//2019，the 16th Annual IEEE International Conference on Sensing，Communication，and Networking（SECON）. IEEE，2019：1-9.

［4］　李军予，闫国瑞，李志刚，等. 智能遥感星群技术发展研究［J］. 航天返回与遥感，2020，41 （6）：34-44.

［5］　吕红，苏云，陈晓丽，等. 一种基于人工智能技术的卫星遥感载荷系统方案［J］. 航天返回 与遥感，2014，35（3）：43-49.

［6］　杜莹. 软件定义卫星技术开启卫星智能新纪元［J］. 科技纵览，2019（8）：59-61.

［7］　杨诗琦. 软件定义卫星网络架构设计［D］. 成都：电子科技大学，2016.

［8］　张晓波，王赞，史劼，等. 一种新型航天综合化载荷架构研究［J］. 中国电子科学研究院学 报，2017，12（5）：551-555，562.

［9］　徐文，邵俊，喻文勇，等. 陆地观测卫星数据中心：大数据挑战及一种解决方案［J］. 武汉大 学学报（信息科学版），2017，42（1）：7-13.

［10］　李国庆，黄震春. 遥感大数据的基础设施：集成、管理与按需服务［J］. 计算机研究与发 展，2017，54（2）：267-283.

［11］　赵军锁，吴凤鸽，刘光明，等. 发展软件定义卫星的总体思路与技术实践［J］. 卫星与网 络，2018（4）：44-49.

［12］　赵军锁，吴凤鸽，刘光明. 软件定义卫星技术发展与展望［J］. 卫星与网络，2017（12）： 46-50.

［13］　李莉. 软件定义卫星，智能引领航天［J］. 中国科技奖励，2019（1）：26-28.

［14］　吕雪峰，程承旗，龚健雅，等. 海量遥感数据存储管理技术综述［J］. 中国科学：科学技术， 2011，41（12）：1561-1573.

［15］　Ma Y，Wu H P，Wang L Z，et al. Remote sensing big data computing：Challenges and opportunities［J］. Future Generation Computer Systems，2015，51：47-60.

［16］　柳罡，陆洲，周彬，等. 天基物联网发展设想［J］. 中国电子科学研究院学报，2015，10（6）： 586-592.

［17］　张庆君，李塱，吕争. 从遥感卫星到卫星遥感-智联遥感系统及关键技术方向［J］. 宇航总 体技术，2022，6（6）：46-51.

［18］　王晓海. 天基物联网技术发展与应用研究［J］. 卫星与网络，2017（8）：64-69.

［19］　曾业，周永将. 天地一体化信息网络天基物联网应用体系研究［J］. 现代导航，2016，7 （5）：372-376.

［20］　李德仁. 展望5G/6G时代的地球空间信息技术［J］. 测绘学报，2019，48（12）：1475-1481.

［21］　陈山枝. 关于低轨卫星通信的分析及我国的发展建议［J］. 电信科学，2020，36（6）：1-13.

第 **8** 章

星地协同管控

8.1　分布式异构星群管控理念和架构

8.1.1　协同综合管控理念

在应急救灾等国家安全重大应急响应的应用中,用户观测需求与任务模式的复杂化,以及成像覆盖范围大、重访周期短的需求,对大规模异构星群的"网络化、自主化、智能化"提出了更高的要求[1]。现有"地面决策,星上执行"的资源管控模式灵活性不足,时效性较差,且不能实时掌握星上资源状态,无法最大化卫星观测效能,无法对动态的环境变化做出迅速响应,难以有效发挥星上处理、星间链路等技术变革带来的多星协同的潜力[2]。采用传统的资源管控模式已经越来越不适应分布式异构星群在未来航天任务快速响应的需要,单纯依赖地面系统进行的星群管控系统亟须发展为智能化的开放式星地一体管控系统[3]。

开放式星地一体管控系统集管理、指控、接收、处理、分发于一体,具备异构星群的智能化管控和应用保障等能力,实现任务分派自动化、任务指挥管控高效化以及数据分发自适应。AI赋能的星地协同综合管控是基于地面底座提供全局管理和调度,由天基系统自主控制局部任务,达到"把复杂运算交给智能,把智力决策留给人工"的效果[4]。

分布式异构星群管控系统如图 8-1 所示,其应用开放式星地一体协同综合管控理念,负责完成卫星资源管理、站网资源管理、卫星任务指控和任务规划调度等任务,应用地面训练,在轨快速部署,敏捷开发模式,将增量更新的应用批量上注,并控制有序更替[5]。根据任务需求,对天基资源、站网资源的调度,采用"平台+插件"的方式,打造通用的卫星运控平台。针对不同卫星,采用开发新插件的方式实现多颗卫星的统一管理。

对于大规模分布式异构星群卫星,其任务、载荷、能源、热控、综电的管理,涉及的指令数将呈现指数级的爆炸增长。分布式异构星群管控系统以人工智能和大数据技术为基础,可以加快提升智能感知、泛在互联、快速精准、智慧指控等能力。星群管控系统还具有自主任务规划功能,使得无论卫星数量如何增长,用户面对的管控界面仍为任务需求的输入界面,卫星协同调度、任务规划方面的工作由星群管控系统的天地一体化协同规划子系统完成,可最大限度地发挥天基系统的能力,满足用户需求[6]。通过实时监控、自主响应的方式进行能源、热控、综电方面的健康管理,也有助于在卫星系统规模扩大的情况下保证个体和整体的安全运行[7]。

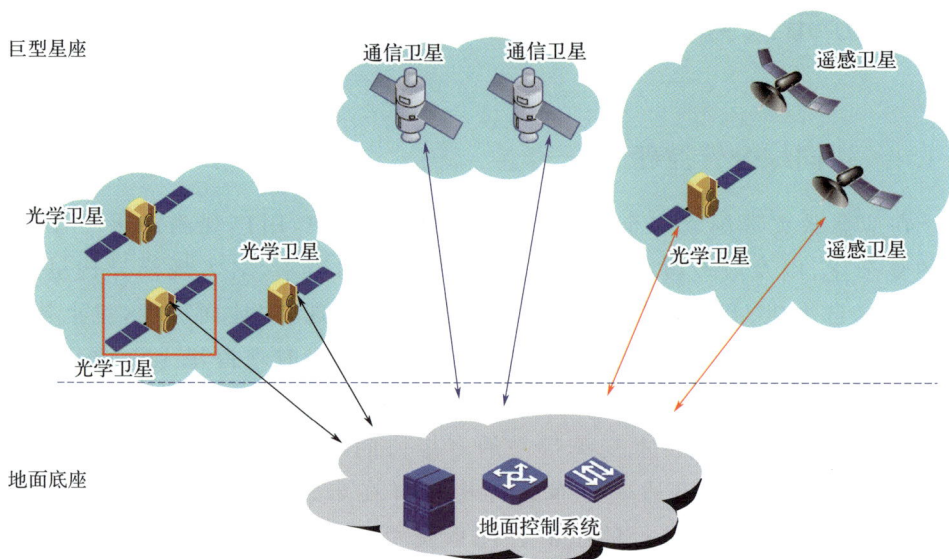

图 8-1   分布式异构星群管控系统

8.1.2   管控总体架构

针对天基系统频切换、高动态、小带宽、广服务约束,异构星群管控总体架构设计思路是基于边缘微云体系构建天基分布式多域支持与管理架构,将星群管理、边缘智能算法训练等功能下沉至地面云底座,通过靠近应用区域的边缘微云为用户端提供低时延、高可靠的信息服务[8]。

在轨边缘微云是在传统云平台的基础上叠加天地协同低时延网络、多维感知大数据、人工智能、边缘计算等新兴技术,构建更精准、实时、高效的全球信息感知与运用体系,建设包括存储、集成、访问、分析、管理等功能的使能平台,实现技术、经验、知识模型化、软件化、复用化,以 SaaS(软件即服务)形式为各类多域用户提供应用。边缘微云作为一种管理架构,核心目标是通过分布式、轻量化的云服务模型,优化边缘环境的资源利用、服务响应和系统自治能力。其价值在于平衡了云计算的灵活性与边缘计算的实时性,适用于对延迟敏感且需本地化处理的应用场景。

在轨边缘微云通过动态重组[9],可提供跨域跨系统协同服务、智能化协同感知与数据服务和星地协同管理等功能。

① 跨域跨系统协同服务:面向低轨大规模分布式异构星群,利用在轨微云,将广泛分布于太空、空中、地面、海上等各域平台终端的数据信息融为一体,并实时无

缝地在各域平台终端之间按需推送分发,实现数据信息跨域融合、高效共享。通过多协议兼容转化,打通数据的高效交互。

② 智能化协同感知与数据服务:单星多模式高算力配置,同时支持星间、星地能力协同,为陆、海、空、天等多域终端数据提供轻量化训练、推理能力,提供多源数据的融合处理支援能力。支持利用军民商天基系统的各类载荷探测数据形成的关键区域底图、探测对象先验知识等知识,提升星载感知数据的综合应用能力。

③ 星地协同管理:以星地协同构建强鲁棒性管控能力,支持管控中心、卫星节点、用户应用终端等多域联动能力。边缘微云具备支援各级管控机构的算法和算力,进行多元数据智能判读,评估现场场景态势、优化任务方案、拟制实施计划等,使各类型用户能够在高度一体跨域融合的信息服务下,通过云联支撑体系的高效调度和管控,根据实时应用需求,快速灵活调整,在线优化配置和重新组合,形成自适应任务的星群管控。

地面云底座则负责实现推演规划评估与控制中心、业务中心以及站网中心的功能。

推演规划评估与控制中心主要由服务受理与交付系统、任务规划系统、任务仿真推演系统、数字孪生系统等部分组成,实现各类型用户服务的受理与交付、基于实时探测数据与实时资源状态数据的任务仿真推演、虚实结合的数字孪生能力以及应用任务的全局规划等功能。

业务中心由数据应用系统、时空基准对齐与配准系统、在轨存储数据更新等几部分组成。与分布式站网系统高速互联,支撑大数据量信息产品的生成,具体实现如下功能:各类数据的处理;星座中不同卫星数据的时空基准对齐与配准;基于在轨数据、强化学习技术的数据处理、识别、分析算法训练与生成;支持卫星运行、任务执行、服务交付的综合数据库;支持星座执行各类任务所需的底图、目标特征库的实时更新。

业务中心的数据应用系统由授权访问的开放式数据库(含软件算法库、样本数据库、目标特性库等)、多源多域数据处理系统、应用开发算法训练系统等构成。负责完成在轨数据接收、载荷数据处理、产品分发应用和模型训练调优等任务,支持在轨数据接收处理、分发应用,支持智能算法框架、软件快速开发、大数据分析、模型训练与算法调优等,如图 8-2 所示。

站网中心基于现有航天测控网、数据接收站网,根据分布式异构星群的需求进行扩展,形成一体化站网云,具体实现如下功能:随遇测控;星座中各类卫星感知数据的接收与传输;星座任务数据分发与部署。

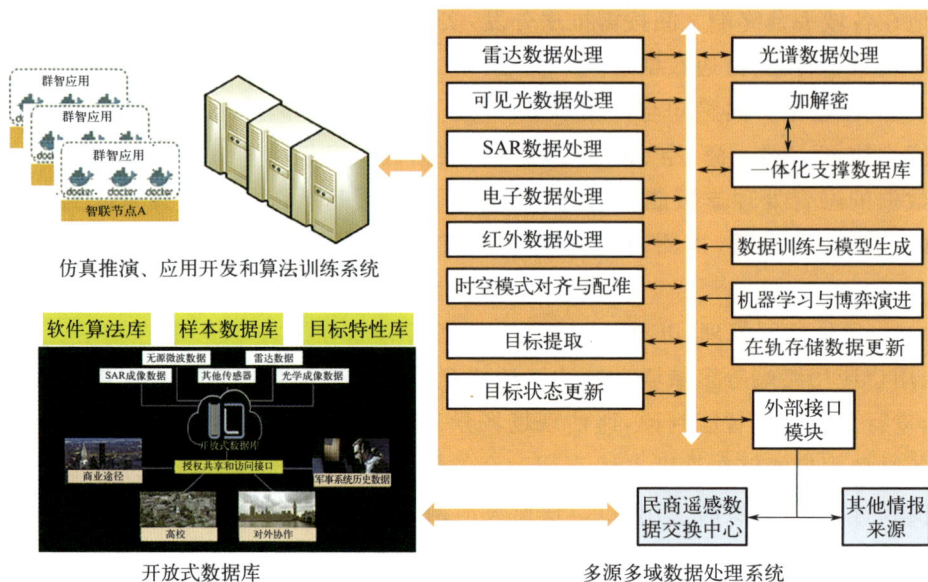

图 8-2　数据应用系统

8.2　开放式星地一体协同综合管控系统

8.2.1　云边协同智能架构

未来分布式异构星群将打破妨碍信息高速流动、实时共享和资源优化的各种壁垒,使得信息主导下的采集、传输、存储、处理和运用综合电子信息系统等诸多环节"零时间"互耦合,让各平台、用户终端系统实现实时互联互通互操作,促进天基信息服务体系真正达到一体化程度[10]。

从功能定位上来看,在轨边缘微云是一个自主的协同任务管理的"卫星大脑"式系统,将促进关键信息的收集和处理并分发给用户。该系统包括架构和软件/硬件元素,以支持星群级的自主功能,并采用先进的体系结构和加密技术,自动收集和处理整个星群的数据。

微云能够利用星上边缘计算技术在轨道上处理数据。不仅每个分布式异构星群卫星传感器能够执行星载处理,"卫星大脑"还能够从每个单独的分布式异构星群卫星载荷上获取数据,将其融合并提供给需要的用户,而不需要来自人类卫星操作员的命令。

"卫星大脑"将每个星群节点卫星的"大脑"连接起来,使其成为一个智能的网络系统,取代将数据发送到地面站进行处理的方式,"卫星大脑"能够在适当的时间将数据从空间直接发送到正确的用户终端。"卫星大脑"通过智能系统的控制可以实现自主避碰和自主控制,将集成人工智能和机器学习技术,以增强未来的能力。

另一方面,为加快信息提取和联动,全方位应用智能技术的落地构建智能架构,可分为地面云智能、卫星边智能和应用端智能。其中,地面云智能和卫星边智能采用云边协同一致的架构,提供在线学习能力。

地面与卫星的云边协同智能架构如图 8-3 所示。

卫星边智能部署在分布式异构星群上,通过星载互联资源,将天基智能计算、存储和网联服务,就近按需部署到离地面用户终端附近的距离。既可以是地面云智能服务的接入管道,也可以为高时效要求的任务提供基于星载边缘微云的智能服务,是支撑低时延信息服务的重要基础。其智能计算服务主要通过星载 CPU、GPU、FPGA 等实现,具有更低功耗开销的神经形态计算也是潜在发展方向。为实现智能算法最快从云端训练到边缘推理的部署,云智能和边智能之间应具备协调一致的算法和运算架构规范。

地面云智能未来将附着在星地一体化地面系统大数据云平台基础上,具有充沛的算力和最全面的基础/历史数据集,并且可以与大数据和智能中心相互进行数据交换,掌握最全面的全链条场景库和积累的经验知识模型。依托智能解译、综合态势研判分析、资源智能规划和智能辅助决策算法,形成具有终身学习能力的智能云脑,是体系运维中心和服务处理中心。主要可用计算资源为数据中心(CPU、GPU、FPGA 和 ASIC 等)。

应用端智能,由各类用户终端基于各自平台能力、本地配置和使用要求实现。通过接入卫星,应用端将演变为智能网联应用端,端侧一部分信息处理和决策功能将会向边缘侧转移,重点转向本地处理和局部环境自主感知任务,构成结构更优化的端边一体高时效支撑能力。

边缘微云的构建需要解决统筹天基资源、承载多元应用和快速响应任务等三项能力,对外提供数据实时处理、智能预测和信息支援等服务。

在轨边缘微云系统计算平台通过引入容器和无服务器计算等新型架构,能够实现平台和应用的灵活部署和快速迭代,以适应多种任务应用场景中海量个性化开发需求。容器技术简化了硬件资源配置的复杂性,一方面实现了平台中服务和应用的灵活部署;另一方面,容器技术实现了平台自身的快速部署。

在轨边缘微云系统计算平台采用云平台虚拟机容器技术,对星载资源进行封装,通过标准化接口实现对卫星资源的调度和管理,突破计算、存储、网络、传感、执行等空间资源的虚拟化技术,同时提出云服务资源共享框架和空间资源共享模型,形成资源共享联盟,突破空间资源的共享技术,解决卫星动态环境下在轨资源的快速、便捷共享问题,支撑星间互联协作,提升在轨业务处理效能。

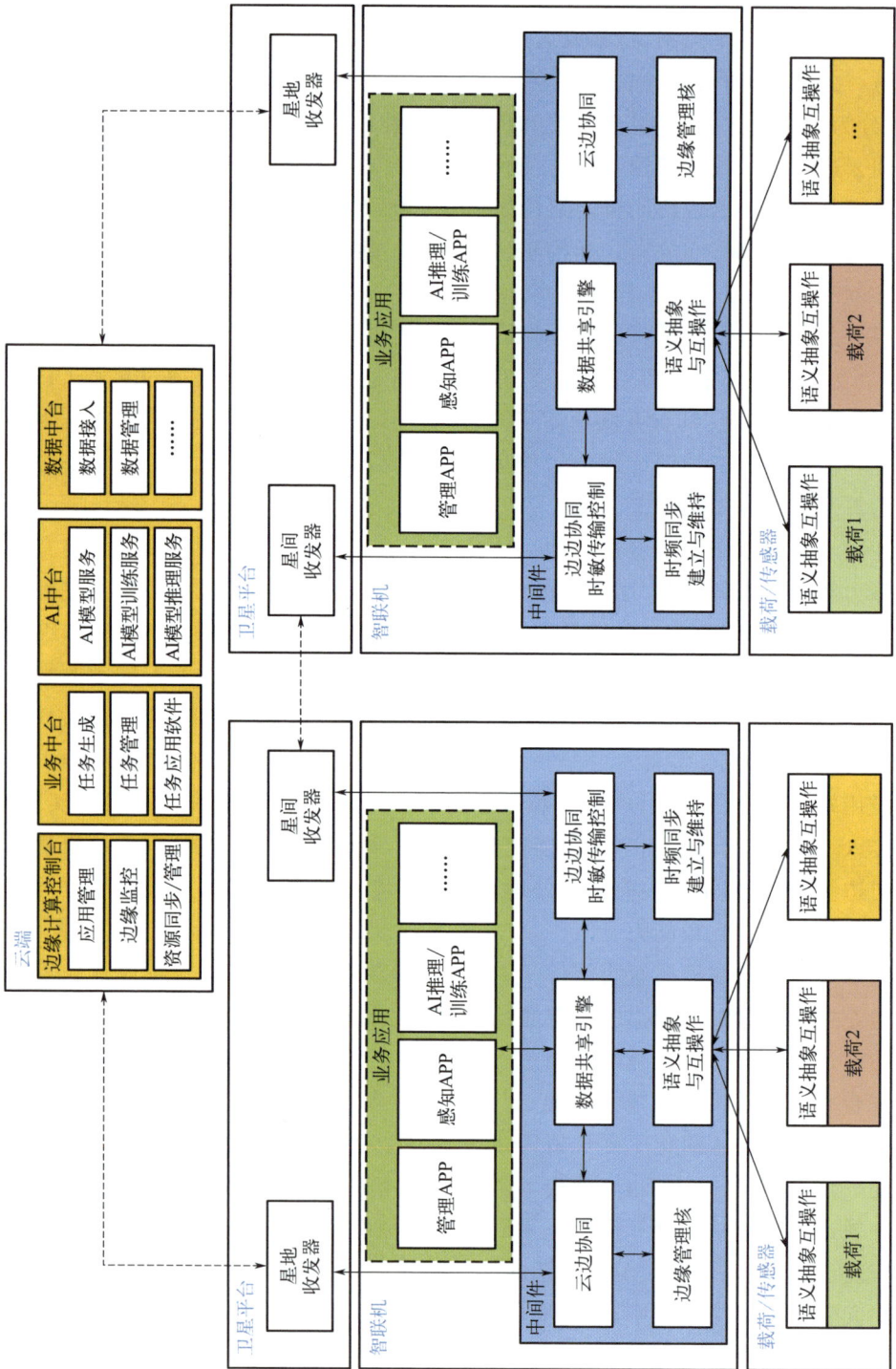

图 8-3 地面与卫星的云边协同智能架构

8.2.2　资源虚拟化动态管控

8.2.2.1　管控需求

分布式异构星群的异构资源一般抽象为五类资源:计算资源、网络资源、传感器资源、执行器资源和存储资源。其中,传感器资源包括各类具备信号获取能力的基础硬件资源,主要为各类星载传感器或其他信号接收设备,如天线、陀螺仪、加速度计、磁强计、相机等。网络资源为星地、星间链路数据传输资源,主要包括信道、频谱、通信时隙等抽象资源和天线、射频接收设备等具象资源。计算资源包括 CPU、GPU、FPGA、DSP 等星上处理器。执行资源包括各类执行器或具备信号输出能力的设备,如反作用飞轮、磁力矩器、星敏感器、射频输出设备等。存储资源包括各类具备数据存储功能的星载存储器,如 EEPROM、SRAM、FLASH 等。采用统一的系统架构进行星群协同管控,将星群资源统一调配,共同完成业务类型差异、优先级差异、QoS 差异的用户需求[11-13]。

资源虚拟化是为了整合和划分物理资源,是对星载各类资源进行封装和描述,使其能够被高效地使用和管理,降低开发和部署的成本[14]。经过虚拟化后的卫星资源能够自由地与星群卫星平台中的其他资源进行协同,通过接收和执行天基平台的资源管理策略,实现星群资源的按需部署。任务应用程序的开发者不用考虑底层硬件的实现,访问功能接口即可完成相关操作,实现星内、星间资源的互操作,不仅能有效将软硬件解耦,而且能够大大提高空间资源的利用率。

(1)基于天基智能任务调度,面向任务规划的灵活性增强

根据用户的实际需求,将需求转化成任务流程,并从资源池中调用相关资源执行任务,及时生成用户的需求成果;在空间资源欠缺的条件下可以依据任务优先级提供服务。

(2)针对异构天基资源,提高天基卫星资源利用率

统一管理空间可利用资源,在主任务的空隙中调度可利用的计算、存储和传输等资源,充分发掘空间卫星的闲置资源和能力。

(3)针对多用户并发场景,提升任务的可控性和独立性

对于并发多任务场景,可利用的资源类型、数量具有较强的弹性,同时又严格受限,资源虚拟池化既能满足单个任务执行所需的任何资源,又受控于优先级和访问权限等控制,不会干扰其他任务的执行。

(4)异构天基系统级约束,增强任务和应用的可移植性

传统模式下应用与单星设计绑定或者关联性较强,针对性开发的应用在节点离开、节点下线时难以移植和接续,容易造成任务的中断。资源虚拟化后,基于应用的多任务脱离硬件依赖性,当执行任务的分节点接收高优先级任务而必须暂停

当前任务时,分布式存储的原任务数据可以利用备用节点接续执行,该过程对于任务用户透明无感。

8.2.2.2　天基节点可物理资源虚拟化与池化

采用统一的系统架构将星群资源协同管控、统一调配,共同完成业务类型差异、优先级差异、QoS 差异的用户需求。通过资源的虚拟化提高基础资源的利用率,增强系统应用的安全性和可靠性。

(1)感知资源

卫星的感知资源以各类型传感器为主,主要有可见光学、红外光学、雷达、测量仪和辐射计等多型传感器资源。由于感知资源的异构特征突出,如果直接进行传感器级的管理会面临传感器定义数据库大、软件结构和实现复杂等难题。

面向资源解耦,天基节点采用分级数据处理和融合等技术机制,而不是直接进行传感器级操作。在载荷通过统一接口管理的基础上,通过单星智能调度实现载荷数据的高效管理。同时,利用星间链路进行卫星感知资源的管理和调配,实现多节点的跨域管理,以减轻管控数据的信道占用率,降低实现的复杂度。

(2)计算资源

在天基信息系统中,空间系统计算架构如图 8-4 所示,计算部分主要由以下几类资源构成:

① 通用计算资源:该部分资源负责通用型计算,其硬件形式为 CPU,CPU 可以负担空间拟态信息系统的管理、测控等指令密集型任务。同时,由于该类资源实现各类功能时最为灵活,但是能效比和计算能力相对有限,因此在空间拟态信息系统内负责高算力处理平台中任务感知、异构计算资源调度、重构计算资源、系统及重构等控制性任务。

② 异构计算资源:该部分资源可负责载荷数据处理、加解密等数据密集型计算,其硬件形式为 GPU、DSP、专用 ASIC 等异构性计算资源,该部分资源由主控单元管理和调度。

③ 可重构计算资源:该部分资源可负责多源载荷数据处理、加解密等数据密集型计算任务或者多接口复接、硬件加速等定制化任务。其硬件形式为 FPGA,该部分资源由主控单元管理和调度,并且根据平台当前的需求和任务进行重构。

④ 接口资源:该部分资源主要为信息系统单机对外提供的可通信接口资源,其硬件形式为接口模块、扩展模块或其他模块对外的通信接口资源。

⑤ 可扩展资源:该部分资源为底板对外提供的可扩展槽位,可以兼容一些符合标准拟态信息系统架构的扩展卡以完成一些扩展性任务。

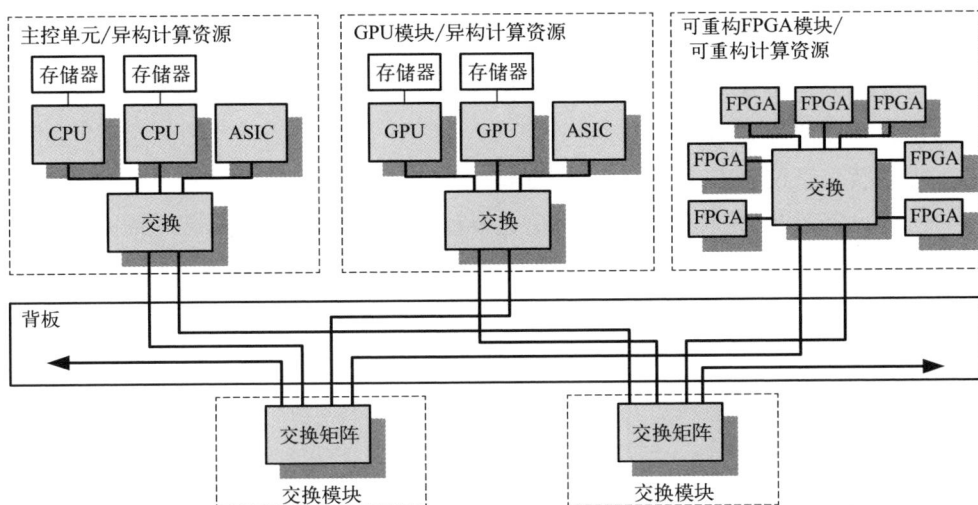

图 8-4　空间系统计算架构示意

（3）网络资源

天基节点的传输资源主要通过可用的星间、星地信道资源定义，与通信频段、通信速率、接入和路由等网络设备能力等密切相关。每颗卫星均需要配备星间链路收发信机，实现各种资源和信息的传递，据此将孤立"烟囱"式发展的卫星连接，实现能力协同。

多域智联星群卫星间采用星间链路进行互联，星间链路根据速率要求不同和卫星本体的配置差异可采用激光链路或微波链路[15]。同层卫星间具备侧向通信天线或中断，至少可同时与一颗卫星构建通信链路。跨层传输时，部分轨道低的卫星具有对天天线，提供与更高轨道卫星间的通信链路。同时，低轨在轨边缘微云可通过骨干传输星间链路，提供高中低轨协同能力，提供全域立体的高速率数据交换和分发传输[16]。

（4）存储资源

分布式卫星节点的存储资源一方面可以充分利用遥感类较为丰富的存储资源，提供数据的处理和暂存；另一方面可以在通信类卫星上部署一定数量的存储器，采取类似于地面内容分发网络（CDN）方式为频繁利用的数据提供存储，缩短用户访问耗时，提高网络用户体验[17]。

在轨微云利用分布式计算技术，将天基网络中不同节点上的存储设备通过分布式应用软件集合起来协同工作，共同对外提供数据存储和业务访问功能的一个系统。支持数据分散存储在分布式存储系统的各个独立节点上，供用户透明地存取。分布式存储系统采用可扩展的系统结构，利用多台星载存储服务器分担存储负荷,利用位置服务器定位存储信息,它不但提高了系统的可靠性、可用性和存取效率,还易于扩展。

边缘微云要实现上述多样化、差异化的资源配置和实时状态,还需要新的方式去构建管理和调度架构。

边缘微云系统架构提供了动态重构的方案,其思想是将多种重要的资源池化——计算资源池、内存池、存储池,池化模型可以很方便地进行管理和扩展,并降低卫星运维成本。业务软件或者操作系统(OS)的视角看到的还是一台星载智联机,有处理单元、内存、固存、路由功能等,如图 8-5 所示。

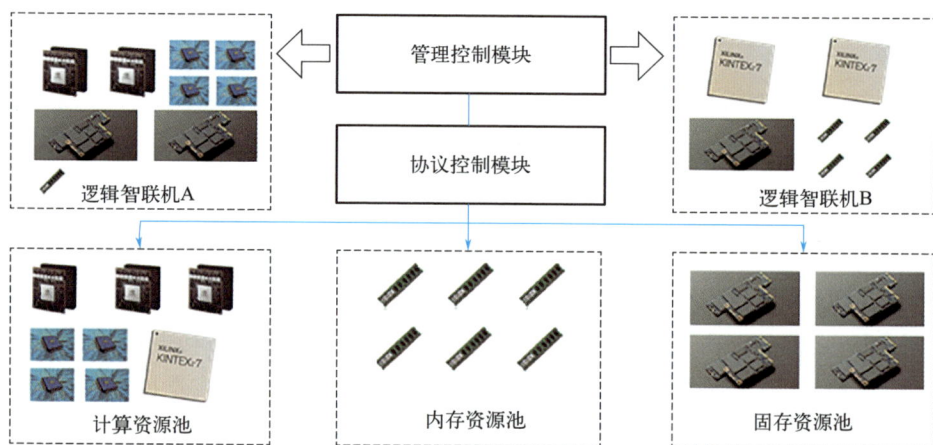

图 8-5 智联机资源池化示意图

8.2.2.3 基于容器的分布式异构资源调度

资源池化后创建的逻辑服务器可以运行容器和边缘微云软件,以及用户创建的载荷处理相关或边缘微云自主运维等服务。资源池化后,可以进一步减少边缘微云服务产生的资源配置空洞,进一步提高硬件资源的利用率。采用容器技术的资源池化管理方案如图 8-6 所示。

容器技术可以将应用或资源整体打包成为一个标准化单元,实现开发、交付、部署环境的一致性,使其免受外在环境差异的影响,有助于减少不同开发和应用方在相同硬件设施上运行不同软件时的冲突。具有如下主要的技术优势:

① 统一调度:对不同架构、不同能力的异构资源进行统一抽象和管理。

② 统一编排:对微云状态、应用进行全生命周期的管理,涵盖启停、健康监测、任务迁移等。

③ 统一部署:支持基于云底座的微服务、应用部署。

④ 统一运维:一体化运维界面完成大规模星座的状态监测、健康管理和运行维护等。

多虚多

应用服务　微服务　微服务　　应用服务　微服务　微服务

容器　　容器　　容器　　容器

一虚多

应用服务　微服务　微服务　微服务

容器　　容器　　容器

星载智联机

处理单元　内存　网络　固存

容器化

虚拟星载智联机　　虚拟星载智联机

固存　　固存　　固存　　存储资源池

网络　　网络　　网络　　网络资源池

内存　　内存　　内存　　内存资源池

处理单元　处理单元　处理单元　计算资源池

资源池化

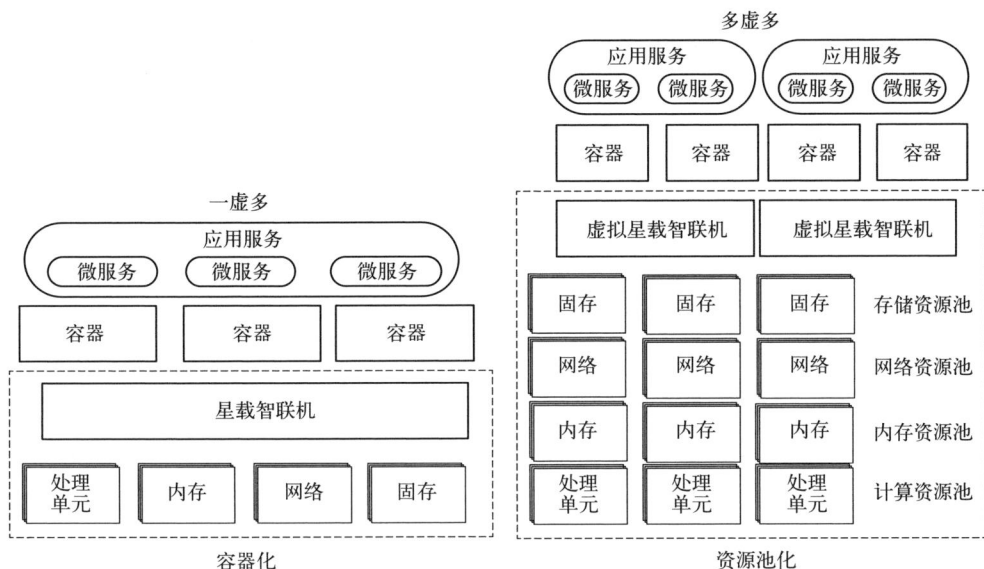

图 8-6　采用容器技术的资源池化管理方案

面向在轨微云的容器化技术框架,采用分布式异构资源调度主要实现以下功能:

① 支持基于广泛兼容的容器调度系统。

② 能够按照训练任务自动组织多个容器,形成抽象的资源集合,为训练任务提供计算、存储等资源。

③ 能够根据实时的负载指标对容器资源集合进行弹性扩展,动态地适应业务压力。

在轨边缘微云系统通过资源管控层进行资源的统一配置及动态调配,资源管控框架为在在轨边缘微云系统中的异构计算资源和存储资源提供统一的管理能力。

资源管控框架向下为在轨边缘微云系统中的异构资源提供虚拟化管理,对计算系统中的异构计算硬件、存储硬件提供统一数据结构抽象表征功能,形成天基计算云资源池;向上则提供天基计算云资源池的统一访问接口,用于上层计算/执行引擎对于池化资源的统一调用。同时,资源管控框架具备天基云计算和存储资源的概要描述,形成一体化全网资源概要列表,为上层计算及执行引擎的任务调度分发提供资源模型基础。

传统主流系统采用虚拟化实现资源管控,虚拟化技术可以实现计算资源、网络资源以及存储资源的虚拟化,通过将物理硬件资源抽象为资源池进行统一管理,从而提升硬件资源利用率。并且由于资源池化,当物理资源不够时可以动态增加物理资源扩充虚拟资源池,从而实现良好的扩展性。但虚拟化技术应用需要运行于虚拟机内,而每个虚拟机都需要在一个完整的操作系统之上运行,当虚拟机个数较多时操作系统会占用较多的物理资源,不适用于弱算力卫星云场景。此外,虚拟机镜像文件由于打包操作系统,导致镜像体积较大,且系统启动慢,也不适用于卫星云场景。

为了解决虚拟化技术镜像文件庞大,导致镜像分发及系统启动缓慢的问题,研究人员提出了容器技术。容器技术通过将软件和其运行环境打包从而解决可移植性、开发和运维环境差异等带来的问题。容器技术通过利用诸如 Linux namespace 的技术实现运行环境空间隔离,通过文件挂载点实现存储隔离,通过 cgroups 实现计算资源限制。与虚拟化技术使用的强资源隔离方案不同,容器技术在多个容器服务之间共享操作系统组件,因此容器技术的额外开销较小,多个不同容器服务间无须重复运行多份系统组件。相比虚拟化技术,容器技术由于具有镜像体积小、启动速度快等特点,更适用于在轨边缘微云系统。

目前,面向容器的主流资源池化管理技术有 Google 的 Kubernetes 和华为公司研发的 KubeEdge 等,各容器管理工具的性能如表 8-1 所示。Kubernetes 使用的容器管理方式具有轻量级、安全性、秒级启动等优秀特性,其支持公有云、私有云及混合云的容器编排及管理功能。帮助用户省去应用容器化过程的许多手动部署和扩展操作,但由于天基分布式边缘计算场景具有节点不稳定及网络拓扑不稳定等特性,难以直接使用 Kubernetes 进行资源管理。针对边缘端部署优化的资源管理框架 KubeEdge,为网络和应用程序提供了核心基础架构支持,并在云端和边缘端部署应用,同步元数据。相比 Kubernetes,KubeEdge 提供了 NAT 穿透功能,使边缘节点间的容器可以自由通信,同时优化了容器离线运行功能,在边缘节点网络不稳定时仍可正常保持工作。

表 8-1　容器管理工具选用对比

项目	Kubernetes(k8s)	K3S	KubeEdge
功能定位	云数据中心	边缘节点	边缘节点
部署模型	管理端	每个边缘都需要额外部署 k8s 管理面,非去中心	完全去中心化的部署模式,管理面部署在云端
云边协同	云集群+多节点	不具备	零侵入,完全兼容 k8s 的云边协同,允许海量边缘节点和设备的接入

项目	Kubernetes(k8s)	K3S	KubeEdge
边缘节点离线自治	不具备	不具备	消息总线和元数据本地存储实现节点的离线自治
设备管理	管理到边缘节点,不涉及	不具备	可插拔式的设备统一管理框架
轻量化	相对较重	server 和 agent 均运行在边缘,裁剪 k8s 导致部分管理面能力缺失	仅部署重新开发的Agent,完整保留 k8s 管理面
大规模	受制于 list/watch 长连接消耗,稳定支持节点规模 1000 个左右	节点规模 1000 个左右,同时集群管理技术尚未开源	多路复用的消息通道优化,支持 5000 ＋节点
自主可控	Google 开源	Rancher 公司裁剪运营	华为贡献给开源社区
应用生态	广泛	相对较少	相对较少

自主可控开源的 KubeEdge 作为边缘管控平台,其基于 Kubernetes(k8s)原生的容器编排和调度能力实现了云边协同、计算下沉、海量边缘设备管理、边缘自治等功能,具有完全开放、可扩展、易开发、易维护、支持离线模式和跨平台等特点,其标准框架如图 8-7 所示。

设计基于 KubeEdge 的天基边缘端管控架构如图 8-8 所示,可实现对单星资源的高效调用。

天基 KubeEdge 管控架构分为云端和边缘端两部分。云端部分包含以下组件:

① CloudHub。CloudHub 是一个 Web Socket 服务端,负责监听云端的变化,缓存并发送消息到 EdgeHub。

② EdgeController。EdgeController 是一个扩展的 Kubernetes 控制器,管理边缘节点和 Pods 的元数据,确保数据能够传递到指定的边缘节点。

③ DeviceController。DeviceController 是一个扩展的 Kubernetes 控制器,管理边缘设备,确保设备信息、设备状态的云边同步。

边缘端包含以下组件:

① EdgeHub。EdgeHub 是一个 Web Socket 客户端,负责与边缘计算的云服务(如 KubeEdge 架构图中的 EdgeController)交互,包括同步云端资源更新、报告边缘主机和设备状态变化到云端等功能。

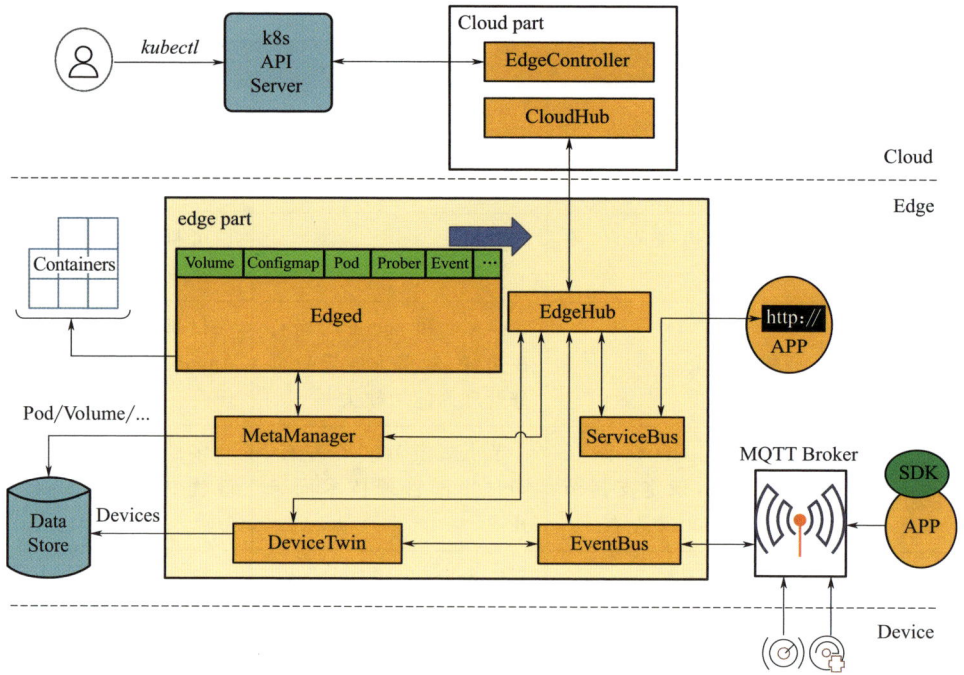

图 8-7　KubeEdge 通用标准框架

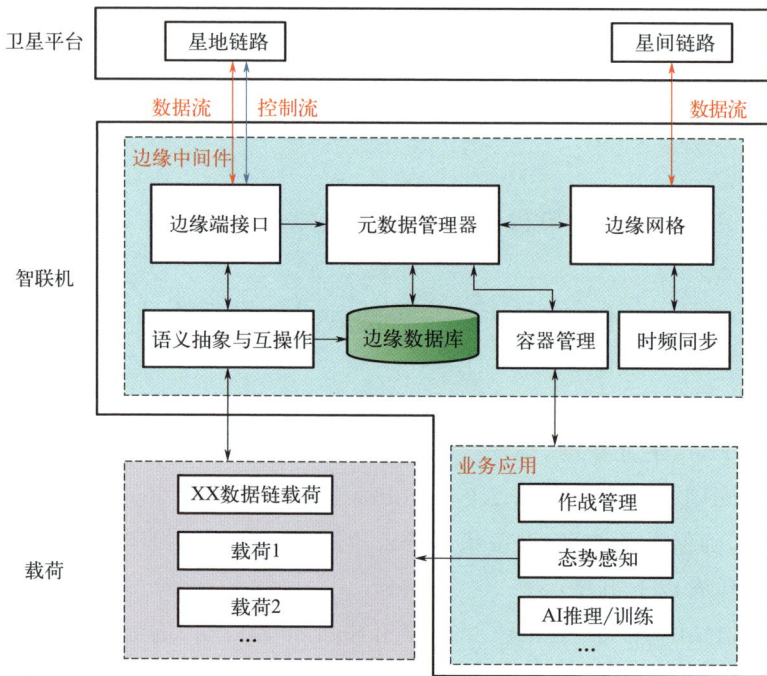

图 8-8　天基 KubeEdge 管控架构

② Edged。Edged 是运行在边缘节点的代理,用于管理容器化的应用程序。

③ EventBus。EventBus 是一个与 MQTT 服务器交互的 MQTT 客户端,为其他组件提供订阅和发布功能。

④ ServiceBus。ServiceBus 是一个运行在边缘的 HTTP 客户端,接收来自云上服务的请求,与运行在边缘端的 HTTP 服务器交互,提供了云上服务通过 HTTP 协议访问边缘端 HTTP 服务器的能力。

⑤ DeviceTwin。DeviceTwin 负责存储设备状态并将设备状态同步到云,它还为应用程序提供查询接口。

⑥ MetaManager。MetaManager 是消息处理器,位于 Edged 和 Edgehub 之间,它负责向轻量级数据库 SQLite 存储/检索元数据。

基于分布式调度模块,系统能够对任务资源进行有效利用和动态调度,提高资源管控效率,具体架构如图 8-9 和图 8-10 所示。

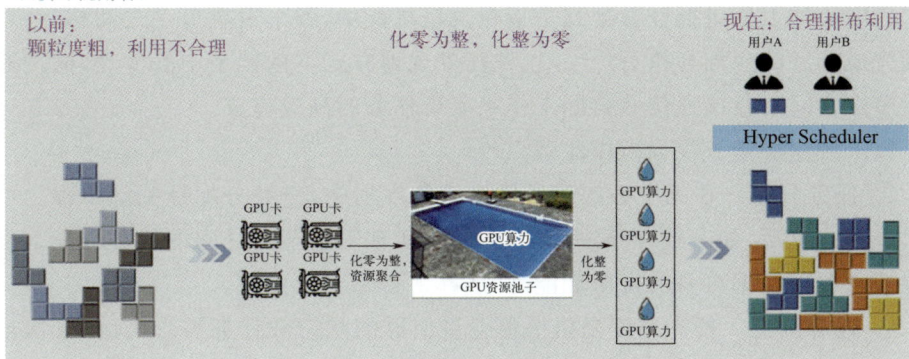

图 8-9　分布式调度模块示意图

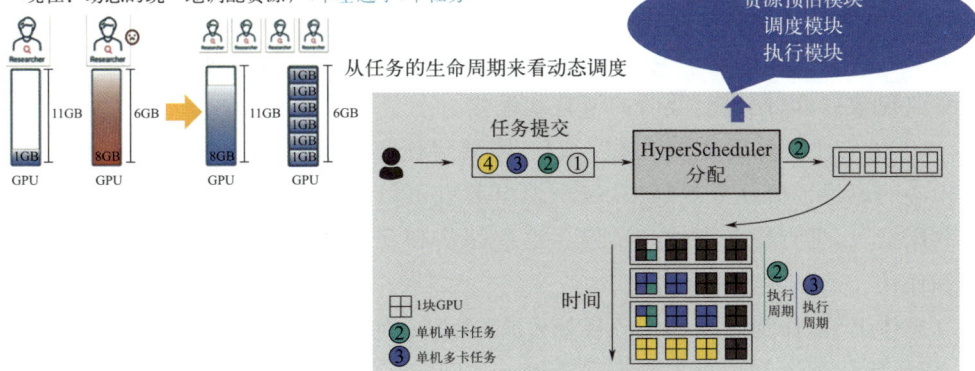

图 8-10　分布式调度模块架构

8.2.3　面向协同规划的应用管控

在轨边缘微云系统是一种"事件驱动"型太空架构,在轨边缘微云应用管理系统则指将那些原本在地面完成的任务管理、资源调度和通信功能迁移到太空,从而大幅提升对突发事件的响应能力。在轨边缘微云应用管理系统将集成未来分布式异构星群的所有功能层,通过综合管控、任务分配、任务处理和分发提供自动化天基遥感信息管理能力,以支持应急救灾等突发事件的遥感信息闭合,为救灾应急人员应对各种突发事件提供保障。

传统的卫星星群任务规划通常采用中心化的方式进行,其中,任务规划中心负责对卫星星群进行任务分配和调度[18]。然而,这种中心化方式存在一些局限性,如单点故障、资源分配不灵活和扩展性差等问题。为了克服这些问题,无中心的卫星星群任务规划逐渐受到广泛关注。它通过去中心化的设计,实现卫星星群的高效运行和资源优化配置。

无中心的卫星星群任务规划是指在卫星星群中,各个卫星节点之间相互协作,共同完成任务的规划与执行[19]。这种任务规划方式不依赖于中心节点,而是通过卫星节点之间的直接通信和协同工作来实现任务的高效完成。

以下为星群任务规划应用流程[20]:

① 任务分配。在无中心的卫星星群任务规划中,任务分配是关键步骤。可以通过分布式算法,如一致性算法或拍卖算法,实现卫星节点之间的任务分配。每个卫星节点可以根据自身的资源和能力,选择适合自己的任务。

② 任务调度。任务调度是指根据卫星星群的状态和任务需求,对任务执行进行合理的安排。在无中心的卫星星群任务规划中,任务调度可以通过卫星节点之间的协商和合作来实现。每个卫星节点可以根据自身的任务执行情况和资源状况,与其他卫星节点协商任务调度方案。

③ 任务执行与监控。在任务调度完成后,各个卫星节点开始执行任务,并根据需要进行监控和调整。卫星节点之间可以通过直接通信,实时交换任务执行情况和监控数据,以便进行及时的调整和优化。

④ 任务评估与反馈。任务完成后,需要对任务执行情况进行评估和反馈。在无中心的卫星星群任务规划中,每个卫星节点可以根据自身的任务执行情况和资源利用情况,进行任务评估和反馈。这些评估和反馈数据可以用于后续的任务规划和优化。

总体上看,作为新型的任务规划方式,无中心的卫星星群任务规划具有高效运行、资源优化配置和抗攻击能力强等优点。

卫星由于其功耗和空间限制,所携带的传感器类型受限。而用户往往需要通过多传感器融合实现更高性能的探测任务,例如可见光传感器配合红外传感器进行视觉融合,提高图像目标识别精度[21]。

图 8-11 所示为在轨边缘微云系统多节点数据协同示意图。假设用户计算任务为对地固定区域持续观测,当卫星进入虚线圆圈所示的操作窗口传感器才能获取地面信息,卫星 1 携带可见光传感器,卫星 2 携带红外传感器。该场景数据协同计算流程描述如下:

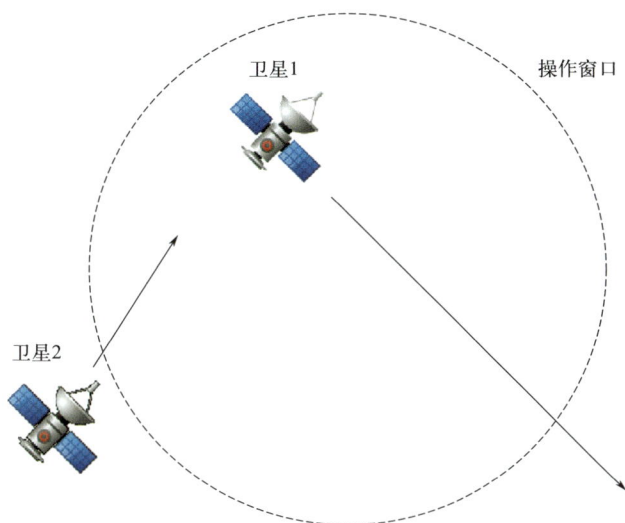

图 8-11 多节点数据协同示意图

① 卫星 1 于操作窗口内执行对地目标观测任务,该观测任务需要可见光传感器及红外传感器融合以提高观测精度。但由于操作窗口内只存在卫星 1,且卫星 1 不具备红外传感器,此时只使用可见光传感器,不结合红外传感器融合,通过降低观测精度以实现观测结果输出。

② 卫星 1 将需要红外传感器协同的计算任务生成任务执行文件,并发送至任务队列等待执行。

③ 卫星 2 收到卫星 1 发送的任务描述文件,由于自身具备任务执行条件,对硬件资源进行预留,准备抢占任务。

④ 卫星 2 抵达操作窗口边界,开始执行任务抢占流程,向其余卫星广播任务占有,并开始执行任务。

⑤ 卫星 2 根据卫星 1 发布的任务描述,将自身红外传感器数据进行预处理,并发送至卫星 1。传感器数据预处理可减少数据传输量,降低网络链路开销,同时也可降低卫星 1 数据融合的计算量,提高融合速度。

⑥ 卫星 2 飞离操作窗口,取消任务执行,并将任务打包重新发布至任务队列,

等待其余卫星执行。

⑦ 卫星 1 无法获取红外传感器数据,通过降低精度的方式使用可见光传感器继续执行观测任务。

⑧ 卫星 1 飞离操作窗口,取消任务执行,并行任务打包重新发布至任务队列,等待其余卫星执行。

在轨边缘微云应用管理系统的总体目标是使信息获取、应用决策支持和指挥人员决策执行不再是实时遥感信息链路的主要延迟因素。理想情况下,执行时间应该完全由指挥人员授权卫星遥感载荷释放所需的时间和卫星载荷的工作时间来决定。实时遥感探测网络、天基传感智能处理、遥感数据传输链路和天基自主指挥控制软件是实现这一目标的核心手段。

为了实现这一总体目标,需要提升在轨边缘微云星群自主水平,同时减少对地面系统的依赖,为应用计划任务提供更多支持并实现更高程度的自动化。这意味着,以往大多数在地面上执行的功能需要逐步迁移到太空,运行于在轨边缘微云,在轨边缘微云是在轨的"数据处理中心"和"智能联接网关"。在轨边缘微云需要实现高度自动化和自主性,通过一套预先建立的策略和做法来自主调度资源,并消除任务请求冲突。在轨边缘微云软件的设计和开发遵循合理的架构模式,其中一些重要设计原则包括:

① 模块化和组件化:组件内部高度内聚,彼此松散耦合。采用容器化微服务反映了基于组件架构的最新发展趋势。

② 基于标准的接口:尤其是机器-机器应用程序接口,如采用语义级定义的接口确保软件组件之间的互操作性,而与实现平台、编程语言和供应商产品无关。

③ 抽象层:实现在轨资源虚拟化,构建如基础设施即服务(IaaS)、平台即服务(PaaS)、软件即服务(SaaS)等在轨服务框架。

④ 解耦应用程序和数据:企业和任务关键型系统正在从"以应用程序为中心"向"以数据为中心"架构转变。

8.3　边缘微云安全架构及总体设计

8.3.1　边缘计算安全的需求分析

按照边缘计算参考架构,主要分为物理安全、网络安全、数据安全和应用安全 4 个方面的需求[22]。

（1）天基卫星节点物理安全需求

在天基边缘计算场景下，空间环境恶劣，同时面临着对抗环境下节点的顽存需求。如果缺乏良好的应对手段，仍然会导致灾难性的后果，使得边缘计算的性能下降，服务中断和数据丢失。

（2）天基网络安全需求

实际应用背景下，海量终端设备通过网络层实现与边缘设备的数据交互传输，而大量设备的接入，给网络管理带来沉重负担的同时，也增加了边缘设备被攻击的可能性。

相较于云计算数据中心，天基边缘节点的能力有限，更容易被攻击。虽然单个被破坏的边缘节点损害并不大，并且网络有迅速找到附近可替代节点的调度能力，但如果将攻陷的边缘节点作为"肉鸡"去攻击其他系统或者联网应用终端，将对整个网络造成影响。

（3）数据安全需求

在边缘计算中，用户将数据外包给边缘节点，同时也将数据的控制权移交给边缘节点，这便引入了与云计算相同的安全威胁。首先，很难确保数据的机密性和完整性，因为外包数据可能会丢失或被错误地修改。其次，未经授权的各方可能会滥用上传的数据图谋其他利益。虽然相对于云来说边缘计算已经规避了多条路由的长距离传输，降低了风险，但边缘计算中多安全域共存、多种格式数据并存，数据安全问题也日益突出。

（4）应用安全需求

在轨微云支持模式下，通过将越来越多的应用服务从云计算中心迁移到网络边缘节点，能保证应用得到较短的响应时间和较高的可靠性，同时大大节省网络传输带宽和智能终端电能的消耗。但天基边缘节点不仅存在信息系统普遍存在的共性应用安全问题，如拒绝服务攻击、越权访问、软件漏洞、权限滥用、身份假冒等，还由于其自身特性存在其他应用安全的需求。在边缘这种多安全域和接入网络共存的场景下，为保证应用安全，该如何对用户身份进行管理和实现资源的授权访问则变得非常重要。身份认证、访问控制和入侵检测相关技术便是在边缘计算环境下保证应用安全的重点需求。

8.3.2 在轨微云安全架构设计

在轨微云安全总体架构如图 8-12 所示。

天基边缘节点的安全应从基础设施安全、网络安全、数据安全和应用安全等 4个层面实施：

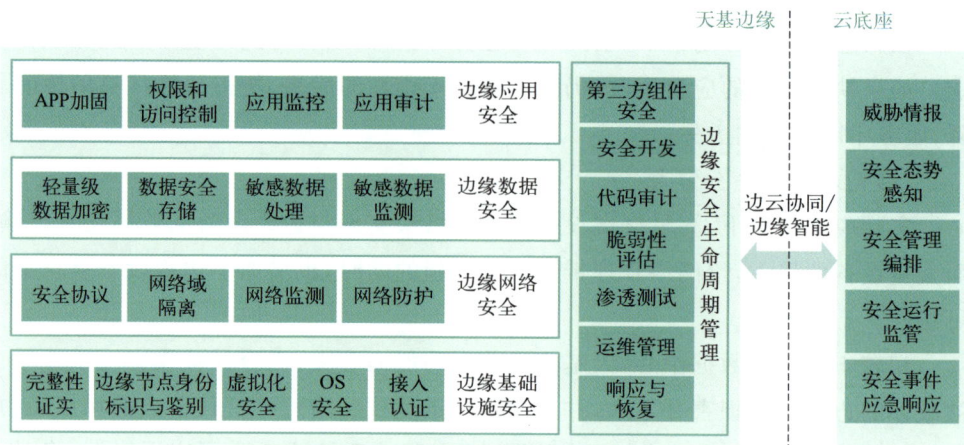

图 8-12　在轨微云安全总体架构

① 边缘基础设施为整个边缘计算节点提供软硬件基础,边缘基础设施安全是边缘计算的基本保障,需要保证边缘基础设施在启动、运行、操作等过程中的安全可信,建立边缘基础设施信任链条,信任链条连接到哪里,安全就能保护到哪里。边缘基础设施安全涵盖从启动到运行整个过程中的设备安全、硬件安全、虚拟化安全和操作系统安全。以操作系统安全为例,不同的边缘卫星节点通常采用的是异构的、低端设备,存在计算、存储和网络资源受限、安全机制与云中心更新不同步、难以支持额外的硬件安全特性等问题。因此,通过云边协同的操作系统恶意代码检测和防范机制、统一的开放端口和 API 安全、应用程序的强安全隔离、可信执行环境的支持等关键技术,在保证操作系统自身的完整性和可信性的基础上,保证其上运行的各类应用程序和数据的机密性和完整性。

② 边缘网络安全是实现边缘计算与现有各种工业总线互联互通、满足所连接的物理对象的多样性及应用场景的多样性的必要条件。边缘网络安全防护应建立纵深防御体系,从安全协议、网络域隔离、网络监测、网络防护等从内到外保障边缘网络安全。以网络域隔离手段为例,天基边缘节点的不同容器之间虚拟隔离,控制端的安全资源调配,实现不同业务场景下的安全隔离。通常在边缘侧与云端之间通过隔离技术实现文件、数据的有效传输,防止由于云端安全风险所带来的威胁影响边缘侧业务的运行。通过对不同容器之间通信的数据完整校验、数据的安全检查及建立无 TCP 连接的方式来实现不同业务通信单元之间有效的安全隔离。

③ 在边缘计算环境下,由于边缘计算服务模式的复杂性、实时性,数据的多源异构性、感知性以及终端资源受限特性,传统环境下的数据安全机制不再适用于边

缘设备产生的数据防护,应提供轻量级数据加密、数据安全存储、敏感数据处理和敏感数据监测等关键技术能力,保障数据的产生、采集、流转、存储、处理、使用、分享、销毁等环节的全生命周期安全,涵盖对数据完整性、保密性和可用性的考量。以天基数据处理为例,不同探测手段数据异构性强、存储位置相对分散、流动路径多样、业务应用关系复杂,为敏感数据处理带来一系列安全问题,包括:如何从复杂异构的关联数据集中识别出敏感的数据,如何在不影响边缘计算中应用业务的前提下对敏感数据进行脱敏混淆,如何在各边缘计算实体间安全地共享敏感数据,等等。通过对以上问题的解决,可以对边缘环境中的敏感数据的流动和分发使用进行统一管控,在保证安全保密性的前提下最大限度地发挥数据的价值。

④ 边缘应用安全应在应用开发、上线到运维的全生命周期,都提供 APP 加固、权限和访问控制、应用监控、应用审计等安全措施。以权限与访问控制为例,定义和管理用户的访问权限,通过某种控制方式明确地准许或限制用户访问系统资源或获取操作权限的能力及范围,控制用户对系统的功能使用和数据访问权限。面向天基边缘,通过轻量级的最小授权安全模型,去中心化、分布式的多域访问控制策略,支持快速认证和动态授权的机制等关键技术,从而保证合法用户安全可靠地访问系统资源并获取相应的操作权限,同时限制非法用户的访问。

⑤ 边云协同安全:除了考虑上述防护对象外,还应考虑如何利用边云协同提高安全防护能力,通过结合流分析、大数据、人工智能等技术深度挖掘数据价值,通过威胁情报、安全态势感知、安全管理编排、安全运行监管以及应急响应与恢复,实现天基智能网联安全事前、事中、事后的及时防御和响应。

8.4 本章小结

传统资源管控模式已不适应分布式异构星群在未来航天任务中的快速响应需求。针对该问题,本章提出了星地一体协同综合管控理念。基于边缘微云体系构建天基分布式多域支持与管理架构,提出了智能化开放式星地一体管控架构设计,将星群管理、边缘智能算法训练等功能下沉至地面云底座,通过靠近应用区域的边缘微云为用户端提供低时延、高可靠的信息服务。针对资源虚拟化动态管控这一关键问题,详细论述了资源虚拟化与池化和基于容器的分布式异构资源调度等设计方法,提出了去中心化的星群任务规划方法,实现卫星星群的高效运行和资源优化配置。最后针对星群管控的安全问题,提出了星地一体管控架构的安全架构总体设计方法。

参 考 文 献

[1]　王密,杨芳.智能遥感卫星与遥感影像实时服务[J].测绘学报,2019,48(12):1586-1594.

[2]　王密,仵倩玉.面向星群的遥感影像智能服务关键问题[J].测绘学报,2022,51(6):1008-1016.

[3]　李德仁,张洪云,金文杰.新基建时代地球空间信息学的使命[J].武汉大学学报(信息科学版),2022,47(10):1515-1522.

[4]　柴英特,王港,张超.巨型感知星座星地一体智能化资源管控体系架构[J].天地一体化信息网络,2022,3(3):13-22.

[5]　汪春霆,翟立君,徐晓帆.天地一体化信息网络发展与展望[J].无线电通信技术,2020,46(5):493-504.

[6]　孙晨华,庞策.低轨卫星互联网体系和技术体制研究发展路线思考[J].无线电通信技术,2021,47(5):521-527.

[7]　刘雨霏,罗芳.遥感星座的今天与未来[J].卫星与网络,2019(3):24-29.

[8]　戴庆龙,李建武.云计算中一种基于排队论的资源分配方案[J].无线电通信技术,2017,43(5):47-51.

[9]　刘云杰,王彬,刘友永.基于资源池的航天测控资源动态重组实现技术[J].无线电工程,2018,48(8):699-703.

[10]　杨学猛,赵悦,李娟,等.低轨星座系统测运控技术与管理研究[J].无线电通信技术,2020,46(5):517-526.

[11]　刘晓丽,张恒,王京京.遥感卫星在轨测试任务管控方法[J].无线电工程,2018,48(1):40-45.

[12]　赵娜,董峥.卫星星座运行管理方法研究[J].无线电工程,2010,40(6):62-64.

[13]　周笛,盛敏,郝琪,等.巨型星座系统的网络运维与资源管控技术[J].天地一体化信息网络,2020,1(1):26-35.

[14]　孙海权,马万权,陈金勇,等.虚拟星座资源组合关键技术研究[J].无线电工程,2018,48(6):507-511.

[15]　胡东伟,宋春晓.低轨卫星移动通信系统的星间链设计[J].无线电通信技术,2017,43(5):11-15.

[16]　张喜明,张耀宗,钟胜,等.星地链路中抗误码实时图像解压缩技术[J].无线电通信技术,2017,43(2):38-40.

[17]　王为众,赵永利,郁小松,等.一种适用于天地一体化网络的卫星通信港设计[J].无线电通信技术,2018,44(2):124-129.

[18]　柴伟杰,张超.基于图论的多星综合任务规划双蚁群算法[J].无线电工程,2019,49(6):534-539.

［19］　张晓光,代树武．在轨运行卫星的智能规划调度算法［J］．微计算机信息,2008,24(3)：
　　　　6-8.

［20］　刘明亮,王小燕,邱虎,等．高分多模卫星应急任务规划流程设计［J］．航天器工程,2021,
　　　　30(3)：212-217.

［21］　李刚,刘瑜,张庆君．多源卫星数据在轨智能融合技术［J］．中国科学基金,2021,35(5)：
　　　　708-712.

［22］　王密,张致齐,董志鹏,等．高分辨率光学卫星影像高精度在轨实时云检测的流式计算
　　　　［J］．测绘学报,2018,47(6)：760-769.

第 9 章

分布式异构星群工程仿真验证

9.1   全数字模拟与仿真推演系统

9.1.1   系统架构

借助数字孪生技术,如图 9-1 所示,对天地所有资源的平行映射,可构建出分布式异构星群的全数字模拟与仿真推演系统,其支持虚拟数据驱动的验证、样机接入的半物理仿真、在轨数据实时驱动的平行管控能力,结果可接入任务环路[1]。

在全数字模拟与仿真推演系统中,异构星群的数字卫星覆盖卫星全部工作模式、主要功能和指标,支撑在轨监控、体系评估、任务推演、模拟训练。支持异构星群快速任务协同、实时信息处理、信息按需分发、在轨自主升级等核心功能。

全数字模拟与仿真推演系统以"数字化、网络化、服务化、智能化"为核心理念,以任务筹划/规划、仿真场景构设、仿真推演、卫星系统及搭载载荷数字建模、应用效能评估等能力需求为牵引,构建"数据为基础、服务为核心、能力为目标"的应用体系架构,具有如下特点[2]:

① "领域驱动＋切面设计＋服务实现"设计:领域驱动设计,明确业务中心边界,功能内聚,边界清晰;业务领域切面化,将日志、统一权限、消息传送等服务共享统一;低耦合高内聚,构建"大中台、小前台"架构,中台业务抽象复用,前台应用定制、交互良好,基于此可以支持快速构建和扩展多样化的应用。

② "标准选型、服务共享、互联互通":系统组件标准选型,通过门面模式实现组件可替换;基于 SSM 实现服务可迁移,中台业务服务可以基于 RESTful 接口调用实现服务复用;通过异构模型中间件化异为同时实现异构集成;通过公共消息服务实现仿真跨网协同。

③ "标准化构建,自动化部署,全组件监控":通过虚拟机和容器可以实现开发与生产环境统一、Docker 发布部署标准统一的两个统一,实现系统的快速集成;通过统一的监控数据标准、消息队列服务、虚拟机和容器,可以实现系统自主恢复和便捷运维。

全数字模拟与仿真推演系统架构如图 9-2 所示。

① 基础支撑层。基础支撑层是试验系统建设的基本依据,包括两个方面:一是理论体系,由航天动力学理论、系统建模与仿真理论、运筹学理论、复杂环境下遥感测量理论等组成;二是标准规范,由数字化建设总体架构,模型定义、分类和交互标准,数字模型开发通用要求等组成。

图 9-1　数字孪生卫星构建示意

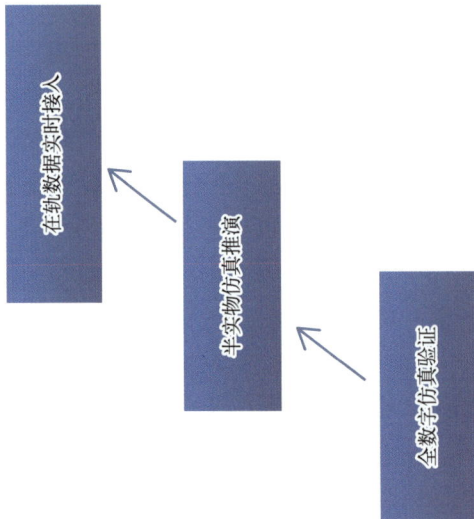

图 9-2　全数字模拟与仿真推演系统架构

②　资源要素层。资源要素层是试验系统建设的基础材料,包括 4 个方面:一是数据源,按照来源分类主要包括卫星平台性能指标数据、搭载载荷性能指标数据、任务数据和信息融合数据;二是基础模型,由卫星系统数字化模型、搭载载荷数字化模型、典型应用环境模型等组成;三是仿真推演生成数据,由载荷探测结果数据、实时处理结果数据、应用效能评估结果数据等组成;四是数据服务,由基础数据

服务、模型数据服务、任务数据服务、效能评估数据服务组成。

③ 网络互联层。网络互联层是试验系统建设的基本依托,试验系统依托专用传输网或航天业务网进行网络传输。专用传输网是用于分系统内部信息传输的局域网,航天业务网用于与其他仿真系统进行外部信息传输。

④ 服务供给层。服务供给层是试验系统建设的基本模块,包括模型管理、任务编辑、仿真推演、系统效能评估、目标模拟等提供的服务以及这些服务需要后台调用的服务。

⑤ 能力生成层。能力生成层是试验系统建设的应用层,由任务筹划/规划、仿真场景构设、仿真推演、卫星系统数字建模、搭载载荷数字建模、系统效能评估等组成。典型应用场景包括应急救灾、热点区域遥感详查/资源普查等典型应用场景。

9.1.2　仿真推演方案

系统针对任务效能仿真评估验证需求,解决模型管理、任务编辑、仿真推演和效果评估等问题,根据系统任务概念探索性强、技术性强的特点,构建了包括模型管理、任务推演、综合显示和体系评估的一体化仿真推演评估体系,形成的三大闭环流程具备以下特点[3]。

① 任务制定闭环。该闭环由任务管理、信息管理各软件之间的信息流转实现。星群和场景管理按照统一标准、内容完整、格式规范的原则,对平台、载荷、终端和场景等数据进行管理积累,货架式支撑任务制作,既达到了减少重复录入、提升任务制作效率的目的,又保证了数据具备良好的适用性和易用性;同时,系统设置信息管理功能,支持在任务编辑过程中可定制化录入数据,从而实现数据类型和数据样本不断充实,起到需求有效牵引数据不断积累和完善的效果。

② 仿真推演闭环。该闭环由任务推演、调度控制、指挥决策三个节点之间的信息流转实现。在仿真过程中,通过任务推演和调度控制进行整个场景的引导和演练,综合显示获取仿真数据进行环境态势的实时监测,采集过程数据进行任务效果实时评估,实现针对运行控制活动的多手段多视角即时响应、分析和评估;系统将环境态势监测情况、实时评估情况推送给用户进行预期效果对比、决策方案设计、实施效果寻优,完成多源多视角信息融合决策,及时有效监督调整仿真推演活动。

③ 体系效能评估闭环。该闭环为覆盖全阶段的仿真效果综合优化闭环,通过体系评估模块输出的综合评估分析结果来衡量体系效能能力,为用户提供决策参考,同时辅助检查仿真中存在的问题,在下一次任务实施时,提升推演有效性,从而达到推演效果的持续改进、任务水平的持续提高。

9.1.2.1　任务制定闭环

该闭环由信息管理、任务管理两个节点之间的信息流转实现。使用任务编辑模块制作任务时可通过运行管理快速导入历史积累数据,起到数据支撑作用;同时,针对各类科目仿真场景任务设计的多变需求,信息管理模块可进行数据重构个性化定制,起到需求有效牵引数据生成的效果。该活动闭环的工作原理如图 9-3 所示。

在仿真准备阶段,信息管理模块支持完成基础信息管理、模型数据信息管理、仿真数据管理、评估数据管理、仿真结果数据管理、空间目标数据管理,支持对这些数据进行导入导出,支持任务编辑模块读取数据库,完成计划制订、科目导入、星群参数设置、任务与规则设定、场景环境构建等,任务书编辑过程中,产生新数据需求时,通过信息管理模块完成异构星群的编辑、基础信息录入,直到满足科目设计需求,支持生成符合要求的任务。为满足以上功能要求,信息管理模块和任务编辑模块采用服务化架构设计,数据层上保证共库同源,交互层上保证任务编辑过程中能够灵活访问数据新建、导入、编辑等操作。功能组成如图 9-4 所示。

9.1.2.2　仿真推演闭环

该闭环由仿真推演、调度控制和综合显示三个节点之间的信息流转实现。在仿真过程中,通过仿真推演进行整个场景的引导和控制,综合显示获取仿真数据进行场景环境的实时监测,效能评估采集过程数据进行任务效果实时评估,实现针对调度控制活动的多手段多视角即时响应、分析和评估;系统将场景环境监测情况、实时评估情况实时推送给用户,完成多源多视角信息融合决策,及时有效监督调整仿真活动。该活动闭环的工作原理如图 9-5 所示。

在仿真进行阶段,仿真推演模块启动仿真进程,管理仿真时间步进、速率变化、跳时,综合显示模块实时监控各仿真模拟器的状态数据,进行场景态势 2D/3D 显示,效能评估模块实时执行效果评估,用户根据态势监控情况以及实时评估结果,运用调度控制模块实施场景干预,对仿真过程进行引导和控制[4,5]。为满足以上功能要求,相关功能模块采用服务化架构设计,构建 TCP/IP 网络通信环境,功能组成如图 9-6 所示。

9.1.2.3　体系效能评估闭环

体系效能评估闭环工作原理如图 9-7 所示,该闭环为覆盖全阶段 6 个流程节点的综合优化闭环,通过效能评估模块输出的综合评估分析结果来衡量任务效果,为用户提供决策参考,同时辅助检查计划的落实情况,发现仿真推演过程中存在的问题,在下一次计划制订和仿真任务实施时,进行针对性的改进。

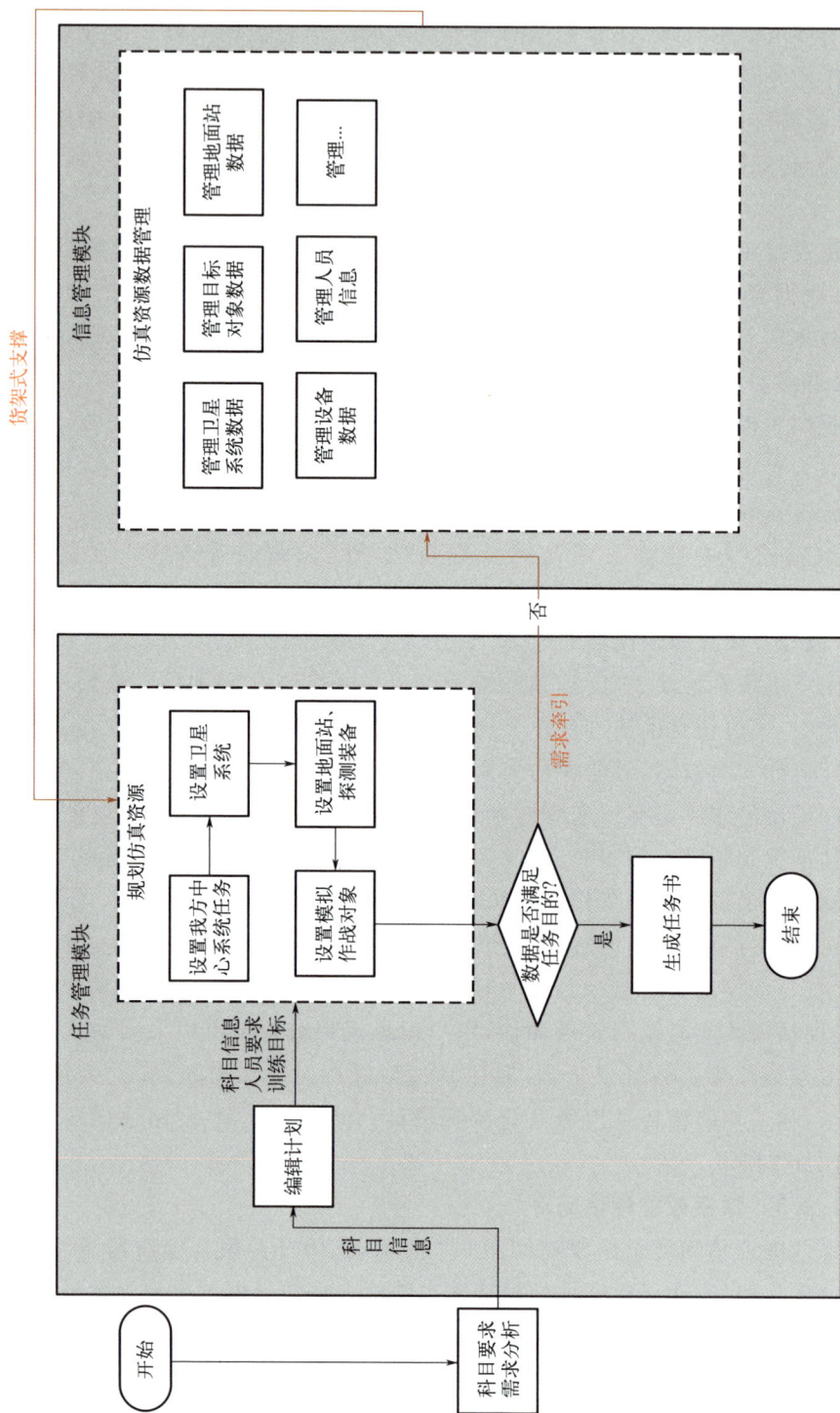

图 9-3　任务制定闭环工作原理

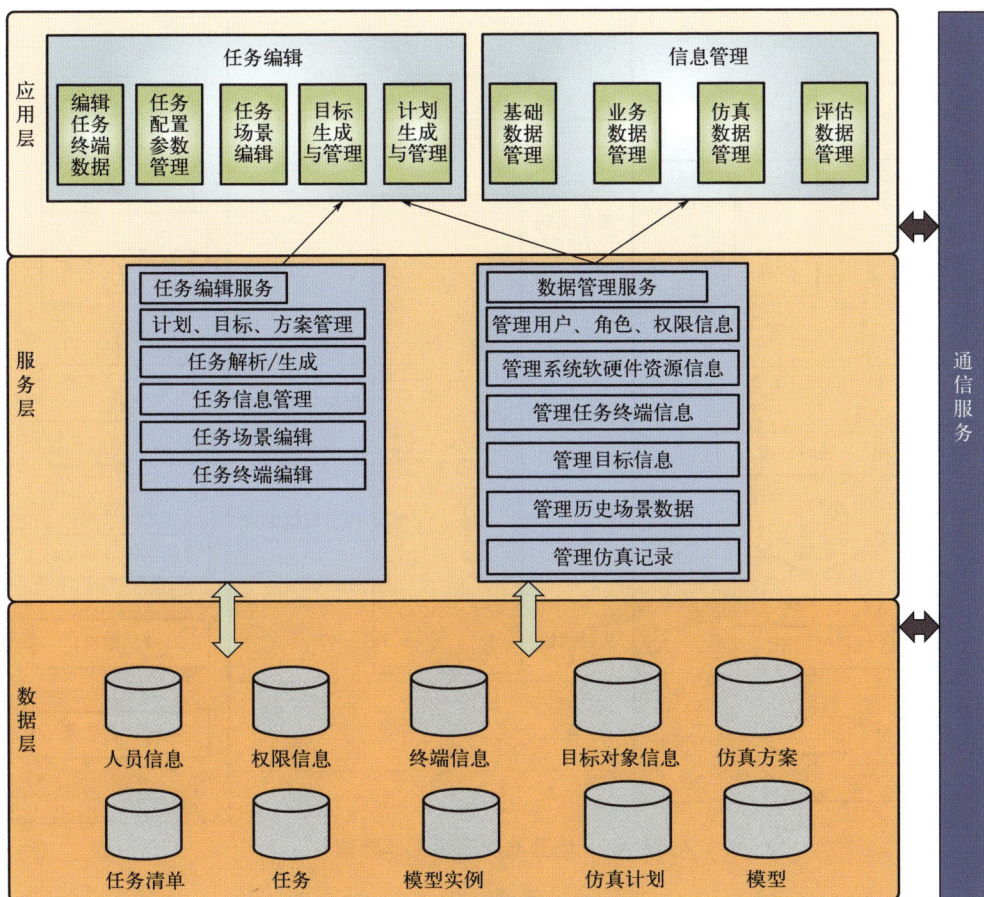

图 9-4　任务制定闭环功能组成

在仿真结束阶段,支持用户查询历史仿真评估结果,进行历次任务效果的综合分析,支持用户根据评估综合分析结果,完成任务方案的优化设计,支持导控人员完成仿真进程的系统调整,使得导控人员更有效地把控仿真进度,实现评估分析、方案优化、进程调整的综合优化。为满足以上功能要求,相关功能模块采用基于 B/S 服务化架构设计,构建 TCP/IP 网络通信环境,功能组成如图 9-8 所示。

9.1.3　系统组成与功能

体系应用效能评估系统可部署并运行于"综合试验平台",为背景试验系统的系统集成验证试验提供效能评估手段。该系统由模型管理分系统、任务编辑分系统、仿真推演分系统、应用效果评估分系统、环境目标模拟分系统、卫星及载荷数字模型 6 个部分组成[6,7]。系统组成关系如图 9-9 所示。

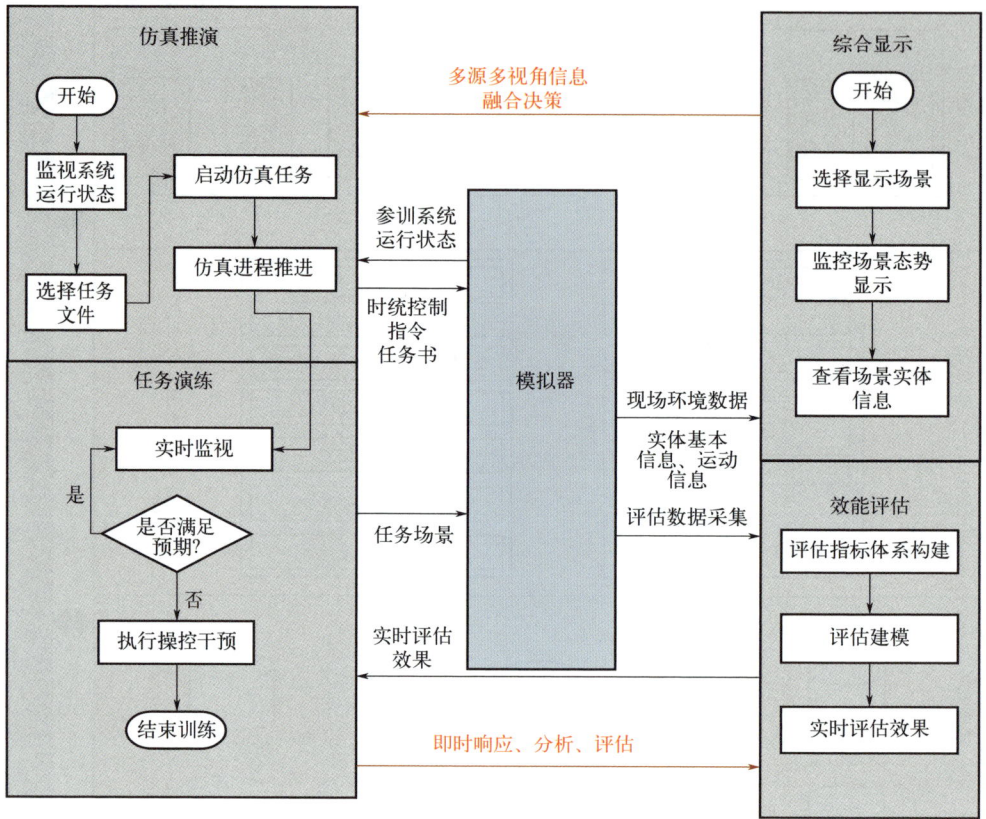

图 9-5　仿真推演闭环工作原理

① 卫星及载荷数字模型是系统的基石,为仿真推演提供所需的高轨卫星数字化模型、低轨卫星数字化模型、搭载载荷数字化模型。

② 模型管理分系统是系统制定任务需求的有力抓手,通过组件化、参数化的模型体系,具备典型卫星模型和应用目标模型的灵活化组装设计、多样化综合使用以及系统升级拓展能力。

③ 任务编辑分系统是系统仿真推演的基础,通过货架式数字支撑,多样性需求牵引,实现仿真场景快速构建和可视化预览。

④ 仿真推演分系统是系统仿真运行支撑的核心,为系统提供仿真进程控制能力,是系统形成完整的仿真链路闭环的重要节点。通过加载任务编辑分系统构设的仿真场景,对星群中的遥感卫星、通信卫星、中继卫星、导航卫星及相关配套系统(如地面通信终端、关口站、测控站、车船终端等)等实体进行初始化;仿真推演的进程由启动、开始、暂停、加速、减速、跳时、结束等操作来进行控制;最后综合仿真场景实体模型发送的热点地区综合场景进行三维可视化显示。

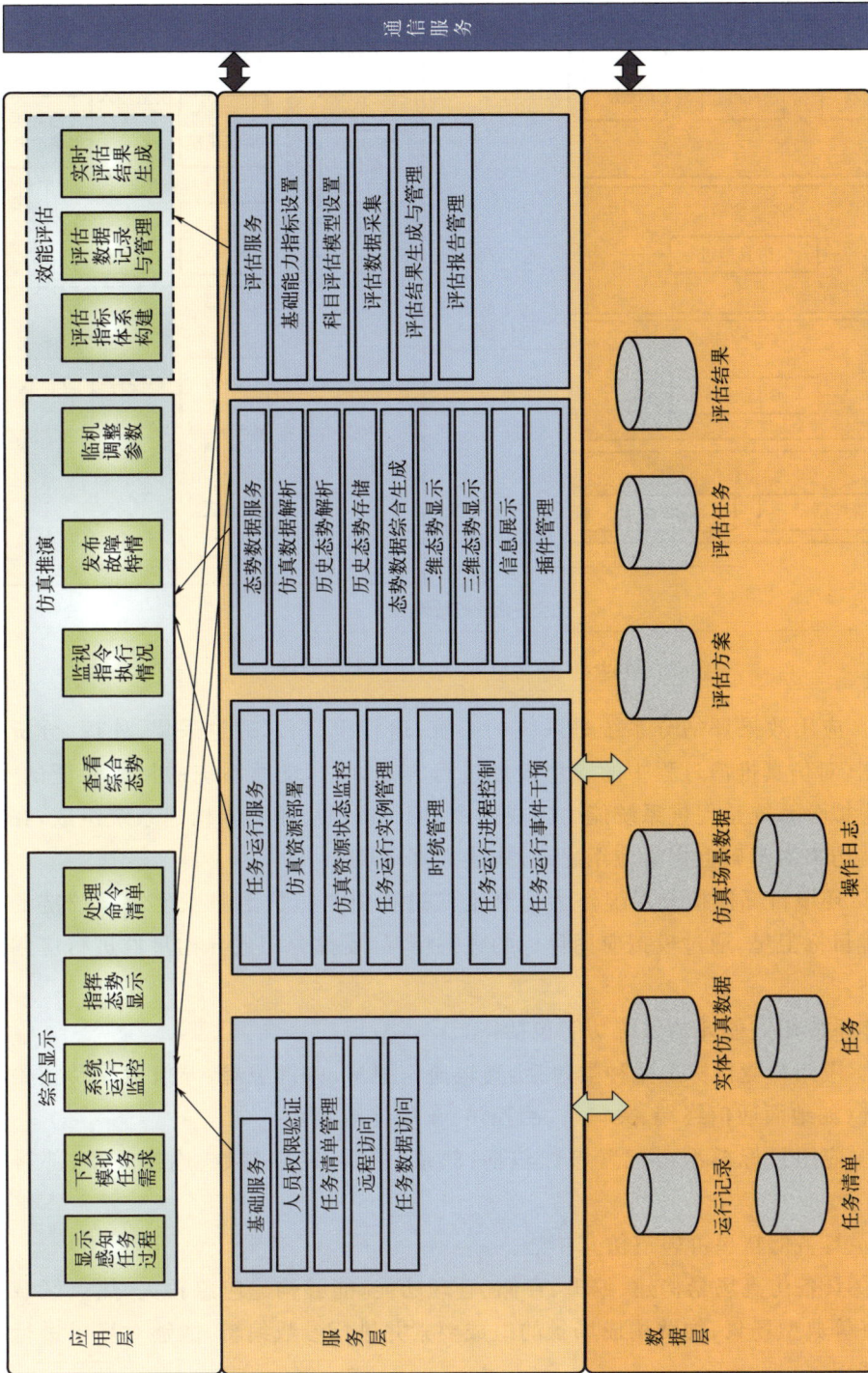

图 9-6　仿真推演闭环功能组成

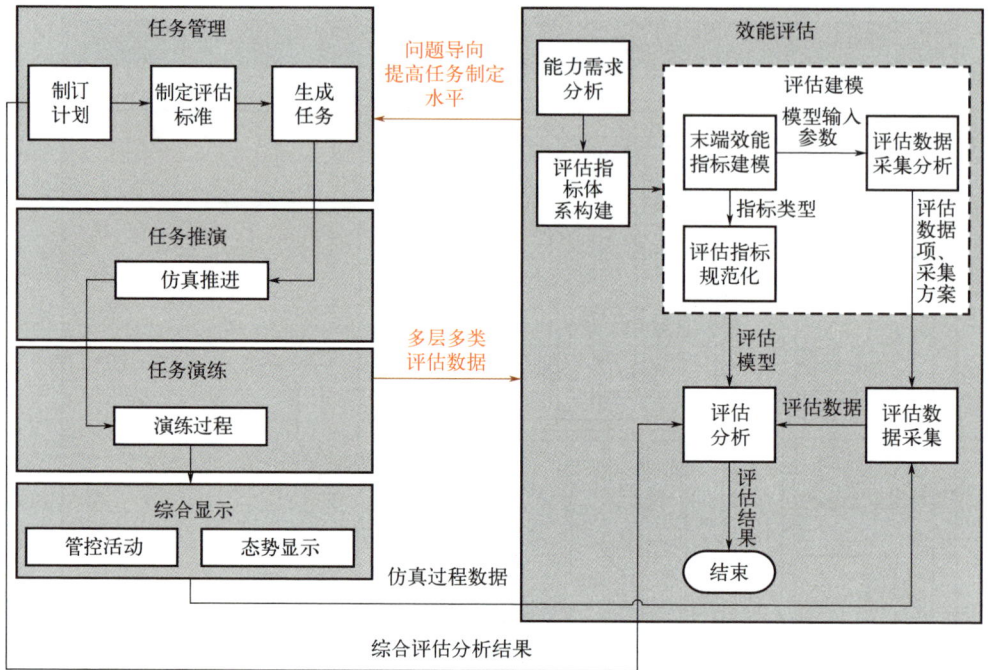

图 9-7 体系效能评估闭环工作原理

⑤ 应用效果评估分系统是系统的心脏,运行于后台,通过采集、处理、分析评估数据,对仿真推演过程中的应用效能进行客观评估,支撑系统的集成验证试验。目标模拟分系统是促进系统能力生成的磨刀石,按照应用要素构建系统组成,在开展建链仿真的基础上探索应用思维,构建逼真环境。

⑥ 环境目标模拟分系统作为仿真推演过程中与星群卫星发生数据铰链的应用环境目标卫星,通过模拟应用目标的建链情况,支撑分布式异构星群进行应用效能评估。

体系应用效能评估系统功能包括:

① 应用环境目标卫星种类包括:高轨通信卫星、中继卫星、导航卫星及相关配套系统(如地面通信终端、关口站、测控站、车船终端等)。

② 应用目标模型可配置参数包括:轨道、位置、链路参数、连接关系、部署数目等。

③ 具备低轨星群轨道仿真功能。

④ 具备仿真场景构建、编辑、存储、管理功能,能够构建应急救灾、热点区域遥感详查等典型场景,加载构成场景的组成要素并进行参数编辑,能够对场景进行存储和调用。

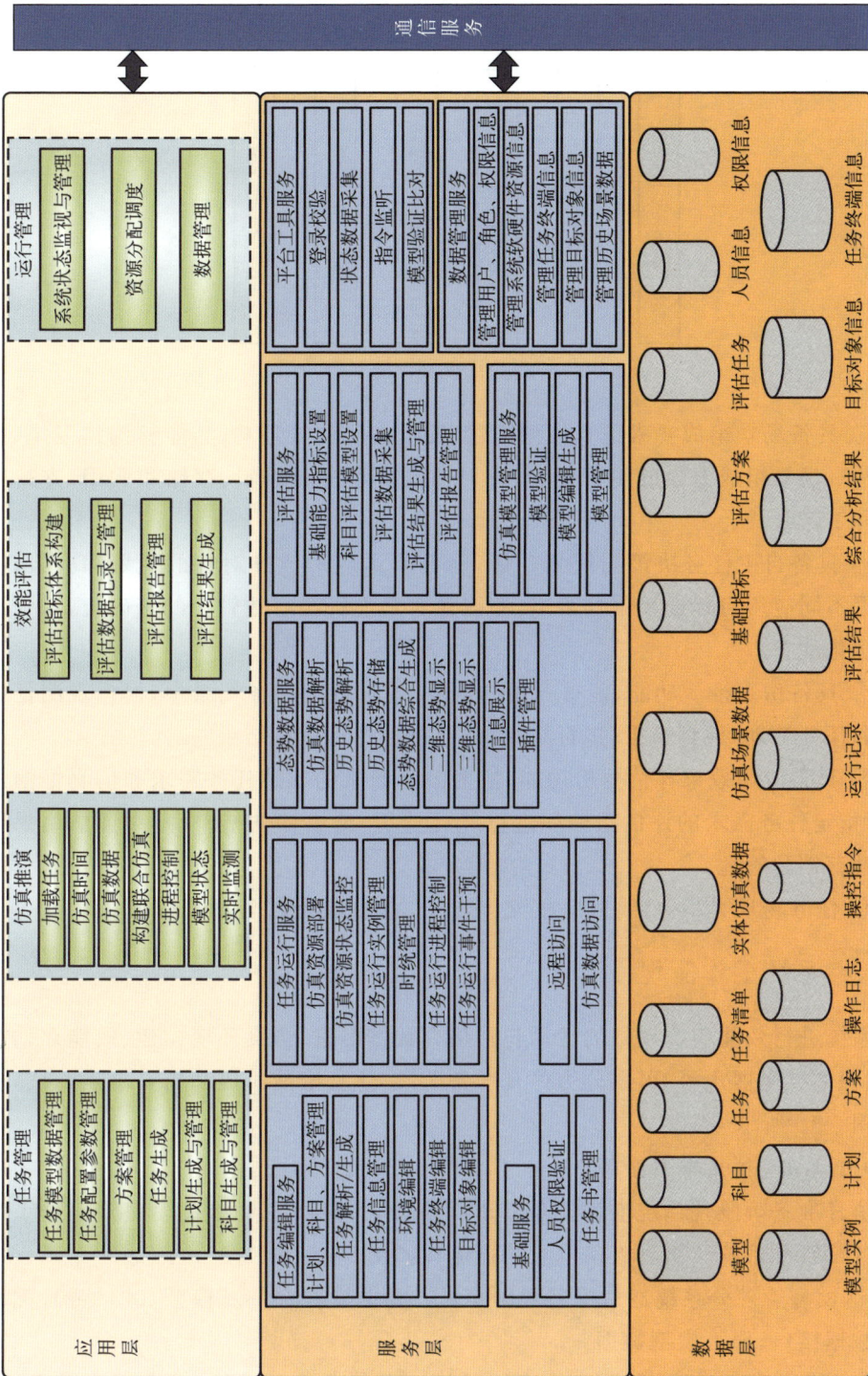

图 9-8　体系效能评估闭环功能组成

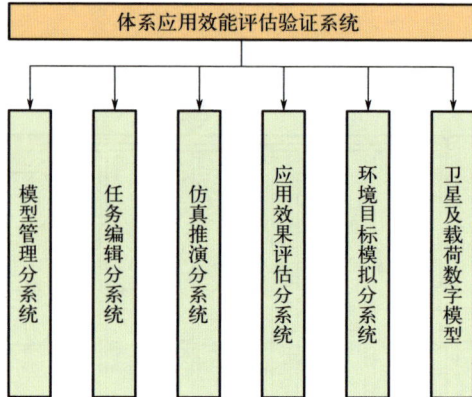

图 9-9   体系应用效能评估系统组成

⑤ 具备场景组成要素仿真模型构建、编辑、存储、管理功能,能够构建卫星、目标等仿真场景组成要素的仿真模型,并对仿真模型进行编辑、存储和调用,支持载荷多种工作模式。

⑥ 具备自主任务决策与规划功能,能够自适应形成针对性的规划和决策,能够根据不同应用目标选择最佳策略,并能在对星上资源有效管控的基础上,对资源动态优化配置。

⑦ 具备仿真推演功能,能够在用户构建、设置好的任务场景中,根据观测任务需求和任务筹划/规划结果,进行仿真推演,模拟计算运行结果。

⑧ 具备应用效果评估分析功能,根据仿真场景的遥感任务需求和仿真推演结果,对指定任务需求的评估指标项进行统计分析,给出评估结果,并对评估结果进行自动存档和管理。

⑨ 任务场景类型包括:应急救灾、热点区域遥感详查、资源普查等。

9.1.4   系统工作流程

系统进行效能仿真评估的活动包括仿真数据准备、仿真环境构建、效能评估与分析、评估结果展示等,可划分为仿真准备阶段、仿真推演阶段和仿真事后阶段,具体如图 9-10 所示[8]。

9.1.4.1   仿真准备阶段

仿真准备阶段是系统准备任务需求的阶段,该阶段主要涉及模型管理分系统和任务编辑分系统。仿真准备阶段功能流程如图 9-11 所示。

① 模型管理分系统通过模型数据编辑工具创建并存储新模型数据结构,配置模型数据接口,导入模型数据。

② 通过模型编辑工具创建仿真原子模型和任务模板,组装仿真耦合模型,设

置模型间的输入输出耦合关系。

③ 制定任务需求单,首先选择任务模板,编制科目基础信息;根据实体的初始位置和应用任务要求,进行任务筹划/规划;根据筹划结果,设置星群卫星模型的实例化数据,如卫星轨道、姿态、载荷参数,运控、测控站址坐标等;设置环境目标模型的实例化数据,如中继卫星的轨道、姿态、通信载荷参数,终端位置、速度、天线参数;设置空间环境模型的实例化数据,如天体种类、星图模拟的星等、地形分辨率等;设置评估方案;生成任务文件,打包任务运行资源。

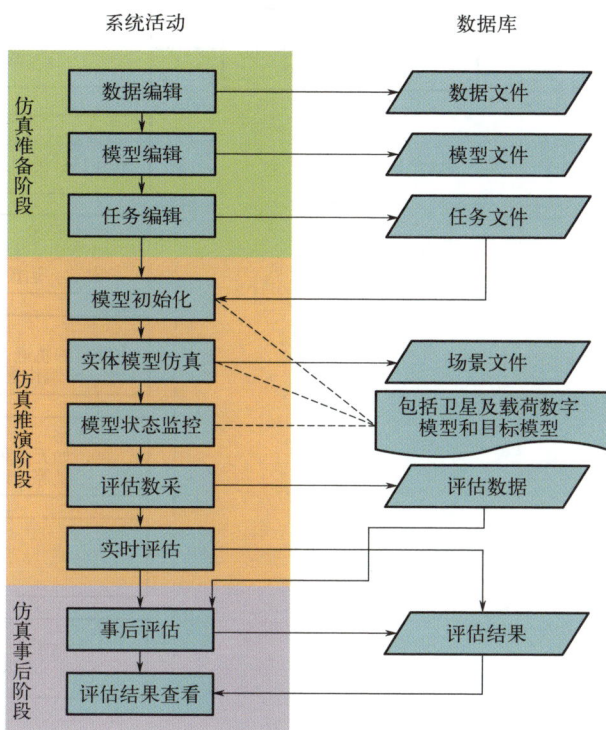

图 9-10 系统运行阶段划分

9.1.4.2 仿真推演阶段

仿真推演阶段是系统仿真运行阶段,该阶段主要涉及仿真推演分系统、应用效果评估分系统和目标模拟分系统。在仿真推演阶段,仿真推演分系统根据选择的任务清单对实体模型进行初始化;根据系统授时实体模型进行仿真;当接收到结束指令时,实体模型进行析构。仿真推演阶段的功能流程如图 9-12 所示。

① 仿真推演分系统加载选择的任务清单,启动仿真时卫星实体模型和应用目标实体模型,根据任务清单信息完成模型初始化。同时目标模拟分系统将目标初始建链信息写入数据库,支撑后续评估活动。

| 模型数据编辑工具 | 模型编辑工具 | 任务编辑工具 |

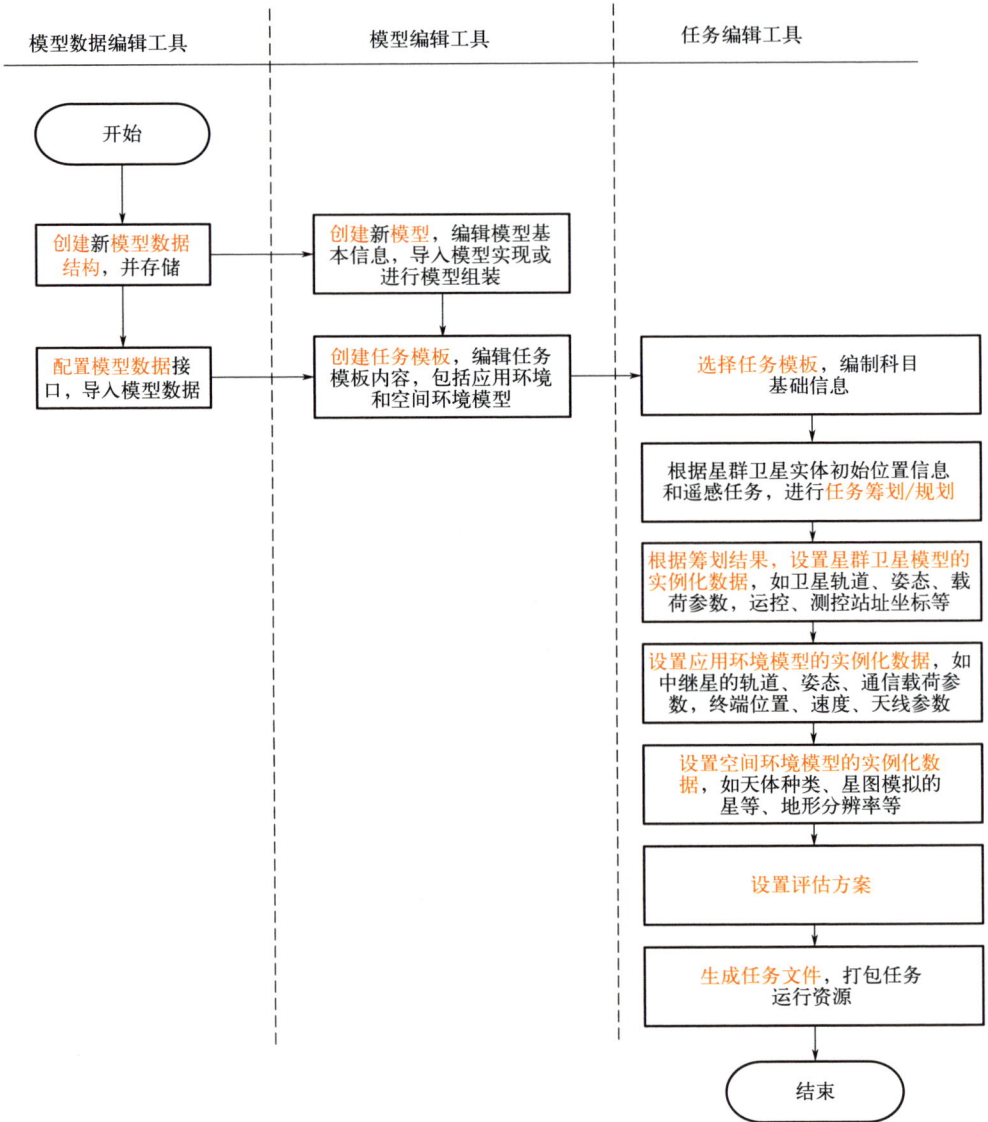

图 9-11　仿真准备阶段功能流程

②　实体模型初始化完成后，仿真开始，系统开始授时，卫星和应用目标实体模型根据仿真时间完成模型状态更新，将实体模型状态信息发送给场景显示并写入数据库；卫星实体模型仿真过程中，根据遥感策略更新载荷工作模式，经过链路计算更新目标链路信息，将目标链路信息发送给目标模拟分系统，并写入数据库；应用效果评估分系统从数据库中采集评估数据并对数据进行处理。

③　仿真完成后，系统停止授时并下达仿真结束指令，星群卫星和应用目标实体模型完成析构，等待下次启动。

仿真推演分系统	目标模拟分系统	应用效果评估分系统	数据库

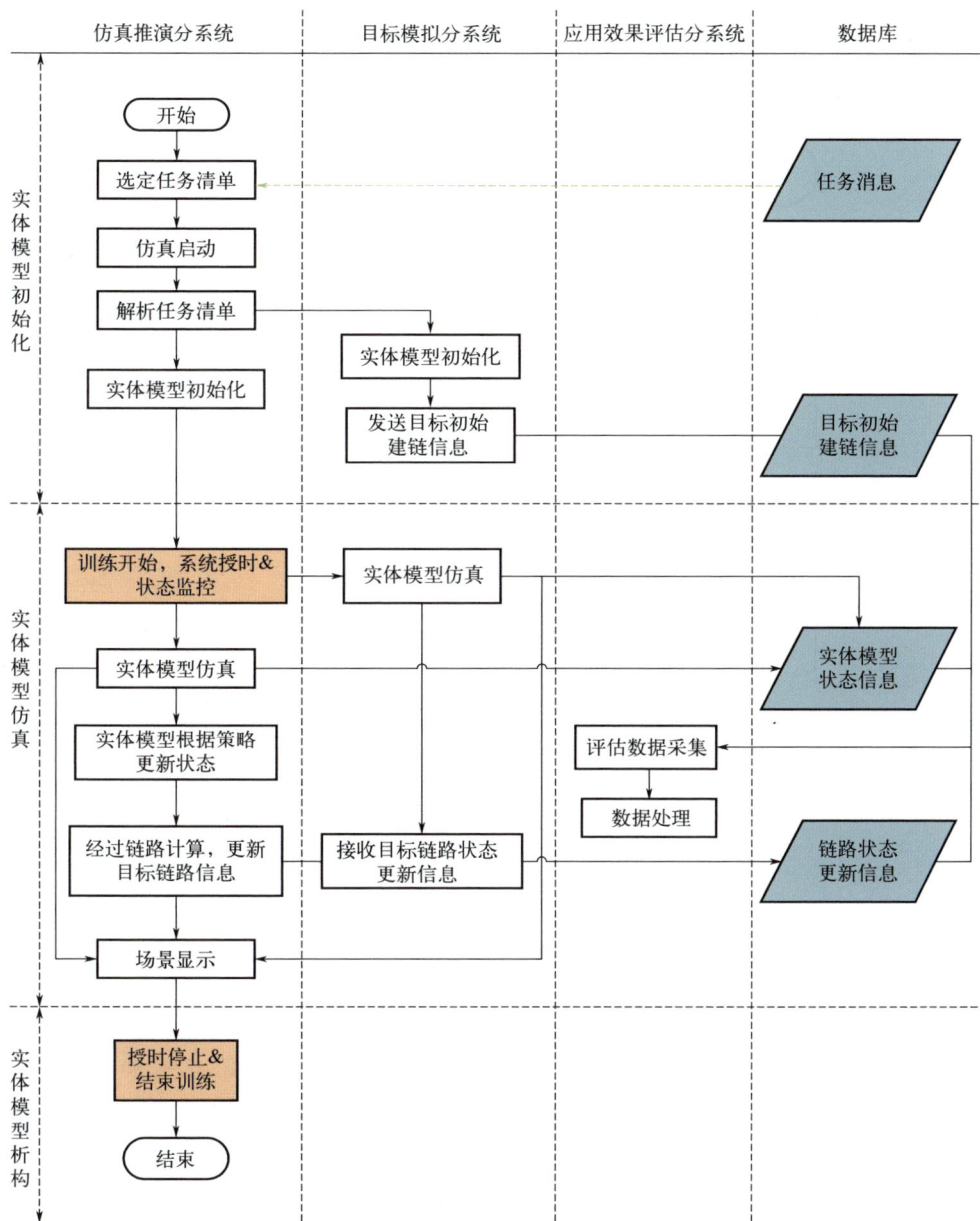

图 9-12 仿真推演阶段功能流程

9.1.4.3 仿真事后阶段

仿真事后阶段,应用效果评估分系统从数据库获取任务清单、实体模型状态信息、目标初始建链信息、目标链路更新信息,进行事后评估并以图表形式展示评估结果。仿真事后阶段的功能流程如图 9-13 所示。

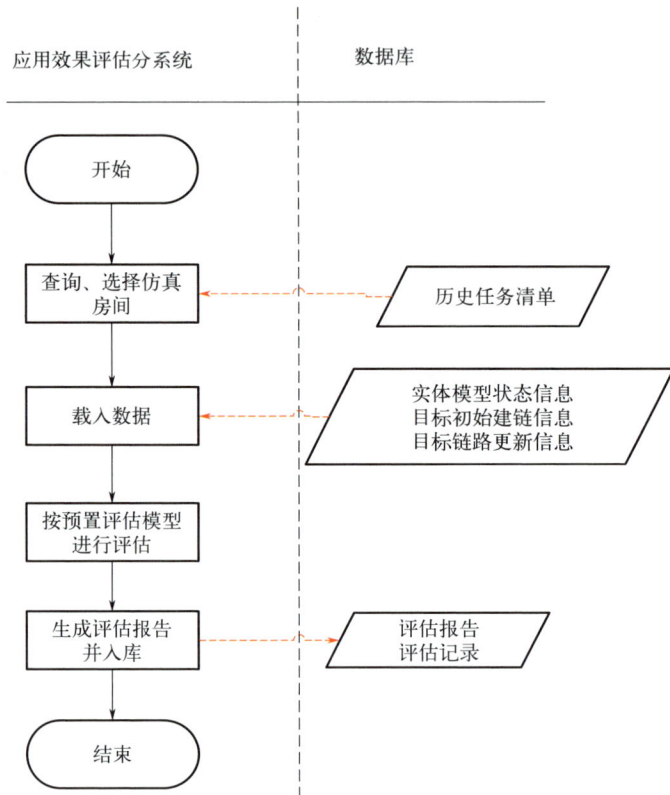

图 9-13 仿真事后阶段功能流程

9.2 虚实结合半物理仿真验证

为考核系统总体设计指标,确定系统针对特定任务的满足度,需开展地面仿真验证。地面仿真验证以半实物仿真系统为主,验证群体智能协同遥感卫星系统的复杂场景固定区域异常变化监测、多传感器协同灾害预测、移动目标检测跟踪定位、目标实时发现与自主分配、跨时空多源数据在轨智能融合能力,以此为基础评估卫星系统综合协同效能[9-12]。

9.2.1 系统组成

针对以上验证目标,构建如图 9-14 所示的地面集成验证系统,该系统由实体单机和仿真系统两部分组成,二者通过软总线进行连接,实现数据交换。

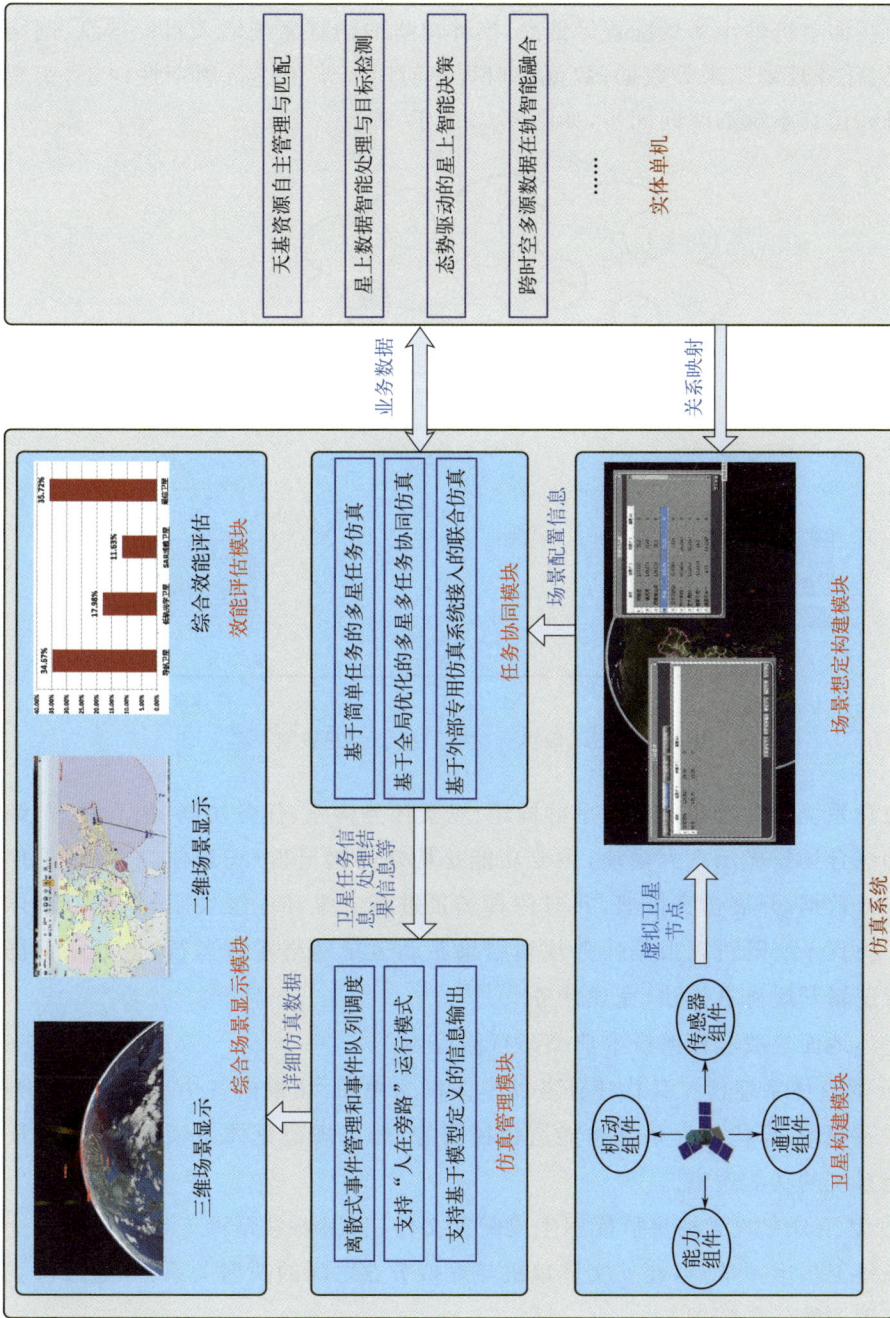

图 9-14 地面集成验证系统组成

实体单机以半物理仿真的形式接入仿真系统,首先建立实体单机与仿真系统中对应虚拟卫星节点的映射关系,然后通过数据接口实现双向数据交换,仿真系统主要向实体单机输出场景配置等信息,实体单机向仿真系统输入目标信息、网络重构情况、任务规划结果等数据;数据接口程序对时间步长进行周期性纠正,实现实体单机和仿真系统的时间同步,如图 9-15 所示[13]。

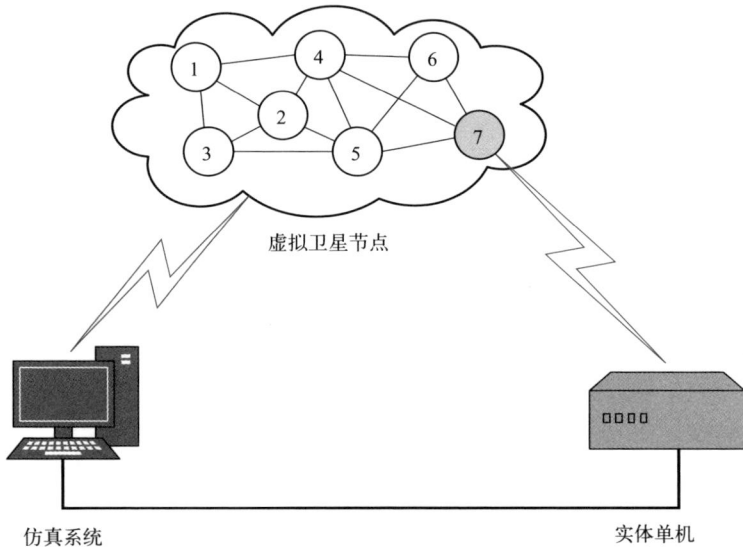

图 9-15   实体单机到虚拟卫星节点的映射关系

仿真系统包含分布式异构星群构建、场景任务构建、任务协同、仿真管理、综合评估和综合场景显示六大模块,主要功能是构建异构星群/场景信息,处理外部系统的接入数据,开展仿真推演,并对仿真场景进行二维和三维展示,评估卫星体系效能。仿真系统既可以根据任务规划结果驱动卫星网络在轨运行,也可以根据给定运行逻辑开展仿真推演,完成任务[14-18]。

上述地面集成验证系统的典型运行流程为:

① 通过体系建模工具构建任务的整体概念视图、场景内各个星群成员模型的任务关系视图、异构星群系统功能逻辑视图等,形成规范化体系模型,初步验证星群智能系统的功能逻辑。

② 基于分布式异构星群模型生成配置文件,利用场景编辑工具导入配置文件生成场景卫星虚拟节点,建立实体单机与虚拟节点之间的映射关系,并通过可视化操作完善资源任务配置。

③ 通过任务协同功能模块生成分布式异构星群的任务指令。

在不接外部系统的情况下,通过系统内部实现多星多任务分配、优化等天基系统协同仿真功能。

在考虑外部系统联合仿真时,通过仿真集成环境调用任务规划、数据融合、数据压缩等原型系统,实现多约束综合任务规划,生成整个仿真周期内卫星的任务序列,并注入卫星任务组件。

④ 由仿真引擎驱动各功能模块完成任务全链路仿真推演,并通过数据采集工具形成仿真数据,将仿真数据反馈给实体单机,控制实体单机开展相关任务操作。

⑤ 通过评估指标体系建模工具完成指标选取,并构建层次化指标体系。

⑥ 由评估功能模块完成数据抽取,并完成效能指标值的计算。

⑦ 选择适当的综合计算方法完成系统综合效能和卫星系统效能计算,并以图表形式展示评估结果。

⑧ 综合场景显示功能模块调用仿真推演数据完成整个任务流程的仿真场景回放。

9.2.2　系统架构

按照目前地面集成验证系统实现功能的分析,其技术实现方式拟按照资源层、服务层、应用层三个层次构建,如图 9-16 所示。

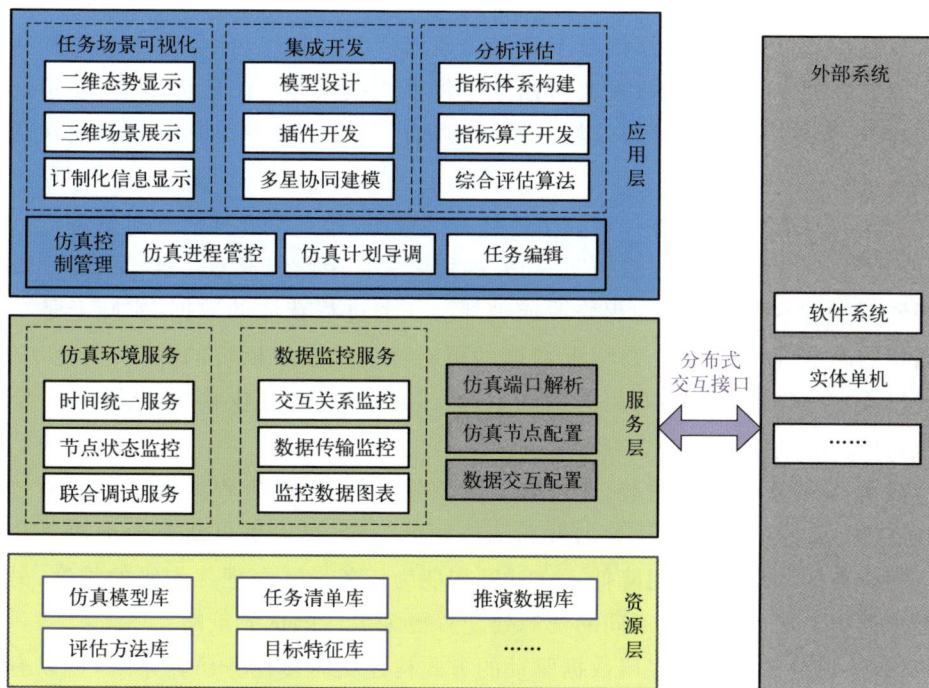

图 9-16　地面仿真系统架构

① 应用层：主要包含模型集成开发工具、综合展示工具、数据评估工具及其他配套工具。集成开发工具用于辅助用户进行星群建模、开发仿真功能组件及其他功能插件开发，综合展示工具用于多维度虚拟场景展示，数据评估工具用于评估指标算子开发、评估指标体系构建和评估结果展示。上述各类工具共同形成用户的主要仿真业务环境，为仿真的可靠性、有效性、客观性和科学性等提供技术保障。

② 资源层：主要用于管理星群数据、仿真模型、仿真任务数据、推演仿真数据、目标特征数据等，与仿真推演系统、演示展示系统、评估评价系统等无缝对接，为整个仿真与评估系统功能部件的运行及仿真实验的开展提供支持。

③ 服务层：主要包括一组基础服务，是仿真与评估系统仿真环境框架的主体，为仿真模型提供分布式运行环境，并可通过分布式交互接口，接入不同构型、不同仿真精度的纯数字、半实物、实物仿真平台或应用系统，满足地面集成测试与仿真运行的需要。但是，由于外部异构系统在开发语言、输入输出数据形式、处理效率等方面差异性较大，为确保互联后整个仿真系统能够协同运行，首先需要解决各系统间时间与数据的一致性问题。

面对上述问题，可采用软总线结构来实现异构系统互联应用，并对每一个需要集成的系统/模块开发相应的适配器，以解决仿真任务调度和各仿真模块数据交互上的困难。

软总线是封装了操作系统对于进程间通信资源、共享内存等有多个进程共同使用的资源操作的模块。该模块为任务进程模块提供标准的资源申请、使用及回收接口，任务进程使用该接口及协议的标识进行资源的共享。其特点表现在两个方面：

首先，软总线封装了各种进程可能共享的资源，独立于进程之外对资源进行管理，使共享资源对于任务进程透明，任务进程无法直接操作资源。这样的处理方式使得资源本身不能被任务进程修改或破坏。任务进程获取的数据，实际上是总线上数据的副本，而所有关于总线上数据的更新都需要总线模块的认证，避免出错。总线模块在操作系统底层调用的基础上，通过封装资源、提供接口，构建了一个数据驱动层。

其次，由于软总线的封装，使得在构建软件系统时，对进程的调度需要通过软总线实施。如果在总线模块处加载系统的调度策略，可以更灵活有效地对每个资源进行任务的调度，一方面降低了在开发初期为任务设置合理优先级的难度，另一方面也使得不同任务能在不同的资源处配置更为灵活的优先策略。

因此，以软总线架构底层数据驱动的方式构建实时多任务仿真系统，可以有效地保护和管理共享资源并更为简单灵活地对系统进行调度。

而接口适配器能够发布本模块的规划结果、数据处理结果、数据压缩结果等运行数据,能够订阅仿真系统中的目标状态参数、卫星参数、探测结果、交互逻辑结果等数据。接口适配器包括配置插件和扩展程序两部分,如图 9-17 所示。

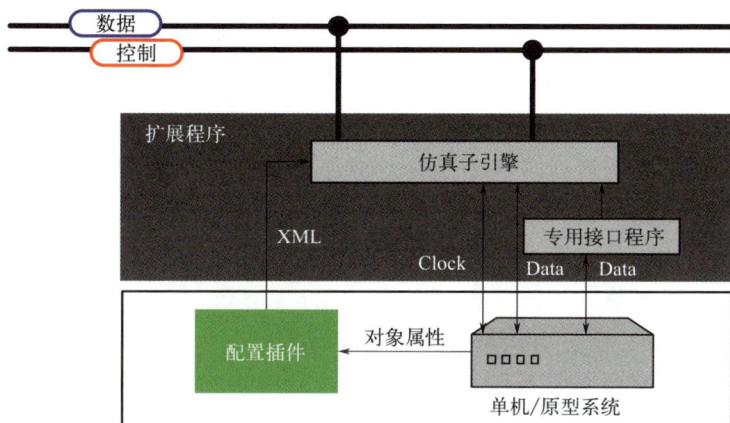

图 9-17 接口适配器逻辑结构示意图

配置插件用于从外部系统/模块提取处理结果信息,并生成配置文件。

扩展程序针对性地开发本系统/模块需要订阅的数据接口,在子引擎的驱动下完成本系统/模块的仿真结果生成;同时通过加载配置文件,创建与其他节点通信的端口,实现数据、指令与信息的收发。

9.2.3 系统功能模块实现途径

(1)场景任务构建模块

场景任务设计模块是整个仿真系统的输入端,核心功能是完成任务的仿真场景模型转化,为后续仿真推演提供支持。本项功能实现方式有两种,具体包括:

① 利用交互界面操作方式,按照任务的设计结果完成仿真场景中实体模型的选取及相关参数的配置。

② 利用体系建模工具,建立全流程仿真相关的任务视图、系统视图、数据视图等,完成整个组展任务的体系建模,并转换为配置文件,驱动任务设计功能模块生成场景任务。

(2)星群构建模块

分布式异构星群构建模块主要用于星群卫星、地面站、指控中心等仿真实体的建立。基于机动组件、传感器组件、通信组件、任务组件四大类组件,支持自由组合为仿真实体,并通过核心性能指标参数的实例化生成分布式异构星群的仿真模型。

星群构建模块还需建立起与外部单机的映射关系,实现与外部单机的数据交换。

(3)仿真管理模块

仿真管理模块的核心功能是在仿真引擎的驱动下,按照定义的任务场景和模型参数,完成各类事件的处理和仿真结果的采集。其实现方式为:

采用离散式事件管理和事件队列调度机制,完成场景中大量仿真实体的状态演变计算和各类交互事件的处理。

仿真运行过程中,能够接收并解析外部发送的控制指令,实现"人在旁路"的运行模式,提供天基系统运行过程中对突发事件处置机制的仿真支持。

支持基于模型定义的信息输出,能够在仿真过程中有针对性地输出关键仿真数据,满足场景调试和效能评估数据应用需求。

(4)任务协同模块

任务协同模块的核心功能是在一定的运行方式下生成卫星运行所需的任务指令,从而驱动卫星模型实现多任务条件下信息保障能力的仿真。包括三种实现方式,具体为:

① 基于简单任务协同的多星联合任务仿真。建立基于卫星探测能力的多任务处理机制,通过"合同网"的形式协调多星之间的任务关系,实现一定协约束下的天基系统能力仿真。其特点是算法简单,能够实现实时仿真。

② 基于访问机会的全局优化多星多任务协同仿真。以卫星的核心功能指标和主要探测约束为输入,采用常规的多参数优化算法实现多星任务优化。其特点是考虑的约束较少,算法实现相对简单,能够在仿真系统内部完成,兼顾了体系级任务规划和功能独立完整的需求。

③ 基于外部专用仿真系统接入的联合仿真系统。通过软总线和接口适配器进行仿真场景与专用系统的数据通信,卫星任务组件直接采用外部生成的优化计算结果。其特点是任务规划中考虑的要素全面,计算结果逼真度高。

(5)效能评估模块

效能评估模块的核心功能是基于生成的仿真数据,在构建的评估指标体系下完成天基系统关键能力和综合效能评价,支持针对不同的仿真任务建立个性化的指标体系,支持多种综合评价方法,如图 9-18 所示。能够接入其他数据源实现天基系统效能评估。其实现方式为:

① 提供评估指标体系设计工具,采用可视化方式构建评估指标体系。

② 提供综合评价方法的独立化并可扩展,便于引入新的算法。

③ 数据展现形式的灵活配置功能,提供多种数据展现形式,每个指标的展现形式支持自由选择。

针对网络化群体智能协同遥感卫星系统,构建评估指标体系如图 9-18 所示,该评估指标体系从探测能力、目标智能识别与跟踪能力、目标实时发现与自主分配能力、多源数据在轨智能融合能力 4 个方面来评估体系的综合效能。

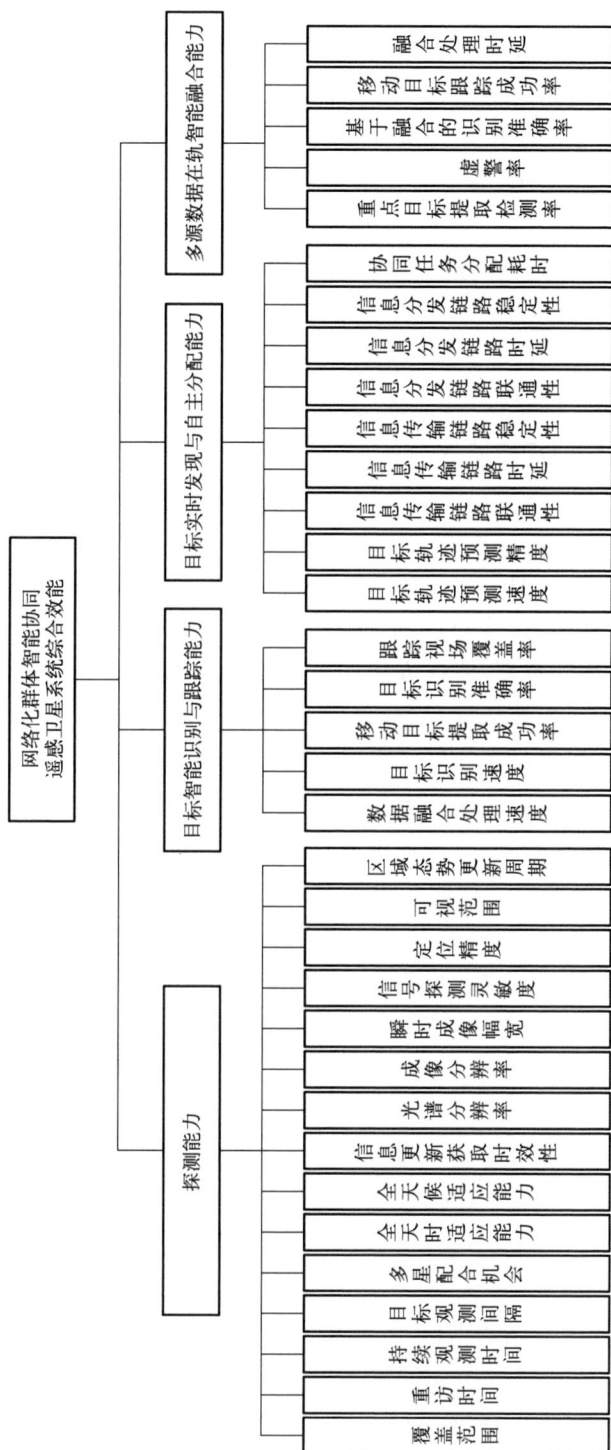

图 9-18　评估指标体系

(6)综合场景显示模块

综合场景显示模块的核心功能是基于仿真推演数据实现任务场景的场景信息展示。其实现方式为：

二维、三维场景展示中支持多种场景信息的图形化展现方式,如实体状态信息实时显示、跟踪状态显示、通信关系与指控关系实时绘制等,支持状态显示形式的自由配置。

① 提供定制化的卫星、地面站、地面目标等仿真实体的详细状态信息独立显示功能。

② 提供随仿真场景推演动态展示关键事件信息和核心过程数据信息功能。

③ 提供卫星对目标遥感探测效果显示功能,能够模拟显示光学、无线电、SAR等探测手段对目标的探测效果。

9.2.4　仿真验证方法

针对研究目标,地面集成验证系统主要验证复杂场景固定区域异常变化监测、多传感器协同灾害预测、移动目标检测跟踪定位、目标实时发现与自主分配、分布式协同星上自主任务规划,验证方法如下:

(1)复杂场景固定区域异常变化监测

验证目的:验证卫星在轨区域目标变化检测、自然灾害变化检测等能力。

验证内容:面向分布式天基系统中的多星传感器获取遥感图像应用于固定区域目标异常变化事件判别、自然灾害变化监测等对地观测任务的需求,深入开展复杂场景多源遥感图像变化检测技术研究,重点针对可见光、SAR两类高分辨数据获取传感器,解决单星/多星同一个或同类型传感器获取遥感图像之间的变化检测问题,实现固定区域目标变化检测、自然灾害变化检测等能力。变化检测根据检测对象的不同往往分为像素级变化检测和目标级(也称为对象级)变化检测两类。

考核指标:目标识别概率、目标识别准确率、区域场景更新周期、数据融合处理速度。

(2)多传感器协同灾害预测

验证目的:验证卫星自主根据场景变化进行协同任务规划,并实时更新多传感器信息能力。

验证内容:以地震灾害监测为例,针对多星可见光传感器以及SAR获取的遥感图像,重点突破震灾建筑物识别、震灾建筑物变化检测等关键技术。首先,基于上述多源异构图像高精度配准预处理技术实现对震灾前后获取的所有可见光、SAR图像的高精度配准;其次,基于配准的可见光、SAR图像进行震灾建筑物识别以及震灾前后建筑物变化检测处理;然后,采用后述多源异构数据融合处理技术实现对可见光、SAR 图像震灾建筑物识别、变化检测结果的融合处理，最终实现对全球范围内震灾的全天时全天候条件下的高精度持续监视能力，以满足实时响应需求。

以火灾监测为例，针对多星红外传感器获取的遥感图像，开展在轨火点识别技术研究，采用卫星中红外和远红外两个通道的遥感数据进行在轨火点提取识别，基本原理是利用中波红外和远红外通道数据的差值排除高温地面，来达到火点提取的目的。

考核指标：协同任务分配耗时、重点目标提取准确率等。

（3）移动目标检测跟踪定位

验证目的：验证卫星能否根据已获取的动目标位置和速度信息，对目标实现跟踪接力成像。

验证内容：

① 仿真场景构建：在仿真系统中构建智能卫星网络，将实体单机映射到其中一个虚拟卫星节点；在全球范围内设置不同运动速度和不同运动方向的舰船、飞机目标。

② 开展仿真推演，实体单机对应的卫星节点获取视场范围内的目标位置和速度，预推下一颗成像卫星（假设为卫星 A）过顶时间以及过顶时目标的位置，并将引导信息通过星间链路传输给成像卫星 B。

③ 多颗卫星连续接力对目标进行观测，判断是否观测到目标，并计算要求时间内的有效跟踪长度。

考核指标：数据融合处理速度、目标识别速度、移动目标提取成功率、跟踪时长覆盖率等。

（4）目标实时发现与自主分配

验证目的：验证从发现目标到协同任务分配时间不超过 15 分钟。

验证内容：通过轮船搜救、航班搜寻等任务，在预先不知道目标位置的情况下，发起实时搜索任务，使卫星星群对潜在区域进行大范围的搜索普查，并在星上实时匹配重点目标特征（电磁频谱特长、图像粗略特征等），确定目标位置后，自主进行目标高清成像协同任务的分配。对已知先验区域但不确定目标具体位置的任务，实现从发现目标到协同任务分配时间不超过 10 秒，全球范围内搜索极端情况从发现目标到协同任务分配时间不超过 15 分钟。

考核指标：目标轨迹预测速度、目标轨迹预测精度、信息传输链路时延、协同任务分配耗时等，并对各环节时延总和考核系统性指标。

（5）分布式协同星上自主任务规划

验证目的：验证网络化协同星上自主任务规划能否满足给定的覆盖效能。

验证内容：

① 仿真场景构建：在仿真系统中构建智能卫星网络，设置若干点目标、区域目标和动目标。

② 将场景配置信息输出到实体单机，人为指定星上自主任务规划目标函数（目标单次全遍历、目标多次全遍历、总访问次数最多等）。

③ 实体单机根据输入信息，选择合适的在轨卫星进行网络化重构，开展星上自主任务规划。

④ 实体单机将规划结果反馈给仿真系统，仿真系统评估任务规划结果满足度。

考核指标：考核指标根据规划目标函数确定，包括但不限于目标单次全遍历、目标多次全遍历、总访问次数最多、区域单次 100% 覆盖、区域多次指定覆盖比例覆盖等。

9.3　分布式异构星群工程仿真

9.3.1　异构星群任务分配和协同规划仿真

本节针对异构星群典型应用场景——火灾监测展开任务分配和协同规划仿真，实施仿真设计及结果分析。

9.3.1.1　异构星群的任务分配及聚类仿真

异构星群聚类仿真开始时间 1 Apr 2018 00：00：00.0，结束时间 4 Apr 2018 00：00：00.0。五颗卫星轨道及传感器参数分别如下，表 9-1 为卫星轨道经典六根数，a 是半长轴，e 是偏心率，i 是轨道倾角，Ω 是升交点赤经，ω 是近地点幅角，φ 是真近点角。5 颗卫星都为高度为 500km 的近地圆轨道，这样的轨道高度是微小卫星常采用的高度。

表 9-1　五颗卫星轨道参数

卫星	a/km	e	i/(°)	Ω/(°)	ω/(°)	φ/(°)
卫星 1	6871	0	97.80	20	0	0
卫星 2	6871	0	97.03	50	0	60
卫星 3	6871	0	97.05	80	0	30
卫星 4	6871	0	97.80	120	0	150
卫星 5	6871	0	97.60	160	0	100

9.3.1.2 指令和任务编排

在星上任务规划软件运行测试环境建立后,进行星上任务上注与状态设置指令发送,进行如图 9-19 所示任务设置。

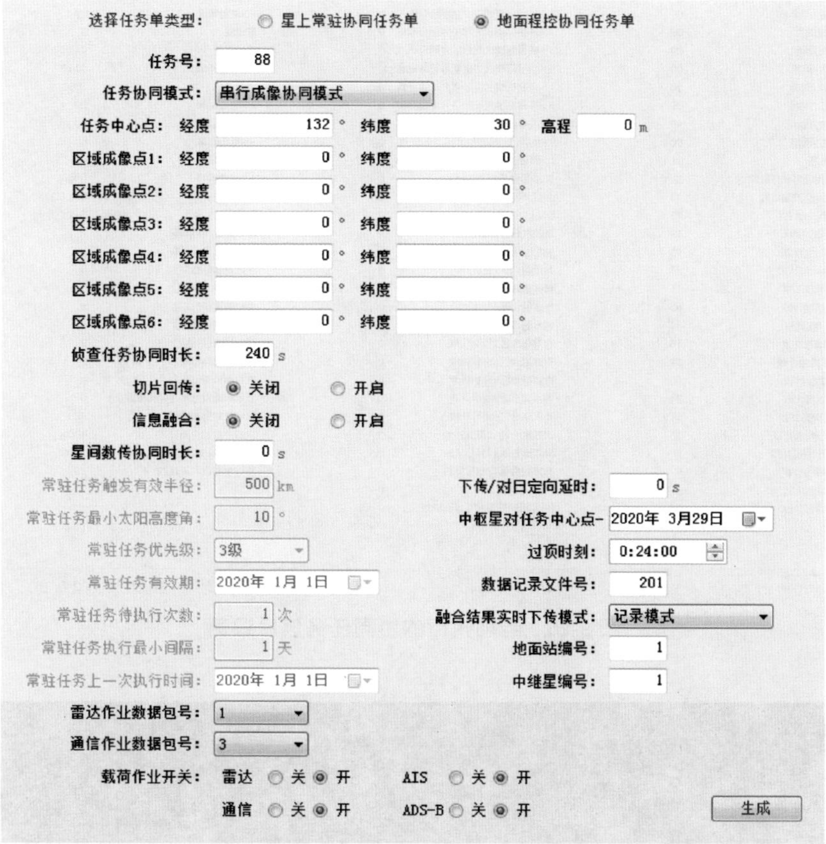

图 9-19 试验项目任务设置

9.3.1.3 仿真测试结果

(1)任务启动

DZ 星任务队列时间触发任务,规划 T0 为 2020/03/29 00:21:30,具体信息如图 9-20 所示。

(2)成像接力过程仿真

场景中配置一个目标,可被载荷发现,任务场景如图 9-21 所示。

DZ 星任务启动后,将任务设置经星间网络发给协同星。数据包经星间网络发送至各星,各星生成任务反馈数据包,与中枢星信息交互,各星反馈数据包如图 9-22 所示。

| 192.168.7.110 | - | 8484 | 连接 | ● | | | | | 0101 | 清除 | 载入遥测表 | ☑ 自动滚动 |

| 打印 | 遥测 | 星间 | 遥测源码 | 常用指令 |

APID:EB91 SeqNum:1329 星上时间 2020/03/29 00:40:35

| 头部信息 | 过程遥测1 | 过程遥测2 | 规划结果1 | 规划结果2 | 星上状态表 | 任务单信息 | 知识库信息 |

遥测名	遥测值					
包识别	0710	TX引导包计数	0	信息源组合模式	00
包顺序控制	C531	AIS引导包计数	0	重要度-威胁等级	00
包长度	97	多目标模式目标数	000000	>>重要度	00
P1触发/周期	09	>>多目标模式SAR分配目标数	0	>>威胁等级	00
P2触发/周期	09	>>多目标模式光学星分配目标数	0	置信度	0
P3触发/周期	00	>>多目标模式宽幅星分配目标数	0	定位误差	0.000000
P4触发/周期	00	>>多目标模式光谱星分配目标数	0	SCNR信杂噪比	0000
P5触发/周期	00	>>多目标模式红外星分配目标数	0	成像信息	00
P6触发/周期	00	>>多目标模式视频分配目标数	0	>>是否聚焦	00
P7触发/周期	49	HS引导包目标累加计数	0	>>是否航母	00
P8触发/周期	00	KF引导包目标累加计数	0	>>是否立体	00
协同信息	0F	LD引导包目标累加计数	0	>>组合偏好	00
>>协同任务执行阶段	空闲	TX引导包目标累加计数	0	>>成像偏好	0000
>>收到遥控包计数	15	AIS引导包目标累计数	0	经度	0.000000
GX协同包计数	15	DM已处理目标计数	0	纬度	0.000000
KF协同包计数	15	有效融合区输出位置	0	原始雷达目标1号	0
GP协同包计数	15	当前输出目标个数	0	原始雷达目标2号	0
HW协同包计数	15	有效融合区1目标计数	0	原始雷达目标3号	0
SP协同包计数	15	有效融合区2目标计数	0	原始通信目标1号	0
GX反馈包计数	55	有效融合区3目标计数	0	原始通信目标2号	0
KF反馈包计数	31	有效融合区4目标计数	0	原始通信目标3号	0
GP反馈包计数	18	有效融合区5目标计数	0	原始环扫目标号	0
HW反馈包计数	42	有效融合区6目标计数	0	原始宽幅目标号	0
SP反馈包计数	66	有效融合区7目标计数	0	原始AIS目标号	0
SR请求包计数	34	有效融合区8目标计数	0	原始地面目标号【轮询数据止】	0
SR轮询包计数	179	有效融合区9目标计数	0	发数管数据包计数	42
toSR引导包计数	15	有效融合区10目标计数	0	发数管数据包头	1001
toGX引导包计数	0	有效融合区11目标计数	0	发数管包功能标识	0000
HS引导包计数	0	有效融合区12目标计数	0	协同包发送失败计数	187
KF引导包计数	0	P3下行位置	0		
LD引导包计数	0	P3输出目标编号【轮询数据起】	0		

星上时间 2020/03/29 00:40:35

图 9-20　当前执行的协同任务信息遥测

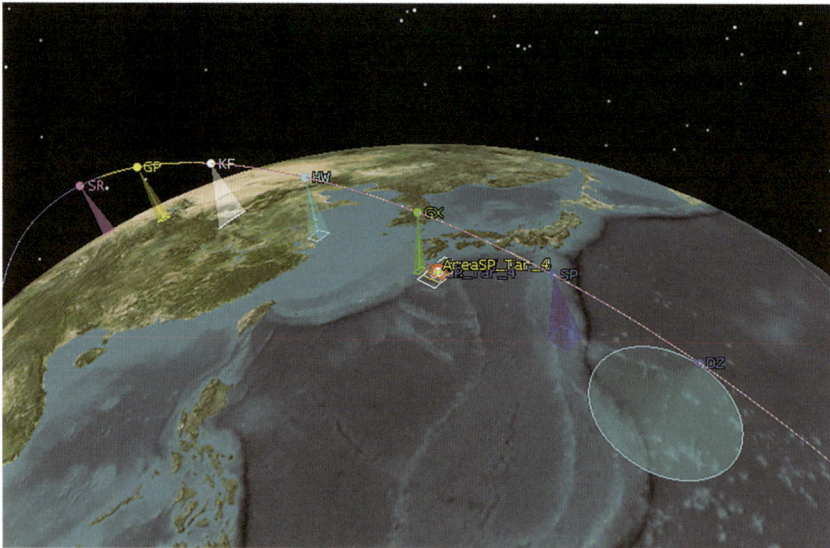

图 9-21　星群接力成像任务场景

图 9-22　星群各星任务反馈数据包

以上仿真模拟了异构星群串行编队下,多星接力以成像手段对区域接力探测过程,卫星作为任务规划中枢,在轨启动协同任务,将协同时间、模式等信息写入星间数据包发送给成员星,卫星在目标区域上空开启自身载荷,进行串行接力成像任务规划,生成引导信息经星间网络发送至成员星,各成像星以不同手段完成目标的成像接力,对目标区域实施连续 13 分钟观测。

9.3.1.4　仿真测试结论

经仿真系统测试和在轨验证,异构星群具备串行成像接力任务的自主启动与任务规划能力。具体测试结论如下:

表 9-2 所示为异构星群传感器参数,卫星的视场角参照 Friebrid 卫星视场角,载荷类型包括可见光、短波红外谱段和热红外谱段,这三种载荷手段都是进行火灾探测的有效载荷。可见光载荷可以直接对区域目标进行成像,而短波红外和热红外光谱可以减少卫星对天气和能见度的依赖,目标在夜间或者是浓雾等苛刻条件下都可以进行探测。

表 9-2　异构星群传感器参数

卫星	载荷类型	视场角 FOV /(°)	最长工作时间 $\max T$ /s	最大侧摆角 $\max\theta$ /(°)	任务聚类时间窗间隔 Δt	传感器侧摆速度 v_y /(°/s)
卫星 1	可见光	20	160	±25	35	3
卫星 2	可见光	20	165	±35	35	4

续表

卫星	载荷类型	视场角 FOV /(°)	最长工作时间 maxT/s	最大侧摆角 maxθ/(°)	任务聚类时间 窗间隔 Δt	传感器侧摆 速度 v_s/(°/s)
卫星 3	短波红外频谱	20	150	±25	35	2
卫星 4	短波红外频谱	20	145	±35	35	3.5
卫星 5	热红外频谱	前向 30 侧向 10	150	±25	35	4.5

本节选取地面目标范围为亚马逊雨林范围,在纬度 −11°~8°,经度 −76°~ −60°范围内随机生成 200 个点目标,如图 9-23 所示,经纬度范围如表 9-3 所示。

图 9-23　亚马逊区域随机生成的目标点

表 9-3　地面目标经纬度范围

区域范围	纬度/(°)	经度/(°)
区域范围 1	7.89953	−76.211
区域范围 2	−10.6644	−76.0135
区域范围 3	−10.4669	−60.2144
区域范围 4	7.70204	−60.2144

任务对卫星的载荷类别有一定要求,在进行任务目标生成时,每一个任务都预设一个所需载荷类型标志位:如果任务需要可见光相机观测,则用数字 1 表示;如果任务需要短波红外谱段载荷观测,则用数字 2 表示;如果任务需要热红外光谱,则用数字 3 表示,复合任务包含这三种标志位。

仿真结果分析:

在亚马逊范围生成的 200 个点目标中,包含 50 个可见光目标,50 个短波红外目标,50 个热红外目标以及 50 个复合任务。表 9-4 为 5 颗卫星对 200 个目标的仿真情况统计,表中包含卫星对固定载荷任务、复合任务以及最终形成的聚类任务的数量。固定载荷任务是只需要单一载荷进行观测的任务,复合任务是指需要可见光、短波红外载荷以及热红外载荷进行观测的任务。可共同观测到的任务数量是指可被同一种载荷不同卫星都观测到的任务数量。分配后的任务数量是指将可以共同观测到的任务按任务分配算法分配到对应单颗卫星的任务数量。合计观测任务数量是指分配后的任务数量和复合任务数量的和,聚类任务数量是指将合计观测任务进行聚类之后的任务数量。

表 9-4　异构星群对目标的观测情况统计

| 卫星 | 固定载荷任务 | | | 复合任务 | 合计观测任务数量 | 聚类任务数量 |
	可观测任务数量	可共同观测到任务数量	分配后任务数量			
卫星 1	49	41	25	48	73	35
卫星 2	42		25	44	69	35
卫星 3	39	39	24	43	67	32
卫星 4	47		23	47	70	41
卫星 5	33	—	—	38	71	42

在仿真周期内,卫星 1 可观测到纯可见光目标有 49 个,复合任务有 48 个。卫星 2 可观测到的纯可见光目标有 42 个,复合任务有 44 个;卫星 1 和卫星 2 可共同观测到的可见光目标有 41 个,卫星 1 独立观测到的可见光目标有 8 个,卫星 2 独立观测到的可见光目标有 1 个。经过分配算法分配之后,分配给卫星 1 的可见光目标数量为 25 个,分配给卫星 2 的可见光目标数量为 25 个。最终,卫星 1 的可观测目标数量为 73 个,形成的聚类任务数量为 35 个;卫星 2 的可观测目标数量为 69 个,形成聚类任务数量为 35 个。

卫星 3 可观测到的纯短波红外载荷目标有 39 个,复合任务有 43 个,卫星 4 可观测到的纯短波红外载荷目标有 47 个,复合任务有 47 个。卫星 3 和卫星 4 可共同观测到的短波红外载荷目标有 39 个,卫星 3 独立观测到的短波红外载荷目标为 0 个,卫星 4 独立观测到的短波红外目标为 8 个。可共同观测的任务经过分配算法分配后,分配给卫星 3 的短波红外目标任务数量为 24 个,分配给卫星 4 的短波红外目标任务数量为 23 个。最终,卫星 3 的可观测目标数量为 67 个,卫星 4 的可观测目标数量为 70 个,执行任务聚类及团划分之后,卫星 3 的聚类任务数量为 32 个,卫星 4 的聚类任务数量为 41 个。

卫星 5 可观测到的热红外光谱目标数量为 33 个,复合任务数量为 38 个。这样卫星 5 中的可观测目标数量为 71 个,最终形成聚类任务数量为 42 个。

从以上仿真结果可以看出,任务经过分配之后,各颗卫星获得的固定载荷任务数量基本一致,分配算法保证了不同卫星观测均衡的原则。再对各颗卫星分配后得到的合计任务进行聚类及团划分,获得各颗卫星的聚类任务,从聚类结果可以看出,聚类之后任务数量明显减少,这可以提升卫星在执行任务时的观测效率。

表 9-5 以卫星 1 为例,给出经任务分配算法分配得到的可见光目标任务信息以及卫星 1 观测到的复合任务信息。这些信息包含任务的侧摆角、优先级、观测时长及载荷类型等信息,表中任务序号为任务 200 个目标点中的编号。

表 9-5 卫星 1 探测的目标信息

序号	侧摆角/(°)	优先级	观测时长/s	载荷类型
1	0.8730	8	11	1
4	−27.8928	9	10	1
8	17.9159	5	11	1
9	9.7126	10	11	1
10	15.3101	10	11	1
13	−18.4158	10	10	1
31	28.7265	7	11	1
48	24.9778	6	11	1
36	28.8998	8	6	1
23	−16.3828	8	9	1
19	13.0270	8	7	1
37	−1.4984	7	8	1
27	−21.2270	7	9	1
25	25.0269	7	14	1
5	−12.3466	6	9	1

续表

序号	侧摆角/(°)	优先级	观测时长/s	载荷类型
47	4.8365	4	10	1
41	21.3173	4	6	1
17	−0.6367	4	7	1
38	−18.6886	3	8	1
45	11.6802	2	14	1
11	−7.7869	2	7	1
35	−12.1517	1	7	1
3	−8.9887	1	13	1
40	−7.8042	0	10	1
32	−20.2030	0	8	1
151	−12.6639	4	8	1,2,3

表 9-6 为卫星 1 的任务经聚类后得到的聚类任务信息,其中第一列为聚类任务编号,其他聚类任务的信息包含侧摆角、优先级、观测时长等。包含的原始任务代表聚类任务中包含的原始任务序号。

表 9-6 卫星 1 聚类任务信息

编号	侧摆角/(°)	优先级	观测时长/s	包含的原始任务
1	−22.6956	9.25	10	[13,154,4,167]
2	−16.3828	8	9	23
3	15.6283	7.75	7	[173,200,19,178]
4	26.0770	8	7	[199,36]
5	−11.3627	7	9	[27,37]
6	−14.1907	6	9	[179,5,188]
7	7.9113	5.5	8	[181,169]
8	−18.8756	5	9	[198,197]
9	−4.4369	3.75	8	[194,17,151,157]
10	21.3173	4	6	41
11	−21.9693	3.5	9	[172,38]
12	−15.3405	2.5	8	[182,184]

编号	侧摆角/(°)	优先级	观测时长/s	包含的原始任务
13	25.3426	3	5	196
14	−2.8658	1.33	7	[11,176,190,160,35,165]
15	−20.2030	0	8	32
16	−13.9690	0	10	[40,175,174]
17	21.9128	0	12	152
18	−24.3474	1	9	166
19	20.5542	2	11	171
20	12.7857	4.25	11	[162,195,47,180]
21	28.9283	4	12	164
22	17.9159	5	11	8
23	25.7100	6	11	[48,177]
24	28.7265	7	11	31
25	8.0206	9.667	12	[9,10,153]
26	4.9894	7.667	11	[1,189,183]
27	−17.0518	5	12	[156,155]
28	−27.3173	4	12	187
29	−6.8278	1	14	[170,3]
30	12.9388	2	15	[45,186,163]
31	27.4738	4	15	159
32	5.6866	5	13	193
33	19.5652	7	14	[185,25]
34	24.7402	8	14	192
35	10.9340	9.5	15	[168,191]

9.3.1.5 基于 GA-SA 的异构星群任务规划算法仿真验证

（1）仿真条件

根据异构星群任务分配及聚类算法得到的数据为任务协同规划的输入数据，改进 GA-SA 算法进行仿真验证。各卫星的约束条件如表 9-7 所示，GA-SA 算法参数如表 9-8 所示。

表 9-7　异构星群任务协同规划约束条件参数

卫星	ei	ε_{HT}	ci	E	M	CountMax
卫星 1	1.45	0.95	1.45	1000	500	35
卫星 2	1.40	0.90	1.40	950	600	35
卫星 3	1.80	0.75	1.65	900	450	45
卫星 4	1.80	0.75	1.65	900	450	45
卫星 5	1.50	1.00	2.00	1000	500	40

表 9-8　GA-SA 算法参数

种群大小	初始温度	每个温度下迭代次数	模拟退火算法下新状态每一位变化概率	算法结束条件 eps
20	500	20	0.85	10^{-5}

（2）仿真结果分析

图 9-24 为 5 颗卫星适应度值变化曲线，从仿真图中可以看出，当迭代次数不断增加时，任务的最大适应度值和平均适应度值趋于一致，且最终达到最大，运行 10 次获得的平均适应度值为 0.67275。

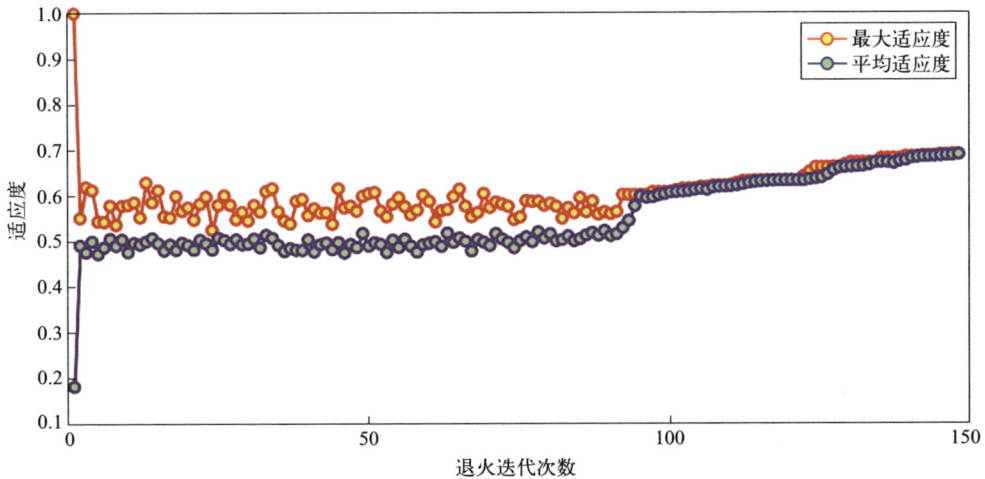

图 9-24　异构星群任务协同规划适应度值变化曲线

图 9-25 为可见光载荷卫星 1 和卫星 2 的适应度值变化曲线，图 9-26 为短波红外载荷卫星 3 和卫星 4 适应度值变化曲线，图 9-27 为热光谱载荷卫星 5 适应度值变化曲线。从各颗卫星的适应度值变化曲线来看，平均适应度值都在随着迭代次数的增加而升高，最终趋于稳定。但是部分卫星最终适应度值小于中间迭代过程

的最大适应度值,这说明最终 5 颗卫星的整体优化结果对每一颗单独的卫星并不一定是最优的,单独卫星的适应度值会受到其他卫星任务的影响,为了保证全部卫星任务最优,部分卫星做出了一定程度牺牲。

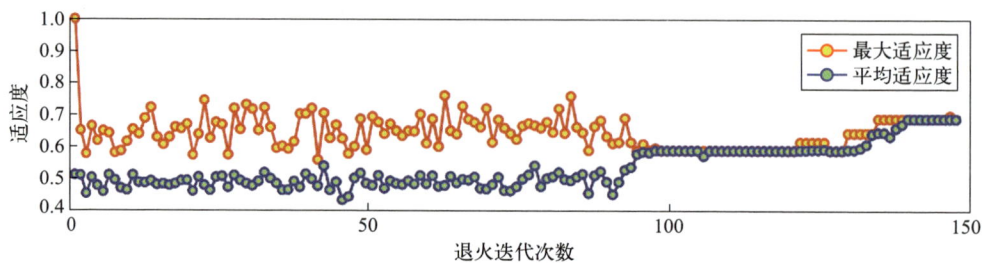

(a) 卫星1

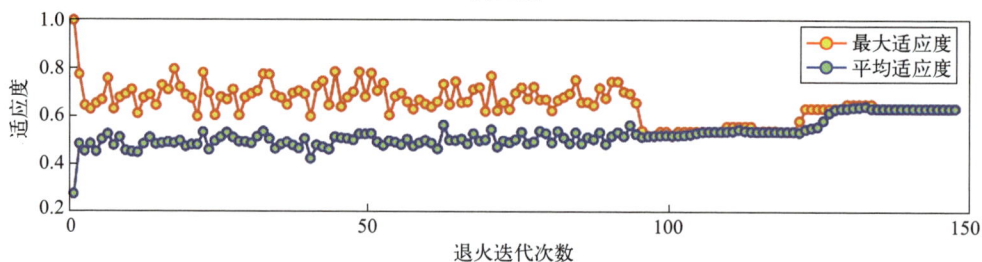

(b) 卫星2

图 9-25　光载荷卫星适应度值变化曲线

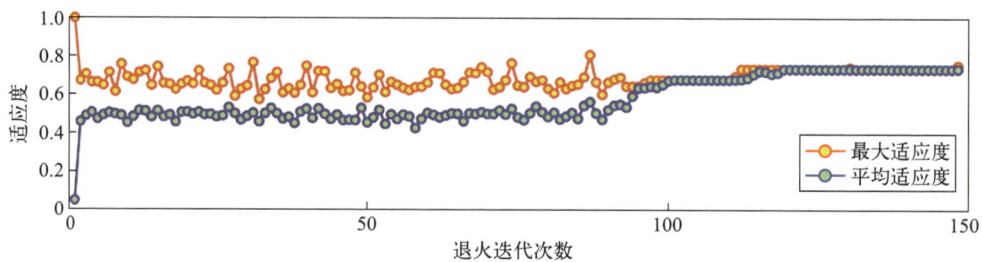

(a) 卫星3

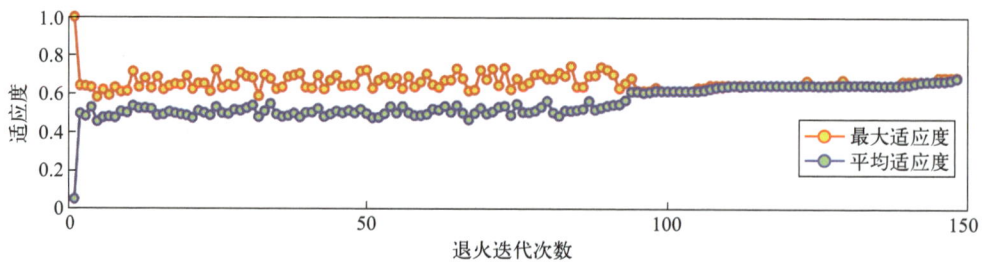

(b) 卫星4

图 9-26　短波红外载荷卫星适应度值变化曲线

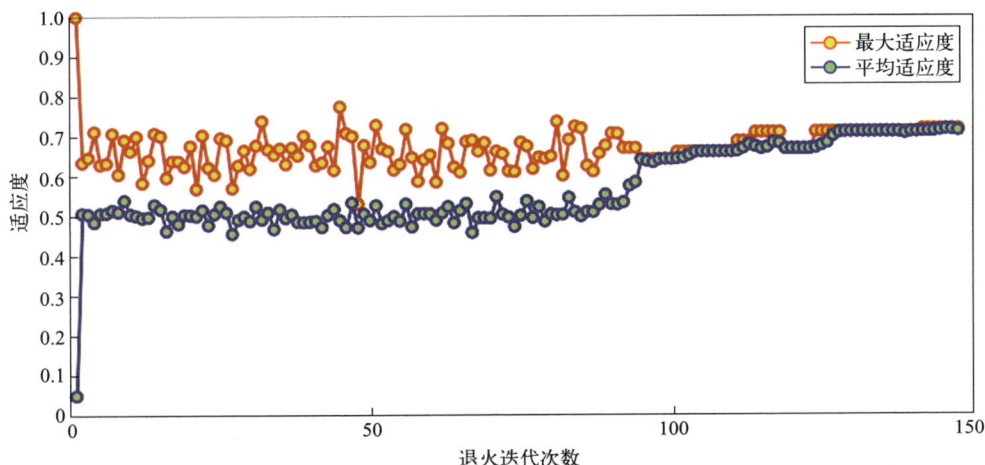

图 9-27 热光谱载荷卫星(卫星 5)适应度值变化曲线

9.3.1.6 动态目标识别及预测

在亚马逊雨林区域范围内随机生成 10 个动态目标,不同卫星观测到这些动态目标的时间不同,探测的位置也不同,可以根据目标的属性判别该目标是否为同一目标。如果是同一目标,则可以根据不同卫星探测到的时间差及位置差来判别目标的运行轨迹及预测未来趋势。在图 9-28 中,利用上述仿真场景的 5 颗卫星,探测在亚马逊区域随机生成的动态目标,图中不同颜色、不同大小圆圈标识代表不同卫星探测到的目标位置,经过计算探测到目标的时间差和位置差,可以预测目标的运动趋势,图中箭头代表探测到的目标的运行趋势。预测动目标发展趋势对于火灾监测来说具有一定意义,对动目标的预测可应用于火灾发展趋势预测,可提前进行准备和预防,避免发生更大损失。

9.3.2 多约束下星群协同控制仿真

本节针对一个星群协同控制典型应用场景——对非合作目标群体的协同合围展开仿真,下面为具体仿真设计及结果分析。

考虑由四个跟随航天器与三个非合作目标所组成的星群系统,实现跟随航天器对目标的识别、跟踪和合围。

9.3.2.1 星群约束

由于航天器固有特性以及太空复杂环境,考虑航天器存在三大约束:物理系统约束、通信传输资源约束以及跟踪性能约束。下面分别对这三种约束进行说明。

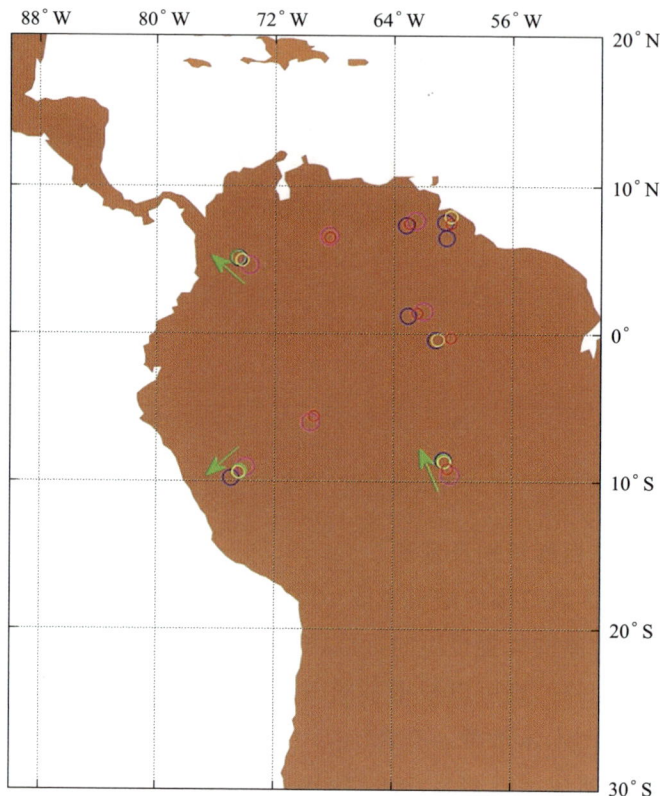

图 9-28　动态目标判别实例

（1）物理系统约束

航天器推进系统的推力有限，即

$$s(u_i) = \begin{cases} u_i, & |u_i| \leqslant u_{i,\max} \\ u_{i,\max}\sin(u_i), & |u_i| > u_{i,\max} \end{cases} \tag{9-1}$$

（2）通信传输资源约束

在跟踪过程中，考虑到传统控制方案是连续触发推力进而导致信号传输通道始终处于开启状态，因此，本书希望实现传输通道的资源管理，实现间断控制的同时，完成控制目标。利用事件触发机制：

$$u_i(t) = u_i(t_k), \forall t \in [t_k, t_{k+1}) \tag{9-2}$$

$$t_{k+1} = \begin{cases} \inf\{t > t_k \mid |E_i(t)| \geqslant \delta_i |u_i(t)|, & |u_i(t)| \leqslant E \\ \inf\{t > t_k \mid |E_i(t)| \geqslant \tau_{i,2}, & |u_i(t)| > E \end{cases} \tag{9-3}$$

$$\delta_i = \begin{cases} \delta_i, & |u_i(t)| \leqslant \overline{E} \\ 0, & |u_i(t)| > \overline{E} \end{cases} \tag{9-4}$$

$$\tau_i = \begin{cases} \tau_{i,1}, & |u_i(t)| \leqslant E \\ \tau_{i,2}, & |u_i(t)| > \overline{E} \end{cases} \tag{9-5}$$

式中，$E_i(t) = u(t\_k) - u(t)$ 表示事件触发控制器测量误差；$u(t\_k)$ 为当前更新控制信号，该信号在时间间隔内保持不变，直到下一次更新时间，此时测量误差满足上述更新条件。

因此，事件触发控制机制最大限度地减少了控制器与执行器之间的连续传输，从而减少了通过控制器信道的信号传输，节约了通信资源。

(3)跟踪性能约束

为了实现跟随航天器对非合作目标的跟踪性能的精准控制，实现预定义的超调、收敛精度等性能指标，采用预设性能机制对航天器跟踪性能进行约束：

$$P_{i,l} < e_{i,\rho} < P_{i,h} \tag{9-6}$$

此时

$$[P_{i,l}, P_{i,h}]^T = \mathrm{sign}(\hat{e}_{i,p}(0))(P_i - P_{i,\infty})1_2 + \Lambda P$$

$$\mathrm{with}\, 1_2 = [1,1]^T, \quad \Lambda = \mathrm{diag}(\overline{\lambda}_i, \underline{\lambda}_i)$$

$$P_i = \begin{cases} \cosh\left(P_{i,0} + \dfrac{at}{T-t}\right) + P_{i,\infty}, & t \in [0, T) \\ P_{i,\infty}, & t \in [T, +\infty) \end{cases} \tag{9-7}$$

如图 9-29 所示，能够将跟踪误差限制在绿色管道内，从而实现精准控制。

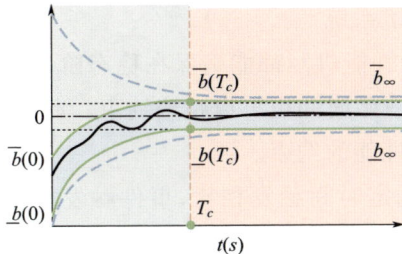

图 9-29 跟踪性能演示

9.3.2.2 仿真分析

在本节中，采用数值模拟对协同多目标封闭跟踪任务展开了仿真分析。

　　图 9-30 显示了航天器和目标的轨迹,图中,航天器用蓝色表示,目标用红色表示。值得注意的是,尽管它们的初始位置不同,但多航天器编队在控制命令的引导下有效地收敛在目标周围形成一个紧密的包围圈。这些结果表明,航天器编队有效地保持了以目标覆盖区域几何中心为中心的均匀圆形轨道分布,实现了有效的跟踪能力。

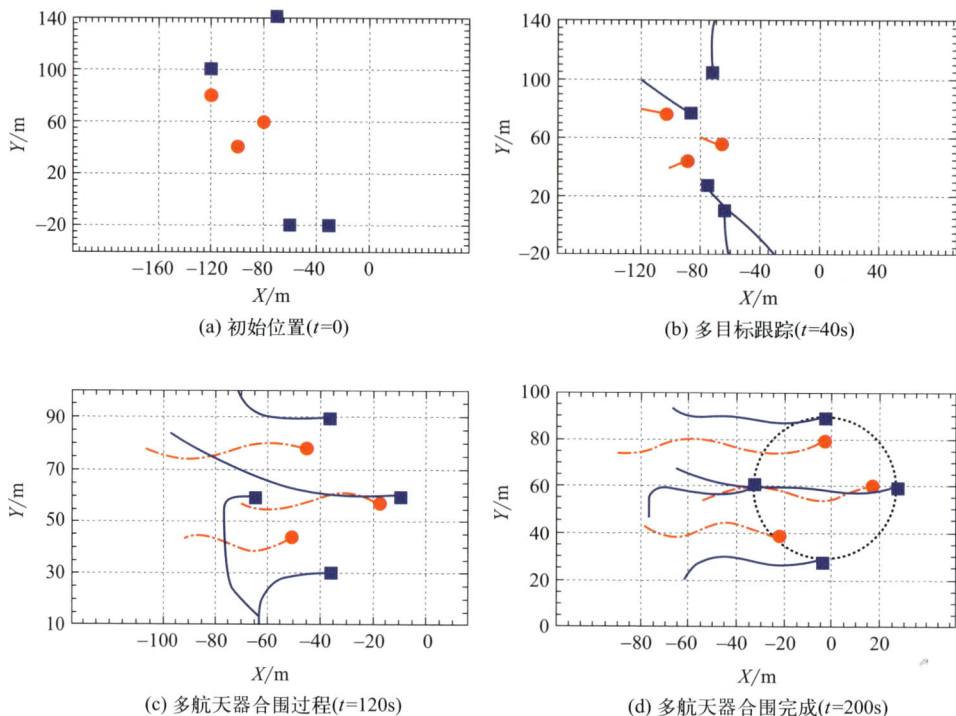

(a) 初始位置($t=0$)

(b) 多目标跟踪($t=40s$)

(c) 多航天器合围过程($t=120s$)

(d) 多航天器合围完成($t=200s$)

图 9-30　二维协同多目标封闭跟踪轨迹

　　图 9-31 显示了航天器 1～4 的控制输入。显然,尽管这些控制输入存在饱和限制,航天器成功地稳定了系统。

　　如图 9-32 所示,预设性能机制都能确保在稳态阶段成功地将跟踪误差维持在预定义的边界内,并且对收敛时间也可以精确约束。此外,收敛误差在规定时间内收敛,从而实现了对跟踪性能的约束。

　　如图 9-33 所示,同固定时间触发相比,事件触发机制确保了信号传输次数远远小于时间触发,与此同时,如图 9-34 所示,跟踪性能还能满足收敛精度,能够很好地实现资源管理。此外,航天器的控制信号并不是连续的,而是间断的,这是因为航天器的控制信号只在触发了更新机制才更新,否则将保持不变,节约通信传输资源。

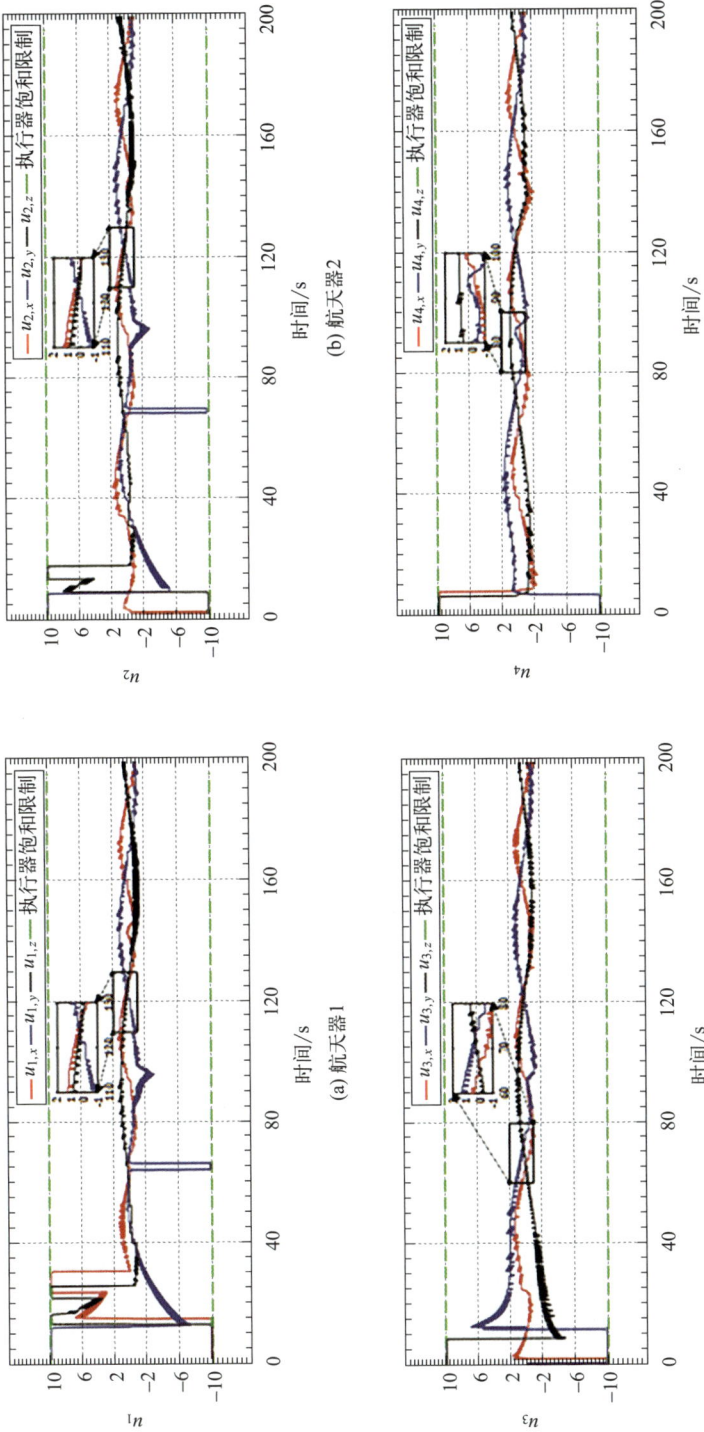

图 9-31　跟随航天器的控制输入

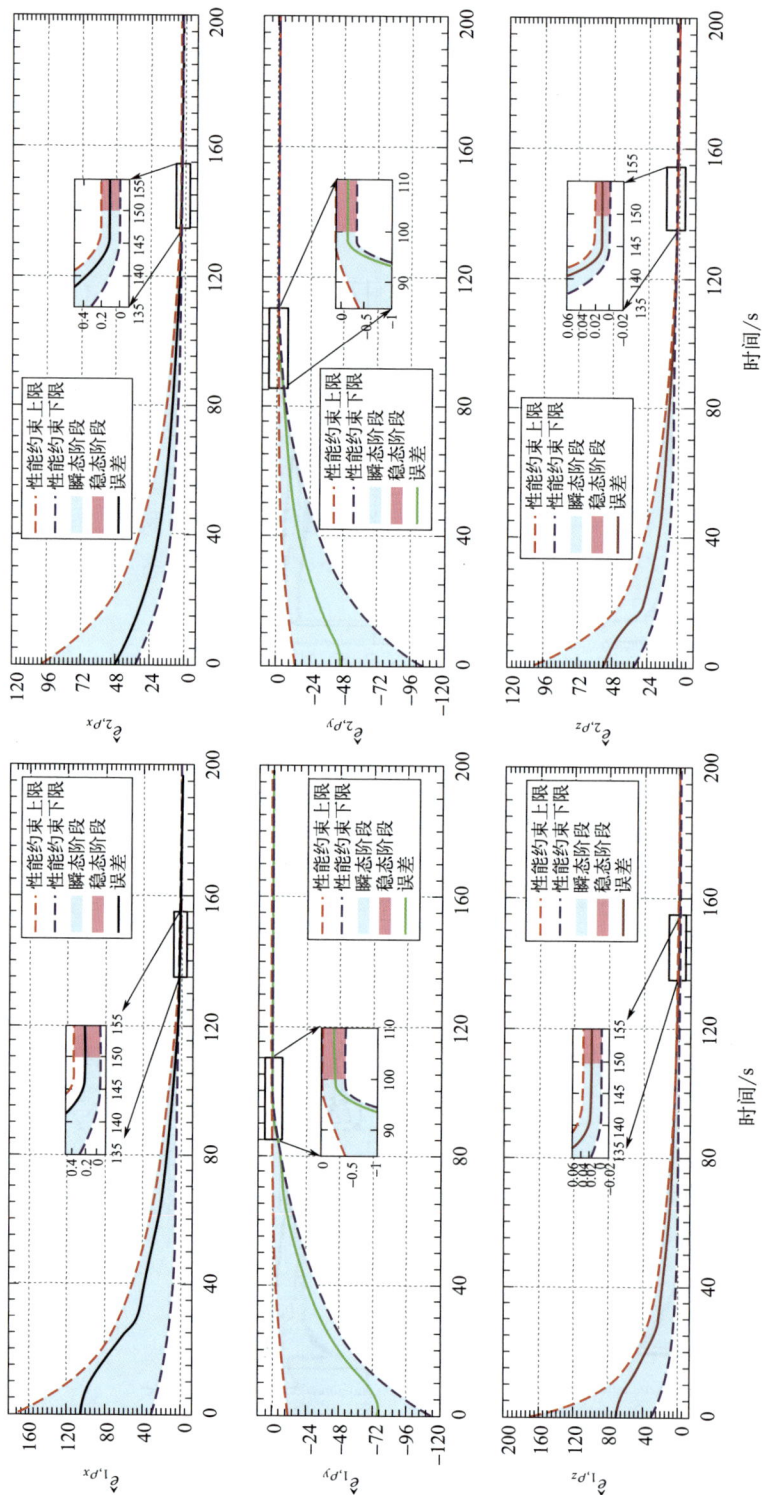

图 9-32　航天器 1、2 跟踪性能

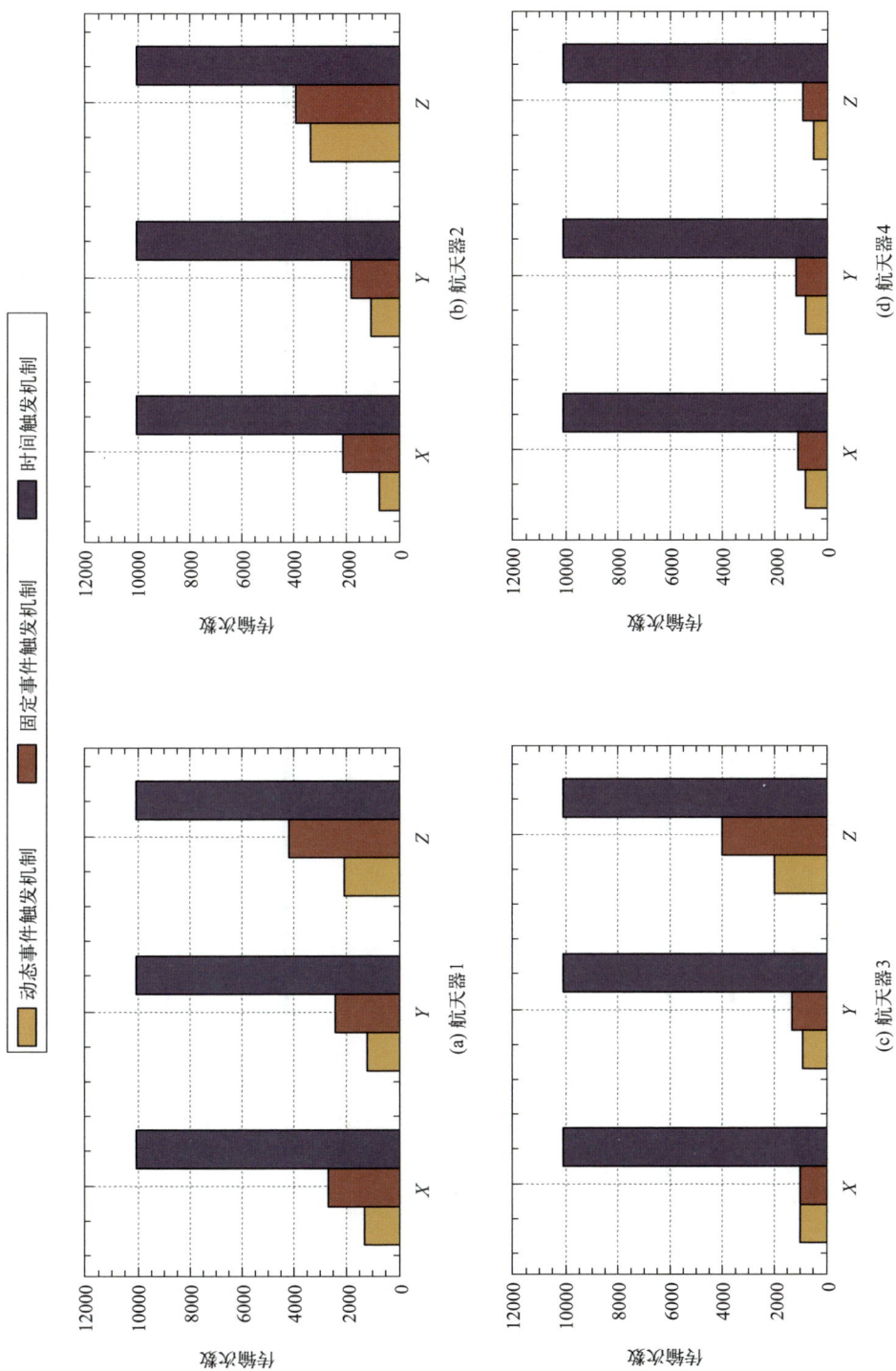

图 9-33　控制通道信号传输次数

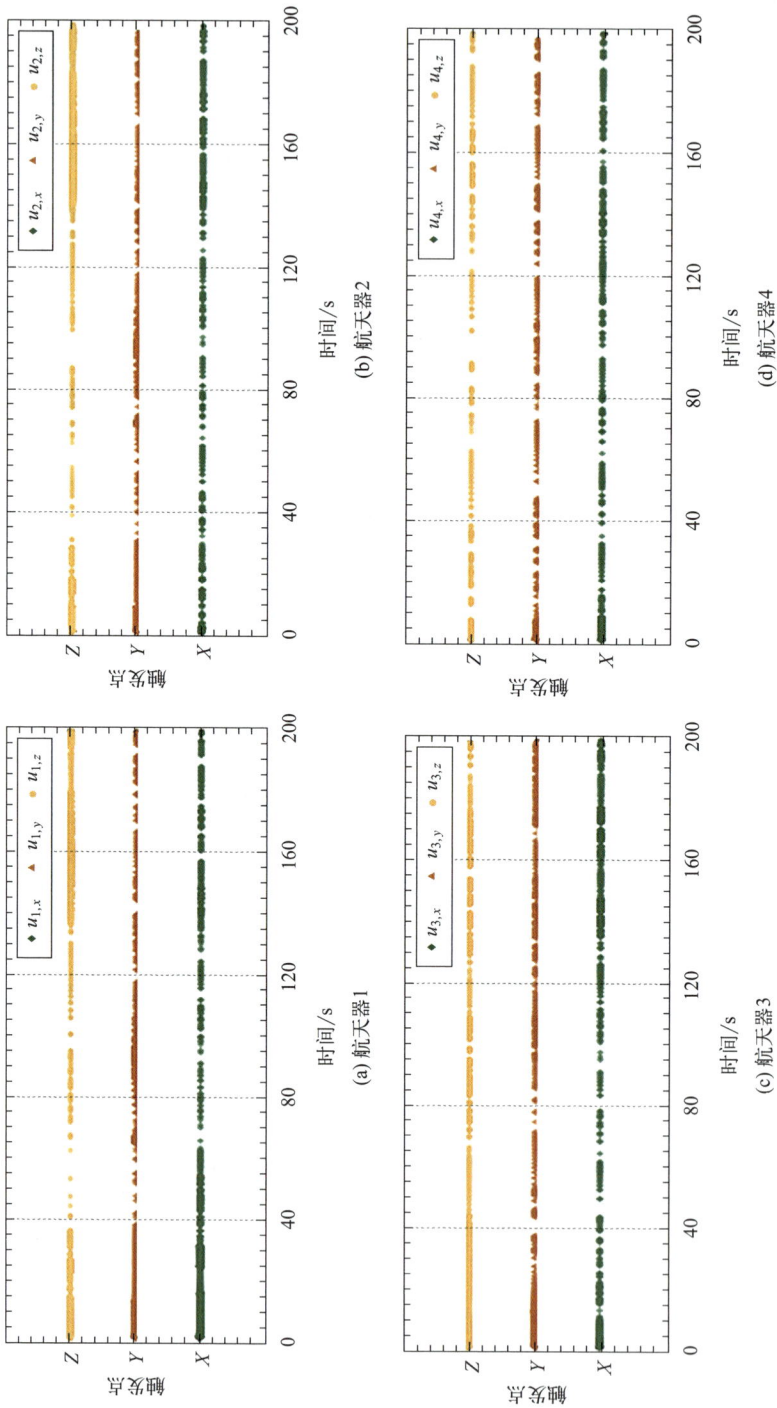

图 9-34　跟随航天器 1～4 控制信号

9.4 本章小结

为充分验证分布式异构星群的星上处理算法和任务规划算法效能,保证分布式异构星群在多种任务场景下高效完成在轨各项任务,满足多样性用户需求,在地面建立星群全数字模型和仿真推演验证系统是必要的。本章重点阐述了分布式异构星群的全数字模拟与仿真推演系统的架构设计,并从仿真任务指定闭环、仿真推演闭环和体系效能评估闭环三方面论述了分布式异构星群的仿真推演方案,结合系统组成详细论述了系统工作流程。本章还论述了半物理仿真验证系统构建方案和仿真试验方法。最后应用数字仿真推演系统,结合应用实例给出了分布式异构星群的仿真结果。

参 考 文 献

[1] 周砚茜,冯旭哲,代建中. 卫星星座设计仿真软件综述[J]. 计算机与现代化,2019(8):63-68,84.

[2] 邵丰伟,龚文斌,姜兴龙. 基于 OPNET 的一种导航卫星系统通用仿真模型[J]. 电子设计工程,2017,25(14):105-110.

[3] Rajankumar P,Nimisha P,Kamboj P. A comparative study and simulation of AODV MANET routing protocol in NS2 & NS3[C]//International Conference on Computing for Sustainable Global Development (INDIACom). IEEE,2014:889-894.

[4] Kassing S,Bhattacherjee D,Águas A B,et al. Exploring the "Internet from space" with Hypatia[C]//Proceedings of the ACM Internet Measurement Conference. 2020:214-229.

[5] Hagberg A,Conway D. NetworkX:Network Analysis with Python[J]. URL:https://networkx. github. io,2020.

[6] Lai Z,Li H,Li J. Starperf:Characterizing network performance for emerging mega-constellations [C]//IEEE 28th International Conference on Network Protocols (ICNP). IEEE,2020:1-11.

[7] Wei J,Cao S,Pan S,et al. SatEdgeSim:A toolkit for modeling and simulation of performance evaluation in satellite edge computing environments[C]//12th International Conference on Communication Software and Networks (ICCSN). IEEE,2020:307-313.

[8] Silva Filho M C,Oliveira R L,Monteiro C C,et al. CloudSim Plus:A cloud computing simulation framework pursuing software engineering principles for improved modularity,extensibility and correctness[C]//IFIP/IEEE Symposium on Integrated Network and Service Management (IM). IEEE,2017:400-406.

[9] Mechalikh C, Taktak H, Moussa F. PureEdgeSim: A simulation toolkit for performance evaluation of cloud, fog, and pure edge computing environments [C]// International Conference on High Performance Computing & Simulation (HPCS). IEEE,2019:700-707.

[10] Pfandzelter T, Bermbach D. Celestial: Virtual Software System Testbeds for the LEO Edge [C]//Proceedings of the 23rd ACM/IFIP International Middleware Conference. 2022: 69-81.

[11] Bermbach D, Pallas F, Pérez D G, et al. A research perspective on fog computing[C]// International Conference on Service-Oriented Computing. Springer,Cham,2017:198-210.

[12] Bhattacherjee D, Aqeel W, Bozkurt I N, et al. Gearing up for the 21st century space race [C]//Proceedings of the 17th ACM Workshop on Hot Topics in Networks. 2018: 113-119.

[13] 叶海洋. 基于虚拟化的天地一体化网络仿真技术研究[D]. 无锡:江南大学,2019.

[14] 王尧,罗俊仁,李阳阳,等. 新型星座仿真平台分析及天基探测服务系统仿真方案设计 [C]//第三十四届中国仿真大会暨第二十一届亚洲仿真会议. 长沙,2022:1-6.

[15] 李玖阳,胡敏,王许煜,等. 低轨大规模 Walker 通信星座构型控制仿真系统研究[J]. 航天控制,2021,39(3):69-75.

[16] Radtke J, Kebschull C, Stoll E. Interactions of the space debris environment with mega constellations—Using the example of the OneWeb constellation[J]. Acta Astronautica, 2017,131:55-68.

[17] Mcdowell J C. The low earth orbit satellite population and impacts of the SpaceX starlink constellation[J]. The Astrophysical Journal Letters,2020,892(2):L36.

[18] 孙俞,沈红新. 基于 TLE 的低轨巨星座控制研究[J]. 力学与实践,2020,42(2):156-162.